半潜式起重拆解平台建造技术与特殊结构建造工艺

周 宏 王江超 刘建成 著

科学出版社
北 京

内 容 简 介

本书针对具有复杂特殊结构的半潜式起重拆解平台，结合承建企业的建造条件，重点开展建造技术与特殊结构建造工艺研究，主要包括半潜式起重拆解平台总体建造技术优化、平台建造精度控制、特殊结构建造工艺、平台薄板应用工艺、平台重吊安装工艺、特殊板材双曲面冷加工工艺及平台应用集中区域CTOD测试等，为确保半潜式起重拆解平台按期及安全完工提供理论依据和数据支持。

本书可供从事船舶与海洋工程装备建造的工程技术人员学习参考，也可供高等学校船舶与海洋工程学科专业的师生使用。

图书在版编目（CIP）数据

半潜式起重拆解平台建造技术与特殊结构建造工艺/周宏，王江超，刘建成著. —北京：科学出版社，2020.10

ISBN 978-7-03-066332-0

Ⅰ. ①半… Ⅱ. ①周… ②王… ③刘… Ⅲ. ①海洋工程–起重机械–制造 Ⅳ. ①P75

中国版本图书馆CIP数据核字（2020）第197463号

责任编辑：许 蕾 曾佳佳/责任校对：杨聪敏
责任印制：张 伟/封面设计：许 瑞

科学出版社 出版
北京东黄城根北街16号
邮政编码：100717
http://www.sciencep.com
北京九州迅驰传媒文化有限公司 印刷
科学出版社发行 各地新华书店经销
*
2020年10月第 一 版 开本：720×1000 1/16
2021年 1 月第二次印刷 印张：17 3/4
字数：358 000

定价：139.00元
（如有印装质量问题，我社负责调换）

前 言

国务院于2015年5月印发了《中国制造2025》，提出提高国家制造业创新能力，完善以企业为主体、市场为导向、政产学研用相结合的制造业创新体系。围绕产业链部署创新链，围绕创新链配置资源链，加强关键技术攻关，加速科技成果转化，提高关键环节和重点领域的创新能力，并将海洋工程装备和高技术船舶列为创新和产业化专项、重大工程，通过重点产品和重大装备，提升自主设计水平和系统集成能力，突破关键技术与工程化、产业化瓶颈，组织开展应用试点和示范，提高创新发展能力和国际竞争力，抢占竞争制高点。《船舶工业深化结构调整加快转型升级行动计划（2016—2020年）》针对国际主流船舶市场需求低迷、高技术船舶和海洋工程装备市场急剧萎缩的局面，提出要坚持创新驱动，发挥市场配置资源的决定性作用，着眼于当前和未来市场需求，积极培育新的经济增长点。因此，以创新和市场驱动的海洋工程装备研发对我国自主开发海洋工程装备、保障海洋资源、带动相关产业的发展以及推动产业结构调整和升级都具有重要的作用。

海上结构物拆解市场是目前海工市场的热点，针对该市场需求的半潜式起重拆解装备研发具有重要的战略意义。半潜式起重拆解平台作为海上导管架平台退役拆解的主要作业平台，集起重、居住、运输等功能于一体，并可通过搭载第三方设备实现水下清淤、ROV（remote-operated vehicle）检测等辅助功能。半潜式起重拆解平台结构复杂，区别于常规半潜式平台，拆解平台为非对称结构，具有不同的下浮筒和立柱，中间无横撑，仅由上船体连接。全船重量大，载重量超过

38 000t，钢结构重量大。同时考虑到拆解平台建造场地区域的影响，其建造方案、出坞方式、特殊结构的建造及特殊设备的安装时机均需重点研究。拆解平台受结构形式及建造场地区域限制性的影响，建造难度大，精度要求高，因此建造技术与特殊结构建造工艺是非对称半潜式起重拆解平台建造过程中确保按期、安全完工的一项关键技术。

本书通过开展半潜式起重拆解平台的总体建造技术优化、平台建造精度控制、特殊结构建造工艺、平台薄板应用工艺、平台重吊安装工艺、特殊板材双曲面冷加工工艺、平台应用集中区域 CTOD 测试等技术的深入研究，以便指导半潜式起重拆解平台及相关同类海工产品高效率、高质量的实施建造。

希望本书的研究成果为船舶与海洋工程领域相关研究人员、工程技术人员及研究生开展船舶与海洋结构物的精度建造等研究工作提供有益的指导和帮助。

感谢作者周宏所在的江苏科技大学、王江超所在的华中科技大学及刘建成所在的招商局重工（江苏）有限公司的领导和同行对本书写作的大力支持和帮助。

由于作者水平和学识有限，书中疏漏、欠妥之处在所难免，真诚希望读者、专家和同行不吝赐教。

作　者

2020 年 5 月

第 2 章

第 3 章

第 5 章

第 6 章

第 7 章

第 8 章

（请扫码查看彩色原图）

目　录

第1章 绪论

1.1 研究目的及国内外技术发展现状

1.1.1 研究背景

自 20 世纪 60 年代到 21 世纪初期，全球共建设了超过 7270 座海洋石油生产设施，分布在 53 个国家和地区[1]。其中，墨西哥湾有 4000 多座，亚洲约 1000 座，中东 700 余座，英国北海和大西洋东北部有 1000 余座。根据 HIS（2016）的报告，海上油气设施退役项目数量正在大幅增加，预计仅在未来五年内将有 600 多个海上油气设施拆除项目，海工平台市场正迎来新的报废高峰期。

在环保、法律、法规方面，海上环境保护是平台拆解的出发点，通过对老旧、闲置平台的拆解，对保证作业区域的海洋环境、通航和渔业生产等都具有重要意义。现有公约规则及主管机关法律法规对平台报废作业活动中人员安全、海洋环境保护提出了严格要求，如《防止倾倒废物及其他物质污染海洋的公约》（伦敦公约）、《保护东北大西洋海洋环境公约》（OSPAR 公约）以及美国安全和环境执法局（BSEE）于 2010 年颁布的《油井和海工平台报废指南》等。

从经济性角度出发，老旧、闲置平台拆解过程中，欧美国家通过制订合理的拆解计划，有序进行平台切割及废弃物处置工作，并将拆解后的废弃物进行合理分类，使90%以上的废弃物可通过改造转化为新的产品，实现了材料和重要设备的再利用。另外，自2014年年中开始，国际油价进入一个相对较长的低谷期，国际各大石油公司纷纷放缓了对新油田的开发脚步，转而加快了对英国北海、墨西哥湾老旧、闲置平台的拆解速度。

1.1.2 市场需求分析

1. 全球海洋设备拆解市场调研

基于海工油气市场海上钢结构将带来的废弃退役—新建安装—培育整个供应链市场，需要半潜式起重平台提供创新的技术和管理方法在此供应链中积极参与以获得商机。海洋工程设备种类繁多，拆解市场也因此有不同的细分市场，以英国大陆架（UKCS）为例，该拆解市场的市场组成与份额如图1.1所示。

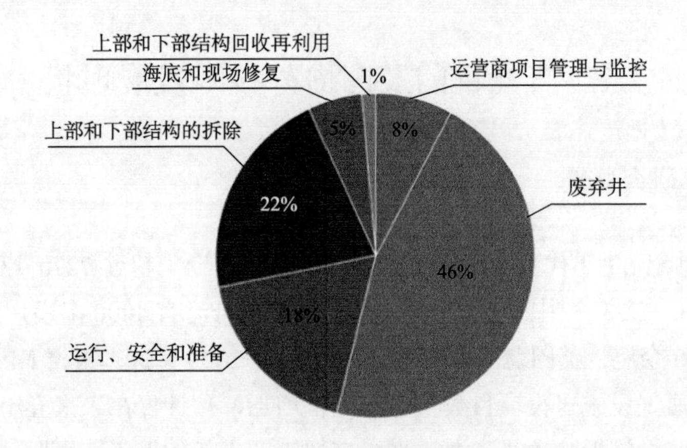

图1.1 英国大陆架（UKCS）拆解市场的市场组成与份额（2014～2022年）

在上述组成部分的划分中，除了运营商项目管理与监控（operator project management and monitoring）、上部和下部结构回收再利用（topside and substructure reuse and recycling）合计约9%的业务量，其他部分（合计逾90%）都会用到起重功能，而上部和下部结构的拆除（topside and substructure removal）占海工拆解总支出的22%。半潜式起重拆解平台主要服务全球海上设备拆解市场最为活跃的区域，主要是美国墨西哥湾区域及英国北海区域，其中，英国北海区域对半潜式起重拆解平台的设备标准要求更高。

（1）墨西哥湾区域。墨西哥湾区域是世界上开发时间较长，也是综合条件非常成熟的海上油田开发与服务的区域，是已停产平台数量（约 4000 个）最多的地区，且该地区即将退役的平台数量也很多。根据专业机构 DecomWorld 发表的《2015 年墨西哥湾拆解报告》所披露的，在 2010～2014 年，墨西哥湾拆解海上设备共计花费 90 亿美元，平均每年超过 15 亿美元。

（2）英国北海区域。虽然北美是最大的设备退役服务市场，但根据北海退役设施的规模和数量，欧洲地区设备退役的相关花费将最高。挪威石油、道达尔、雪佛龙、埃克森美孚、康菲是全球设备退役支出排前五的油气公司。北海海域水深较大，海况条件复杂，平台重量相比其他海域大一些，需拆解平台有大型化趋势，拆解市场将在 2019～2040 年迎来高峰。相关数据显示，仅北海区域，未来 30～40 年将有 470 座平台需要拆解，年均拆解量约为 13 座。根据英国非营利组织 Oil & Gas UK 2014 年发表的 *Decommissioning Insight 2014* 披露，2013 年英国大陆架的海工拆解市场总支出约为 7.4 亿美元。英国大陆架占北海区域总量约为 53%，以此推算，整个英国北海区域在 2013 年的拆解市场支出约为 14 亿美元。墨西哥湾地区和英国北海地区合计在 2013 年支出约为 30 亿美元，如果按照 22% 适合半潜式起重拆解平台的比例，则其细分市场支出总量约为 6.6 亿美元/年。

（3）亚太海域。亚太海域是新兴的平台拆解服务需求市场，20 世纪 80～90 年代开始海上石油开采，目前约有 50%的平台需拆解，水深范围一般不超过 100m。平台总数约为 1750 座，其中固定式导管架平台约占 95%；约 50%的平台使用年限达到 20 年，其中印度尼西亚平台数量最多，约 490 座，近 7 成使用年限达到 20 年；平台导管重量在 4000t 以下的约占 78.25%，水深在 75m 以下的约占 84.8%。

2. 半潜式起重拆解平台的市场需求

随着全球油价下跌，整个海工装备日租金率大幅下降，半潜式起重拆解平台海上作业综合竞争力明显优于其他现有起重船和生活平台的组合。在定位、作业、生活支持功能等方面，半潜式起重拆解平台相对于传统形式的起重船提高了吊载重量，工作时通过自身压载水的调整及借助于船体形式和船艉的特殊设计可在吊载过程中提供良好的稳性，可以根据所运货物高度、大小、重量和不规则的特点，提供大面积货物承载甲板的特定要求，依据特有的无斜撑结构设计优化显著提高自航速度，提升平台整体作业效率。拆除一个老旧、闲置平台并非一个独立的任务，需要拆除周边所连接的管道等设备。这个过程有很多的准备工作要做，例如清洁，去除剩余的油污，断开，独立化以及废弃物处理，还有设置吊升点的加固以及在某些情况下需要将整个设备切成不同的模块。这些都需要很多人员长时间的海上作业，涉及作业人员的住宿和交通。传统方式一般使用直升机，加上岸上的住宿，开销成本很大。而带有生活住宿功能的半潜式起重拆解平台则可在很大程度上降低这方面的费用，增加平台的租用率。从建造成本、使用成本和多功能服务等方面来看，半潜式起重拆解平台可节省海上作业成本，具有较明显的经济优势。比较各专业机构预测的整个英国北海地区 2014～2022 年每年海洋工程拆解市场的支出，平均每年的支出大约在 29 亿美元。以半潜式起重船为主要设备的海洋平台拆解细分市场按 22%测算，则每年的支出应在 6.38 亿美元。考虑到现有的大级别的半潜式起重拆解平台，全球大约有不到 10 条，假设有一半都工作在英国北海地区，按 365 天计算，日费率约在 22 万美元，经济型半潜式平台仍有约 3 亿美元的市场。进一步考虑全球海上结构物拆解市场，目标平台作为经济型多功能半潜式起重拆解平台，具有良好的市场前景。

1.1.3 国内外拆解平台现状

国外平台的拆解工程早在 20 世纪 70 年代就已经开始，国外海工公司一直在寻求新的拆解技术方案。英国北海和墨西哥湾等海域石油开采较早，随着早期平台的陆续退役，平台拆解市场一直在不断发展，平台拆除市场较为成熟，从拆解作业船型、拆解技术到工程管理均处于领先地位。

老旧、闲置平台拆解装备数量稀少，均被国外垄断，目前世界上主要有五座起重拆解平台在服役[2]，如表 1.1 所示。

表 1.1 五座在役起重拆解平台

船名	国籍	建成年份	最大起重能力/t	所属公司
OOS Gretha	荷兰	2012	3600（1800×2）	OOS
OOS Prometheus	荷兰	2013	1100	OOS
Thialf	荷兰	1985	14 200（7100×2）	Heerema
Saipem7000	意大利	1988	14 000（7000×2）	Saipem
Hermod	荷兰	1979	8100	Heerema

2015年3月，荷兰Heerema Offshore Services开始在裕廊船厂建造一座半潜式起重拆解平台，总起重能力达到20 000t；瑞典Allseas的起重铺管船“Pioneering Spirit”号船长382m，宽124m，起重能力约为48 000t，如图1.2所示。

图1.2 瑞典Allseas的起重铺管船“Pioneering Spirit”号

而我国拆解行业刚刚起步，20世纪80年代末和90年代初，我国分别对渤海2号、渤海8号、渤海9号等10座平台进行了拆解，2014年国内首次实现导管架平台的整体拆除。国内对平台拆解市场的细分、拆解船型和配套装备的设计建造能力与国外相比还存在较大差距。

1.2 研究内容及关键技术

1.2.1 研究内容

本书主要从建造工艺力学的角度出发，探索先进的建造技术，重点研究平台整体建造和智能建造中的基本问题，建造精度控制和建造风险评估等相关难题，以及复杂曲率板成形、高强钢厚板/薄板的连接和吊装搭载等建造工艺。重点针对关键连接部件的双曲率大弧板的压制冷弯成形工艺、高强板厚板焊接工艺以及焊接变形的预控，采用力学模型分析、实验测试及先进数值模拟相结合的方法；针对生活区的高强钢薄板结构，在分析薄板失稳变形产生机理的基础上，采用随焊激冷和在远离焊缝区域施加附加热源的冷热源一体加载先进焊接工艺来确保薄板建造精度；针对拆解平台特殊结构的建造精度控制，采用焊前虚拟再现、建造精度实时控制以及组立装配过程优化等技术，确保平台焊接结构的顺利建造。同时，以焊接残余应力和弹塑性断裂力学为基础，测量拆解平台应力集中区域的裂纹尖端张开位移（crack tip opening displacement，CTOD），并评估结构的抗断裂性能和使用寿命。

1.2.2 关键技术及研究思路

1. 平台特殊结构焊接变形预测及精度控制技术

半潜式起重拆解平台的特殊结构焊接产生的变形不仅会严重影响制造精度，而且会影响后期装配合拢，导致不必要的变形矫正，从而增加生产成本、延长制造周期。要解决特殊复杂结构生产中的焊接变形问题，实现无余量精度制造，施加反变形量（补偿余量）是最佳选择之一。反变形量（补偿余量）的确定必须对结构焊接过程进行准确的模拟，而完全的热-弹-塑性模拟难以分析各种非线性问题（几何非线性、材料非线性和状态非线性），同时对于大型复杂结构利用热-弹-塑性法进行有限元模拟需要大量计算时间。同时为了保证数值模拟计算中焊接结构的完整性，研究建立焊接变形模拟的合理计算方法显得非常必要，因此需对焊接变形的产生机理进行深入研究，并引入先进的高效准确的数值分析技术进行预测以及采用合理的控制措施加以预防和矫正，从而实现精度制造，提高生产效率，降低建造成本。

研究思路：①引入固有应变来表征连接部位焊接接头的力学特征，对各典型焊接接头逐一分析获取其固有变形，建立数据库，再以此为输入参数，应用弹性有限元分析来高速精确预测平台关键连接部位复杂结构的焊接变形；②通过对称焊、反变形法及优化焊接建造顺序等控制焊接变形。

2. 高强度特殊板材双曲面冷加工成形技术

起重拆解平台关键部位（上船体与立柱、下浮体与立柱的圆弧连接部位）采用高强度板材，外板曲面复杂，在热加工过程中会因温度变化，影响板材的微观组织和力学性能，需采用冷加工方式进行弯板成形。压制成形以其加工高效、精度可靠及成本低廉等特点，在板材冷加工成形中被广泛采用，而压制成形中的压模套装制备以及回弹，是制约板材冷加工成形的关键难题。

研究思路：①基于若干点测量数据的曲面拟合，对平台复杂曲面的形状进行描述，用于制备胎膜和压制成形过程中的精度检测；②采用弹塑性有限元计算，分析曲面成形过程中的回弹数据，依次对制备的胎膜形状进行修正；③每次压制成形之后，以激光扫描获取板材的几何形状，并建立数学模型，与板材最终的目标形状进行比对，确认误差；④通过分析弯曲板材形状与目标形状的误差，研究压制过程中的回弹量，进行再次压制加工，确保成形精度。

3. *Z* 向钢厚板接头残余应力及断裂性能评估技术

厚度超过 40mm 的板材，在焊接后，其厚度方向存在较大的焊接残余应力，再加上非金属夹杂和微小裂纹的存在，可能导致厚板焊接结构发生断裂失效。针对拆解平台中 *Z* 向钢厚板的应用和焊接，需要对其厚度方向的残余应力进行科学分析，并且基于弹塑性断裂力学的理论，以实验测量为主，获取 *Z* 向钢板材的 CTOD 值，用以评估结构的力学性能。

研究思路：①对板材质量的控制，确保板材中非金属夹杂在合格标准之内，并检测板材化学元素的偏析状况；②保证焊接过程中尽可能少地产生非金属夹杂等初始缺陷；③优化焊接工艺，避免焊接裂纹的产生；④XRD 法测量表面横向和纵向的焊接残余应力，作为后续的标定数据；⑤采用高效的数值计算方法，获得三维全域的焊接残余应力，并与测量点的数据进行比对；⑥通过标准实验，测量得到 *Z* 向钢板材的临界 CTOD 值；⑦根据实际外部载荷及焊接残余应力，分析焊接结构在非金属夹杂或微小裂纹存在时的 CTOD，评估结构的力学性能。

本书通过深入开展半潜式起重拆解平台的总体建造技术优化、平台建造精度控制技术、特殊结构建造工艺、平台薄板应用工艺、平台重吊安装工艺、特殊板材双曲面冷加工工艺、平台应用集中区域 CTOD 测试技术等研究，指导半潜式起重拆解平台及相关同类海工产品高效率、高质量的实施建造。

参 考 文 献

[1] 李雪飞, 张锡斌, 任登龙, 等. 浅议海上油气生产设施弃置需要关注的问题[J]. 海洋开发与管理, 2015, (4): 8-11.

[2] 周愫承, 张太佶. 海上石油平台拆除技术和工程的研究[J]. 中国海洋平台, 2002, 17(2): 1-6.

第2章 平台总体建造技术优化研究

半潜式起重拆解平台结构复杂，建造要求高。既有常规半潜式平台建造要求，又有重吊船建造要求，同时上层建筑人员布置较多，“海上住宅”的居住要求和大小也不同于上述两种船的布置要求。从建造角度来看，既有薄板，又有厚板；既有复杂的管系和阀门布置，也有大量居住内饰要求，还有多工况半潜起重作业试验要求。同时，受本拆解平台建造场地区域的影响，其建造方案、出坞方式和建造人员的配置均影响平台的建造质量、作业周期及成本控制。因此按照现代造船模式进行平台优化研究是确保平台安全、高效、高质完成的一项关键技术。

在建造平台居住舱时，主要考虑内饰要求和总段大小与吊装变形技术；在建造半潜主体时，主要考虑压载舱《所有类型船舶专用海水压载舱和散货船双舷侧处所保护涂层性能标准》（PSPC）要求与大量管系布置作业要求，从中间产品出发，每一道工序都确保完整性提交；在建造重吊平台区域时，主要考虑厚板和大型起吊设备安装；在码头调试时，重点关注特殊设备的安装与调试，包括DP3设备（推进器）的安装与调试、半潜压载工况的调试等。

2.1 平台一体化建造方案与标准的优化研究

半潜式起重拆解平台的一体化建造是较前沿的建造理念，该工艺以成组技术原理为指导，采用先进的制造技术，以中间产品为导向，按区域组织生产，平台甲板为基础，舾装为核心，壳、舾、涂作业在空间上分道、时间上有序，实现设计、生产、管理一体化，是一种均衡连续的总装建造模式，因此一体化建造工艺较常规的建造工艺具有明显优势。

2.1.1　常规一体化建造工艺

常规的海洋平台一体化建造工艺，是以结构甲板片为单体进行预制、总装作业，形成三维空间主结构，再逐步开展机、管、电仪讯、舾装通风保温等专业的安装。此模式以最终产品为主线，按照各专业及工种导向组织生产，把结构建造作为首要作业工序，待结构专业完成后再进行其他专业作业[1]。

常规模式无统一规划和协调，在产品建造中后期往往造成多专业施工交叉进行，作业界面错综复杂，不同工种之间时常相互干扰，难以达到作业的优化统筹，甚至造成已完结工作的反复修改和破坏，严重影响产品交付质量及工期。

机、管、电仪讯、舾装通风保温等专业的施工以高空交叉作业为主，需要投入大量的人力及设备台时，增加了高空交叉作业安全管控的风险，加大了建造成本，不利于施工质量的提高，且大大增加船坞周期。

2.1.2　一体化建造新工艺

从设计源头开始，强抓物资物流管理，理顺计划管理体系，在统筹兼顾设备设施能力和建造方法、精细化基础管理、强化生产过程控制、深化设计深度的前提下确保各项内容的实施应用。

1. 目标平台主要物量

平台分段数量、总段数量、搭载吊数如表 2.1 所示，结构重量、管系长度、电缆长度、分段除锈面积如表 2.2 所示。

表 2.1　分段数量、总段数量、搭载吊数

类型	分段数量	总段数量	搭载吊数
主浮筒	29	9	9
小浮筒	22	9	9
右侧立柱	12	4	4

续表

类型	分段数量	总段数量	搭载吊数
左侧立柱	8	2	2
上层建筑	125	24	24
其他	8	6	6
合计	204	54	54

表 2.2 结构重量、管系长度、电缆长度、分段除锈面积

结构重量/t	管系长度/m	电缆长度/m	分段除锈面积/m^2
24 311	180 000	400 000	430 647

2. 舾装管理方案

1）舾装区域划分

根据船体分段和分段总组形式的特点，对机舱及生活区分别以有利于预舾装为前提进行区域划分。

2）对舾装生产设计的要求

舾装生产设计与船体结构同步进行，加强船、机、电各专业之间的有效协调；以分段、总段为基础，加强舾装单元化、模块化生产，以达到中间产品为导向的要求，同时根据 PSPC 新规范的要求和舾装前移原则，最大限度地提前舾装件的作业阶段，扩大单元组装和模块化舾装的作业量，尽量做到水上作业陆地化、高空作业平地化、外场作业内场化，大力提高预舾装水平，确保中间产品制造完整，使舾装作业与船体制造和涂装作业同步。

（1）舾装作业流程。在生产计划的整体框架下，按托盘要求进行舾装件的采购、制作（含外协）、安装、调试、报验，按作业阶段进行适时作业。

（2）舾装作业精度。全方位推进舾装工程的精度设计、制造及安装。

（3）全平台管系，电缆托架的贯通件在船体钢板下料时实施预开孔工艺。

（4）全面实施各阶段舾装托盘优化设计和管理，提供管舾、铁舾、电舾、内舾、单元模块和设备的托盘表、安装图及相关的制造图。

（5）机舱甲板反顶的管子（含通风管）、扶梯、平台、备件架、设备吊马、吊梁等实施分段预舾装，要求在托盘表和安装图上明确。

（6）机舱底层实施总段盆舾装、机舱各层甲板实施总段全宽型单元安装。

（7）生活区按各制造阶段编制管系、风管、空调管、电装件、铁舾装件托盘表和设备安装图，内舾装按层分舱室编制区域/阶段/类型的托盘表，并实施预舾装。

（8）扩大单元、模块的设计（含吊排、吊装方案设计），提高单元、模块组装内容及其完整性。

（9）平台出坞时，全船舾装件安装做到基本结束，管系进入密性试验状态。

3）重点舾装工程

（1）机舱底层实施盆舾装（管系和设备）；

（2）机舱分段正舾装（管系单元、设备、电装件、铁舾装件）；

（3）主机按安装工艺组装完整；

（4）生活区内舾装；

（5）吊机及波浪补偿设备按安装工艺组装完整。

3. 涂装方案

1）涂装的标准、技术要求

（1）本船须满足 PSPC 的技术要求；

（2）《专用海水压载舱涂层检查三方技术协议》应作为本船执行 PSPC 的施工及检验准则；

（3）油漆担保要求：全船 10 年担保（浸没区域要求 5 年担保，压载舱要求 15 年免维修）。

2）钢材预处理

（1）厚度≥6mm 的钢材（含板材、型材）均应上预处理流水线做抛丸处理；

（2）厚度<6mm 的应做手工喷砂处理；

（3）任何不适于进行抛丸流水线处理的钢板和型材应使用动力工具打磨除锈或者酸洗；

（4）钢预处理后均应涂装无机硅酸锌车间底漆一度。

3）钢质表面的二次处理

（1）对锈蚀、火工烧损、焊缝、车间底漆破损等部位需二次表面处理；

（2）压载舱的二次除锈还应满足 PSPC 标准中所要求的粗糙度、表面灰尘度、盐度等要求。

4）涂装施工

（1）喷漆前，被喷涂表面应清洁、干燥，并不含有灰尘、油污、水渍及其他杂质。

（2）喷涂作业不能在雨、雪、烟、雾等露天条件下进行；通常喷涂时钢板表面温度要高于露点 3.0℃以上，相对湿度不高于 85%。

（3）涂装施工应采用高压无气喷涂方式，不能用高压无气喷涂的部位，可以使用刷涂或辊涂。

（4）压载舱漆膜厚度（干膜）的测定应按照两个 90%的标准执行。其他部位按照两个 85%标准执行。

（5）全面贯彻“壳、舾、涂”一体化的思想，在各类铁质舾装件的制造图纸上反映除锈与涂装防锈底漆要求，保证涂层的完整性，满足涂层修补工作的需要。

（6）铜、铜合金、铝、铝合金、不锈钢及其他不腐蚀的材料表面不涂装。

5）焊缝部分的涂装施工要领

（1）钢结构表面所有的非水密焊道在分段期间进行涂装。对于压载舱、淡水舱、外板焊缝等，为保证其涂层的总膜厚达标，一般须采用预涂装工艺。

（2）分段大接口焊缝和所有水密焊缝油漆前用胶带粘贴保护，待试验结束后再油漆。

（3）在分段涂装之前，对在分段结构制造过程中未进行真空密试的焊缝进行标识，然后对上述焊缝以及分段大接头对接处（80～150mm）用压敏胶带或塑料布进行包敷保护，避免因涂装而对密试及焊接有不良影响。分段对接边缘 100～150mm 范围内，在分段涂装前，用压敏胶带或塑料布包敷好后，再对分段进行涂装，待形成总段后再修补涂漆。

（4）大接缝涂层破损和密性焊缝涂层破损打磨处理至 St3 级。

6）涂层的保护工作要求

（1）涂层必须采取措施加以保护，避免各种机械损伤和烧损。

（2）分段合拢后，须按要求对地面涂层加以覆盖防护（暂定选用复合铝箔布）。

（3）在区域阶段，一般采取手工除锈方式，除锈时应对施工区域内需保护的部位及设备进行包覆保护，避免灰尘对其污染。

（4）在舱室密试完成及系统安装完成后，应尽快采取必要的封舱措施，避免油、水、垃圾进入舱室。

（5）为顺利实施 PSPC 新涂层标准，将重点对压载舱进行保护。

2.1.3　一体化建造新工艺应用分析

实施目标平台一体化建造新工艺（图 2.1），同传统的平台建造模式相比，实现了以下技术流程的提升：

（1）实现了以中间产品舾装专业为导向的专业化生产，实施工作量清单控制管理和复合工种组织，建立了分道工艺流程，实现了并行集成制造模式。

（2）打破了“舾装作业是建造中后期作业”的理念，以精确划分区域或阶段来控制舾装，全方位实施区域舾装法，最大限度地将舾装工作前移，减少后期高空交叉作业量和油漆修补工作量。

（3）大部分的建造及安装工作均能在车间内完成，大大提高了施工作业质量。

（4）绝大部分焊接工作量在预舾装阶段完成，提高分段的预舾装率，减少室外现场的焊接及油漆修补量。

（5）较以往项目常规一体化建造施工效率提高约 30%，一体化程度达到约 80%。

（6）缩短搭载占船坞周期，提高工作效率，缩短建造周期，降低了建造成本。

（7）大部分室外结构打砂和油漆修补喷涂工作转移至车间内开展，有效规避了环境污染风险的发生，维护企业绿色环保形象，带来了良好的社会效益。

图 2.1　一体化建造新工艺应用实例图

一体化建造新工艺大大提高了建造效率，缩短了平台建造周期，使项目实施水平大幅提高，创造了巨大的经济效益和较好的社会效益，同时也丰富拓展了以往项目传统建造工艺和常规一体化建造工艺，使各专业施工衔接紧凑、有序，管控布局科学、合理。

与常规一体化建造工艺相比，目标平台一体化建造新工艺需重点关注以下几点：

（1）一体化建造新工艺主要体现在设计、采办、建造的一体化，是一个多专业、多部门、多工种联合协同的整体联动工艺。与传统工艺以结构专业为主导的建造模式不同，新工艺以舾装工作为中心，将组块每层或多层甲板划分为相对独立的、能单独进行完整预舾装的分段模块，最后将这些模块组装成完整的平台模块。

（2）一体化建造新工艺主要受设计文件、物资采办、建造资源等关键性因素决定。下发现场的技术图纸和到货材料的匹配率高、三维模型的建立、属件设计标准化等，有助于一体化建造新工艺顺利实施，防止现场施工待工情况发生，降低现场施工返工率，有效避免现场各专业施工空间干涉问题发生。材料和设备等物资的采办周期控制，尤其是长线材料和设备的采办周期控制至关重要，对一体化建造新工艺实施影响很大。一体化建造新工艺要求多个专业工种同期施工，比传统建造工艺同期内需投入更多的人力，也降低了对吊机资源的依赖程度或使用频次。

（3）一体化建造新工艺的实施高度依赖项目管理。有效的项目管理水准，能积极推动和高效率地解决设计、采办和建造等环节存在的相互制约，有助于将一体化建造新工艺的实施程度和效果最大化。譬如项目管理人员需在设计前期阶段协调和组织相关方落实和明确一体化建造新工艺的实施目标，施工前编制详细的建造方案和计划，确定设计出图目录计划和材料设备到货计划，建立各工序的工作量清单并及时跟踪动态，确保满足一体化建造新工艺的需求和一体化程度的最大化。

一体化建造新工艺是项目管理、设计、采办、建造等各项能力全面提升的一次集中体现。经过一体化建造新工艺的深入应用，目标平台的建造技术取得质的提升，具有巨大的经济效益和较好的社会效益，为今后国内海洋平台模块化建造技术的发展和完善奠定了基础。

2.2 平台坞内建造的特殊工艺技术研究

2.2.1 影响半潜式平台建造合拢技术的几个因素

船体建造合拢技术方案，就是根据产品的要求和特点，结合船厂的生产能力建造出优质船舶的最佳方案，是船厂进行生产设计和工艺准备，制订生产计划和指导生产过程的主要依据。对于不同产品，建造方案的内容范围也不相同。影响选择船体建造方案的主要因素是船舶产品的特点和船厂的生产条件两个方面[2]。

1. 船舶产品的特点

在船台（船坞）起重能力已定的情况下，船舶主尺度和船型特点是影响船体总装方法的重要因素。小型船舶一般可选用总段建造法或整体建造法，中型船舶以采用塔式建造法为宜，当船长超过 120m 时，采用岛式建造法能充分利用船台（船坞）面积，扩大施工面，缩短船台（船坞）周期。

2. 船厂起重能力

船厂的起重运输能力是直接影响船体建造方案的极为重要的因素。船体建造法的选择，取决于船台（船坞）起重能力，是否采用上层建筑整体吊装及主机整体吊装的建造法，完全取决于船台（船坞）起重能力能否满足要求。

3. 生产场地

船台（船坞）的类型、大小等直接影响对船台（船坞）主船体建造法的选择，例如，用水平船台造船时，可以利用船台小车作为总段的移运工具而选用总段建造法。对于尾机型船舶，还可以采用首先形成尾部船体的总段纵移式建造法。对于倾斜船台，若船台长度与建造的船舶长度差不多，即使是批量建造尾机型船舶，也无法采用串联建造法。

2.2.2 半潜式平台几种常见的建造合拢技术

1. 上船体整体吊装合拢技术

上船体整体吊装合拢技术中，超大型龙门吊是此项技术的核心，目前，国内仅中集来福士海洋工程有限公司拥有固定式“泰山吊”，泰山吊横跨在380m×120m×14m的船坞上，理论总起重能力为20 160t，如图2.2所示。此项合拢技术的具体流程如下：①上、下船体平地同时建造；②下船体滑移下水；③上船体滑移下水并进坞；④上船体整体吊装；⑤下船体托运进坞；⑥上、下船体对接合拢。

图2.2 泰山吊整体吊装

此项合拢技术可将高空作业平地造，减少高空作业工作量，大大降低了作业风险，提高了效率，同时上船体与下船体同时建造，在保证工期方面具有较大的优势，但是也存在一些弊端：①需具有超大型的龙门吊，一次性投入成本较大；②龙门吊为固定式，主要以大型一次性吊装作业为主，坞内建造的产品不具有柔性，一定程度上存在对大坞资源的浪费；③对前期设计的要求较高，需保证整船上下系统全部打通方可开工建造。

2. 上船体整体提升合拢技术

上船体整体提升合拢技术主要分成以下两种情况：①上船体提升，下船体滑移对接技术；②上船体整体提升，下船体漂浮入位对接技术。

1）上船体提升，下船体滑移对接技术

此技术最具有代表性的属中远GM4000，具体流程如下：①将上船体和下船体同时在坞内或船台上建造；②待两部分建造完毕后，将上船体两侧或四周及月池（根据情况定）设置提升塔架并安装提升器；③下船体下方布置液压滑靴及轨道；④通过提升器的作用将上船体提升至指定高度；⑤通过液压滑靴的作用将下船体滑移至上船体下方指定位置；⑥将上船体下放与下船体对接合拢。如图 2.3 所示。

图 2.3　中远 GM4000 提升示意图

该项技术相对比较成熟，已在国内外有大量的成功案例。施工风险相对较小，外协成本相对较低。此项技术将高空作业平地造，上船体工作提前，对于保证项目工期方面同样具有较大优势。不足之处：①提升点结构强度要求较高，与船体之间的焊接工作量较大，后期增加大量的修补打磨工作；②上船体整体提升的重量较大，对地基要求较高，需要设置大型地锚方能起到有效的固定作用；③对于超大型薄片类上船体，四周提升时，中部下挠过大，如果中间无月池需要增开提升工艺孔，没有任何优势。

2）上船体整体提升，下船体漂浮入位对接技术

此技术的具体流程：①上船体在坞内建造，下船体在坞内或船台单独建造；②建造完毕后，在上船体两侧设置提升塔架并安装提升器；③通过提升器将上船体整体提升至指定高度；④坞内放水，下船体漂浮并托运至上船体下方坐墩，如果下船体在船台建造，需采用滑移接载下水后漂浮并托运至上船体下方坐墩；⑤提升器下放，上下船体对接合拢。Mammoet 建造的 P-55 平台如图 2.4 所示。

图 2.4 Mammoet 建造的 P-55 平台

此项技术与中集来福士的泰山吊方案原理类似，只不过采用提升塔架取代大型龙门吊，具有较强的柔性。此项技术优点在于不需要借助滑移设备，直接通过浮力将船浮起，并托运入位，施工成本低，对坞底板承载力要求不高，同时有利于工期的保证。缺点：①水上对位作业多，有一定的安全风险；②由于坐墩精度很难保证，所以对位精度要求较高，施工难度大；③提升点的加强较多，后期修补处理的工作量大。

3. 常规搭积木的合拢技术

搭积木合拢技术是一种从底部至顶部按顺序依次合拢的建造模式，广泛用于常规船舶的建造过程中。此技术主要是通过对船体结构进行合理的分段划分，在生产预制完成后，利用大型龙门吊在船坞内进行有效的总组和搭载合拢吊装到位，并完成焊接合拢。海洋石油 981 平台建造过程如图 2.5 所示。

图 2.5 海洋石油 981 平台建造过程

此项技术相对成熟，施工风险易于控制，所有合拢装配工作在坞内进行，不需要上船体或下船体单独下水。同时搭积木的方式适用范围较广，只要有船坞和龙门吊设备即可采用。缺点：①船坞周期较长，限制了船厂的产能；②涉及大量的高空作业，脚手架成本较大；③合拢作业需要的人力资源较多且周期较长；④高空合拢需要大量的临时支撑，施工成本较高。

4. 大型总段浮吊吊装技术

此项技术是在搭积木技术的基础上进行的创新，主要目的在于减少平台建造对坞期的影响，最大程度上缩短坞期。首先，平台在完成下船体连续搭载合拢的建造后，即可出坞下水，利用水上浮式起重机吊装上船体大型总段进行合拢。广东中远船务 Tender 合拢如图 2.6 所示。

图 2.6　广东中远船务 Tender 合拢

该技术的主要优点：减少坞期，提高坞期的利用率。缺点：①对浮式起重机的依赖性高，如果没有自持吊机资源，租赁成本高；②水上作业量大，有一定安全风险；③因波浪的影响，水上总段定位精度要求高，施工难度大。

5. 其他技术

除上述几种技术外，行业内还采用下述几种常见的合拢方式：

（1）浮托法合拢技术。此技术主要是通过调节驳船的吃水差，利用浮力把上船体举起并安装到下船体上的合拢方法，主要用于固定式平台的安装，如图 2.7

所示。

(2) 顶升滑移合拢技术。此技术主要是通过顶升塔架底座的液压机构将上船体整体顶升举起，将下船体滑移入位对接的合拢技术。对于上船体重量相对较大的平台建造具有优势，如图 2.8 所示。

图 2.7　浮托法合拢技术

图 2.8　顶升滑移合拢技术

2.2.3　目标拆解平台建造合拢技术分析

1. 合拢技术方案的选择

根据项目结构特点，基于招商局重工（江苏）有限公司场地资源，结合项目建造整体周期，针对行业内常见的几种合拢方式进行适应性分析，初步考虑以下三种合拢技术方案。

1）方案一：提升、滑移技术方案

方案具体思路：①上船体与下船体（包括大浮体和小浮体）按图 2.9 所示布置分别单独建造；②待建造完毕后，上船体前后及大浮体一侧布置提升塔架并安装提升器；③利用提升装置将上船体提升至指定高度；④大小浮体分别按照图 2.9 所示方案滑移入位；⑤提升器下放完成上船体与下船体的对接合拢。

此方案的优点是充分利用船坞资源，将高空作业平地造，减少高空作业量，一定程度上能够缩短坞期，提高坞期利用率。但是缺点也很明显：①提升吊点加强较多，后期修补处理工作量大；②提升作业风险大，成本高；③上船体整体尺寸为 81m×81m×12m，整体呈薄片形结构，中间下挠量较大，需增加提升点，如果中间增加提升点，结构开孔较大，势必对整体的完整性产生较大的影响。

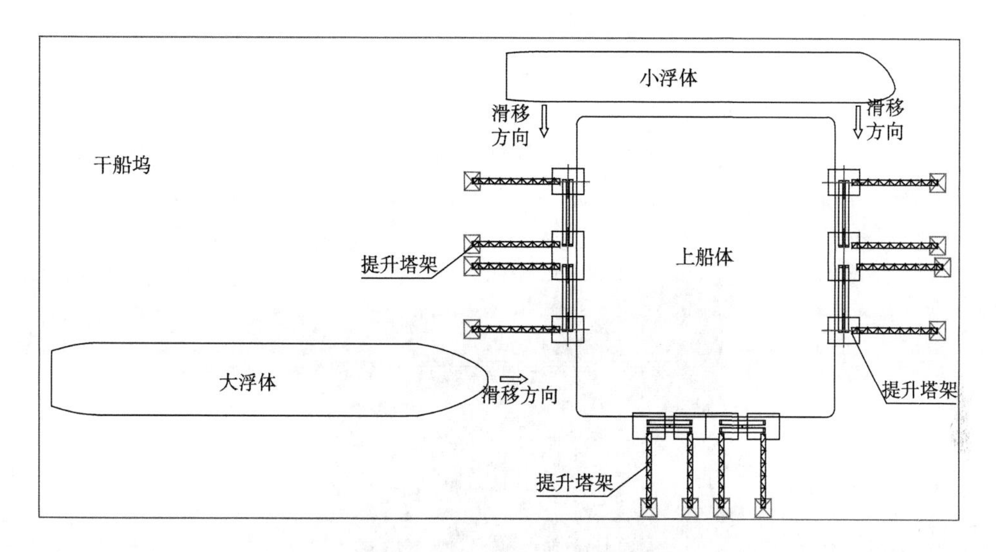

图2.9　提升、滑移技术方案

2）方案二：平行建造技术方案

主要设计思路：①充分利用船坞资源，按图2.10所示布置上船体和下船体，三部分同时开工建造，上船体采用高支撑按照理论高度进行高空合拢；②待三部分分别合拢结束后，拆除两侧支撑；③将大小浮体按图2.10所示方向滑移入位；④浮体下侧布置液压油顶将其顶起与上船体对接合拢。

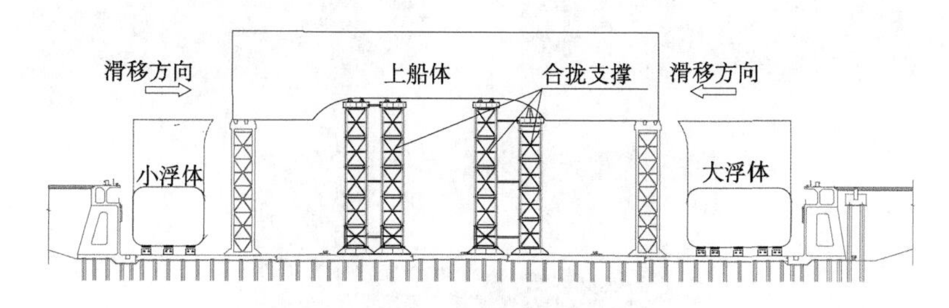

图2.10　平行建造技术方案

此方案的主要目的在于通过三部分平行合拢建造，最大限度地缩短坞内合拢周期，从而保证项目整体的工期。但弊端较多：①合拢工况复杂，支撑较多，两侧支撑拆除困难；②对合拢精度要求较高，施工难度较大；③滑移作业因资源有限，需要委外作业，施工成本相对较高。

3）方案三：常规搭积木技术方案

采用海洋石油 981 平台的建造模式（图 2.11），从底部至顶部按顺序依次合拢建造，先合大、小浮体，再合立柱，最后合拢上船体。此方案相对较为成熟，风险可控，但是坞期长，对技术设计的完整性要求较高。流程如图 2.12 所示。

图 2.11　981 钻井平台常规搭积木技术方案

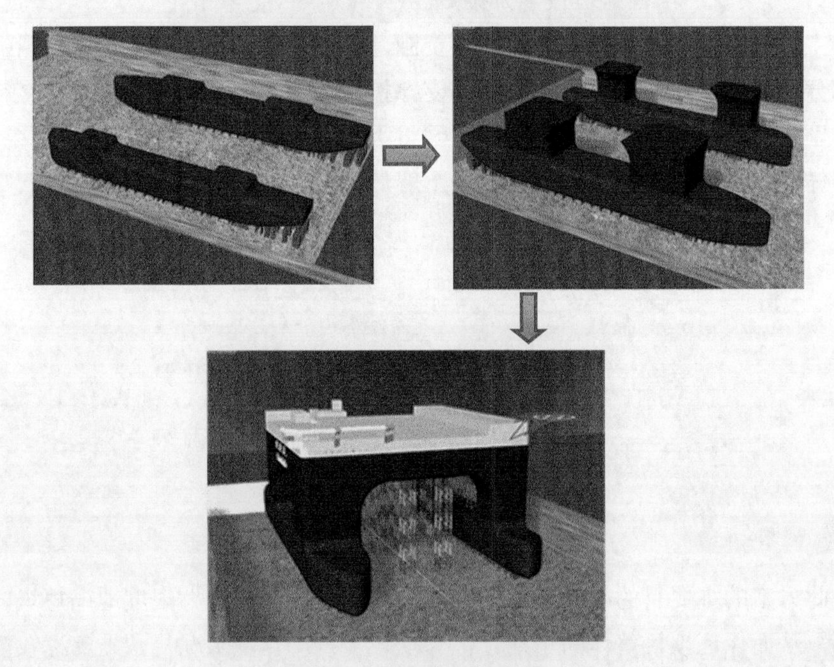

图 2.12　搭积木合拢流程

2. 技术方案的对比

目标拆解平台建造合拢方案对比如表2.3所示。

表2.3 目标拆解平台建造合拢方案对比

项目	方案一	方案二	方案三
合拢周期	6个月（包括拉移工程1个月）	6个月（包括拉移对接工程1个月）	8个月
成本	提升工程需外协，成本较高	支撑塔架工装较多，滑移需外协，成本较高	仅支撑工装，工作量相对较小，相对成本较低
完整性	上、下平行制作，设计提前发图，完整性可能较差，后期修改较多	上、下平行制作，设计提前发图，完整性可能较差，后期修改较多	由下而上制作，设计按部就班发图，完整性较好，后期修改较少
精度控制	提升对位精度控制较难	滑移对位精度控制较难，两侧支撑拆除后可能有变形	8个月常规合拢方式，精度控制相对较简单
风险	风险较大，不可控	风险较大，不可控	由下而上常规合拢方式，技术相对成熟，可控

从表2.3可见，方案一和方案二在缩短合拢坞期、保证项目工期方面具有较大的优势，但是带来的是成本大量的增加，完整性较差，精度难以控制，整体风险性较大。综合对比，最终选择方案三作为半潜式起重拆解平台的建造合拢方式。

2.3 平台在水深受限区域的出坞技术研究

目标平台具有自重大、有效负荷大、复杂海况适应性强等特点，其主要由平台主体、立柱、下浮体三部分构成。提供浮力的下浮体水平方向尺度相对平台主体要小，导致其空船吃水相对一般船舶要深，对于大型深水半潜平台通常设计空载吃水会超过10m。

长江下游地区是我国船舶海洋工程修造产业的核心基地，然而长江主航道维护水深仅为12.5m，长江沿岸各修造厂干船坞所能达到的水深更是远小于12.5m。深水大型半潜平台难以顺利从长江沿岸的造船厂顺利出坞。水深这一限制因素极大阻碍了长江流域深水半潜平台的修造能力[3]。

因此，需要提供一种新的技术方法来解决上述困境，充分发挥长江流域的船舶与海工装备制造业能力。

2.3.1 降低半潜平台吃水出坞方案设计思路

目标平台出坞重量的核心依据为建造方技术部门按月更新的重量报告。同时依据建造方在项目出坞节点的目标建造进度，对重量报告中的项目进行删减。此外还需考虑出坞节点，平台上会存在相当数量的脚手架、临时工具箱、临时工装等一系列非空船重量项目，因此需要对此类项目的重量重心进行合理的估算，以确定出坞阶段目标平台的重量重心参数。

利用确定的出坞节点目标平台的重量重心参数，对目标半潜平台进行出坞状态的装载计算，尽可能用最少量的压载水使平台达到正浮状态，得出平台在不借助外界辅助作用下的出坞吃水。

综合考量建造方实际船坞及码头的硬件条件，包括坞底板距离 0 潮位水深高度、船坞门槛高度、坞内平台坞墩高度、平台出坞最浅点水深、出坞时间段潮水状况等由专业的引水员确定目标半潜平台允许的最大出坞吃水。

根据目标半潜平台在不借助外界辅助作用下的出坞吃水与建造方硬件条件决定的允许最大出坞吃水差距确定目标半潜平台所需获得的额外浮力，以确保其能够以适宜的吃水完成出坞作业。

根据提供额外浮力的浮体以及浮体与目标半潜平台之间相互连接作用的方式，将已研究分析过的方案划分为以下四个方案。

2.3.2 打捞浮筒托浮方案

打捞浮筒是专门用于打捞沉船、救援失事船只及水面船只的拖带、扶正专用容器。打捞浮筒通常外形为圆柱形，两端封头呈椭球形，内部由水密舱壁分隔成前后两个端舱、中间一个中舱和一个空气室。艏艉端舱及中舱可以灌入压载水使浮筒下沉，同时可以利用压缩空气将压载舱中的水排出。全国仅广州、上海、烟台三家打捞局拥有打捞浮筒，按其所能提供的最大浮力可以分为 3000kN、5000kN、8000kN、12 000kN 浮筒。

1. 打捞浮筒托浮方案简介

打捞浮筒成对使用，通过钢丝绳将一对浮筒串联起来。钢丝绳一端系于打捞浮筒上端的缆桩，另一端穿过浮筒内部的导缆管，兜住平台的下浮体底板，从另外一只打捞浮筒的导缆管穿入，并系于另外一只打捞浮筒的缆桩上。打捞浮筒平面布置图如图 2.13 所示，各对浮筒按照上述方式依次在船坞内串联完毕，船坞通过坞门进水，浮筒在浮力作用下逐渐上浮至如图 2.14 所示的打捞浮筒侧向布置。随着坞内水位逐渐增加，打捞浮筒没入水中的体积逐渐加大，钢丝绳对半潜式起重拆解平台下浮体的作用力逐渐增加至设计目标。最终平台在其自身浮力以及打捞浮筒对其产生的向上拉力的共同作用下，以适宜出坞的吃水起浮。

当平台出坞结束，平台拖带至码头较深的水域（位置需满足平台可以依靠自身浮力漂浮），通过对打捞浮筒内部压载舱内进行压载，半潜式起重拆解平台自身配合调载，打捞浮筒对半潜式起重拆解平台的作用力逐渐下降为 0。然后持续对浮筒内进行灌水至其与半潜式起重拆解平台下浮体完全脱离。

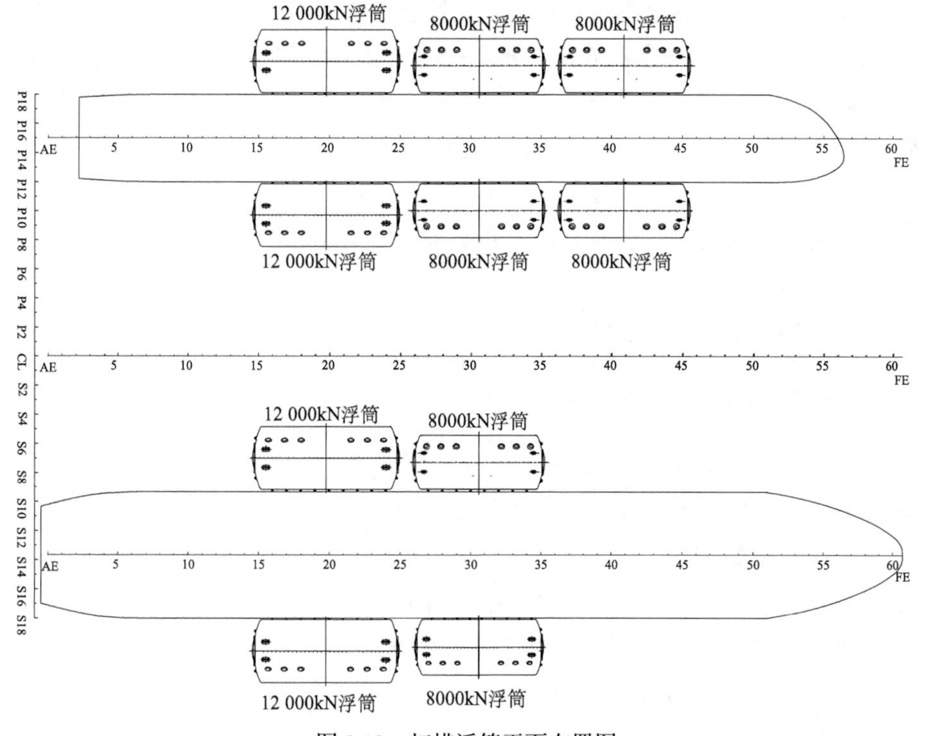

图 2.13　打捞浮筒平面布置图

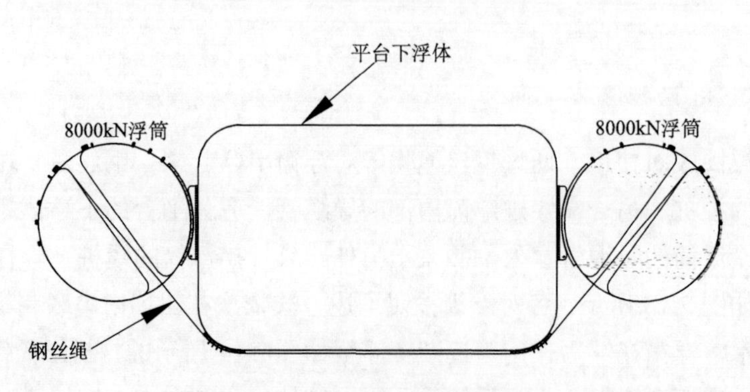

图 2.14　打捞浮筒侧向布置图

2. 打捞浮筒托浮方案分析

（1）打捞浮筒为圆筒状，当打捞浮筒与半潜式起重拆解平台分离时，打捞浮筒不再受约束，将会自由旋转，难以控制。

（2）浮筒分离后，由于难以控制，必将对新建的半潜式起重拆解平台舷侧的油漆造成剐蹭。如果剐蹭部位在水下，其修补及检验的代价极高。

（3）出坞后浮筒与半潜式起重拆解平台下浮体分离需要将浮筒全部沉入水底，浮筒加水下沉至少 3 个小时，但半潜式起重拆解平台带着浮筒无法靠泊，在分离期间，由于江水涨落潮的影响，半潜式起重拆解平台很难保持船位。

（4）由于打捞浮筒操作复杂，使用过程中对操作人员也有极大的安全风险，即使是经验丰富的打捞作业专家，也并不推荐使用浮筒作业。

2.3.3　驳船底部托抬方案

1. 驳船底部托抬方案简介

此方案中利用驳船提供额外浮力，且驳船两端需要足够大的浮箱以保证分离时驳船的稳性，如果没有浮箱，需要驳船型深足够，以防止在分离过程中驳船完全沉入水底。驳船底部装焊工字梁抬升工装，抬升工装与半潜式起重拆解平台船底板接触，将驳船浮力转移至半潜式起重拆解平台船底板。抬升工装与半潜式起重拆解平台船底板接触区域敷设橡胶用于保护半潜式起重拆解平台船底板，如图 2.15 所示，侧向布置如图 2.16 所示。

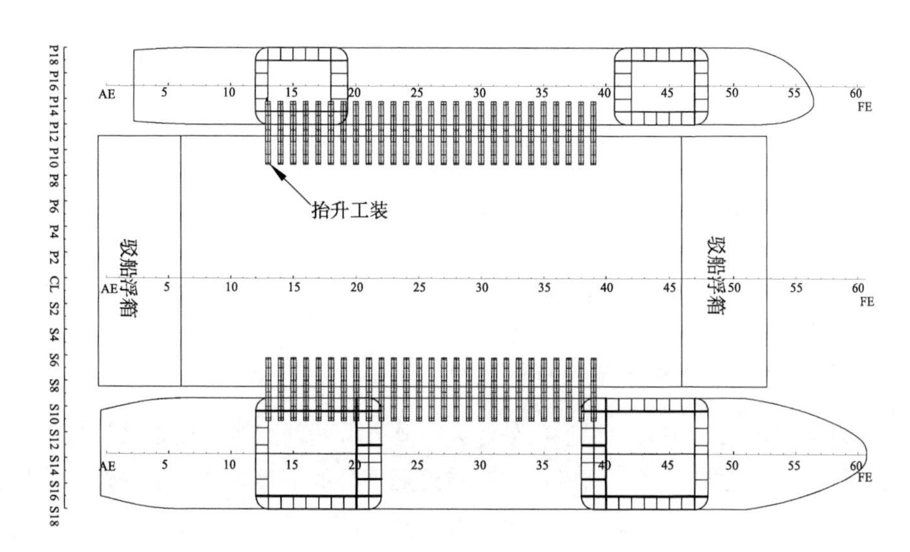

图 2.15　驳船及抬升工装平面布置图

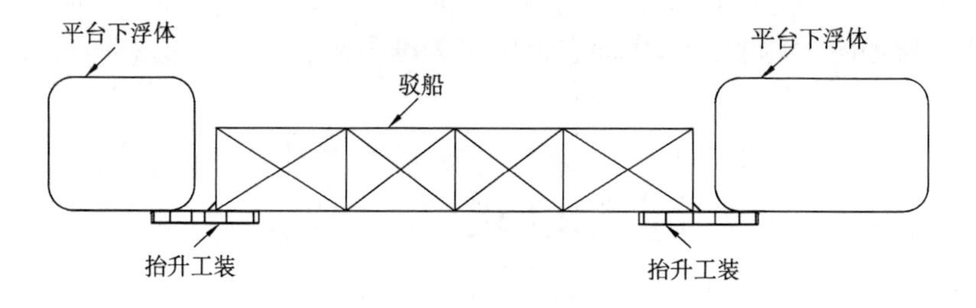

图 2.16　驳船及抬升工装侧向布置图

在平台拖至靠泊位置以后，给驳船加水，抬升工装与半潜式起重拆解平台之间的作用力持续减小为 0。继续向驳船内加水，抬升工装将会在重力作用下与船底板脱离。把驳船整体拖离出半潜式起重拆解平台下放区域，拖至码头边临时靠泊，将驳船舱内的水排出至驳船以正常的浮态漂浮。

2. 驳船底部托抬方案分析

（1）驳船在坞内进入半潜式起重拆解平台下方困难。

（2）抬升工装安装困难，同时涉及拆除半潜式起重平台坞墩。

（3）底部抬升工装为悬臂结构，要承受巨大浮力，其高度至少到达 1m。

（4）由于抬升工装在驳船底板以下，因此半潜式起重拆解平台出坞吃水需要再度降低以补偿抬升工装所占据空间。

（5）悬臂结构容易发生变形，其最终与半潜式起重拆解平台底板接触面积狭小，造成应力过度集中。

（6）由于接触区域在水下，即使有橡胶皮保护，仍旧无法保证半潜式起重拆解平台底部油漆完整。而水下油漆检验及涂补的代价极高。

2.3.4 驳船斜拉杆上拉方案

1. 驳船斜拉杆上拉方案简介

此方案中需要利用驳船提供额外浮力。此外驳船两舷侧需要增加浮箱，用于作为斜拉杆的着力点。驳船与半潜式起重拆解平台的下浮体上表面通过斜拉杆进行连接，用以传递驳船对半潜式起重拆解平台的浮力。斜拉杆在驳船及半潜式起重拆解平台上的悬挂点均采用销轴进行连接。驳船舷侧布置靠球或者轮胎等护舷以保证驳船在分离的时候与平台浮筒发生碰撞时不会破坏船体油漆。驳船及斜拉杆平面布置如图 2.17 所示，侧向布置如图 2.18 所示。

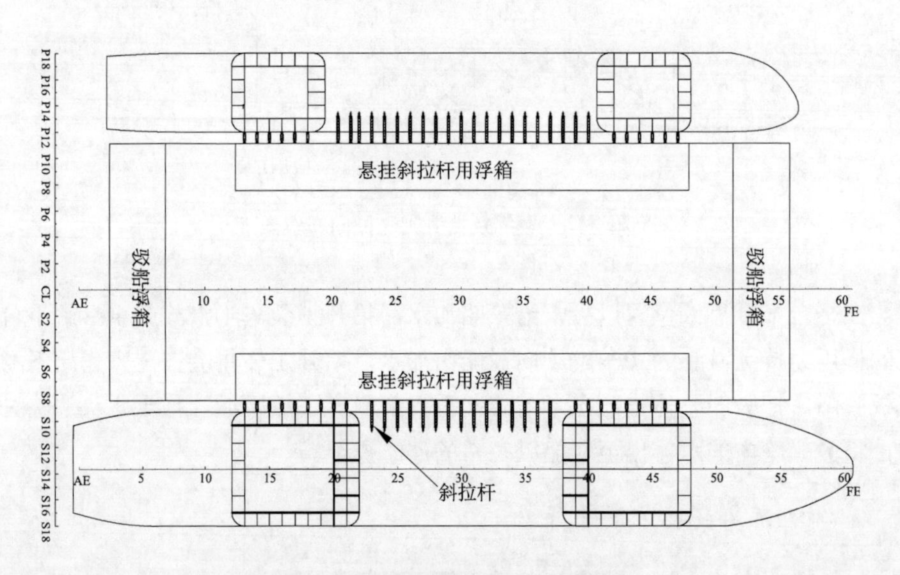

图 2.17 驳船及斜拉杆平面布置图

在平台拖至靠泊位置以后，给驳船加水，连接驳船和半潜式起重拆解平台的拉杆受力逐渐下降。当拉杆不再对半潜式起重拆解平台有作用力后，斜拉杆与半潜式起重拆解平台连接的销轴开始出现松动，拆除位于半潜式起重拆解平台下浮体上表面的拉杆定位销，将驳船整体拖离出半潜式起重拆解平台下方区域，至码头边临时靠泊。将驳船舱内的水排出至驳船以正常的浮态漂浮。

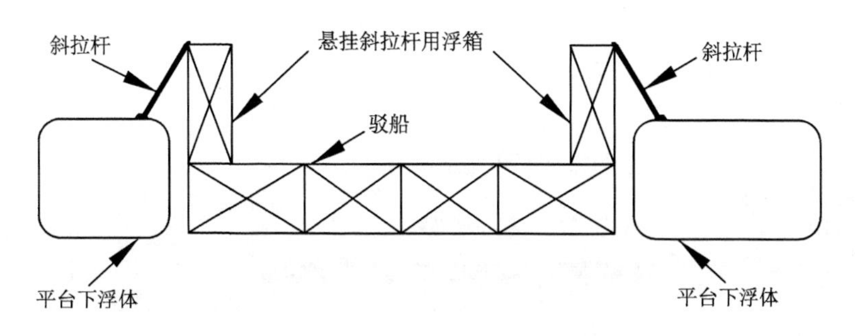

图 2.18　驳船及斜拉杆侧向布置图

2. 驳船斜拉杆上拉方案分析

（1）拉杆连接点局部强度需要慎重考虑。

（2）拉杆可能受力不均，导致部分拉杆受力过大。

（3）在浮箱面上焊接及加强拉杆施力点对现场施工有重大影响。

（4）驳船与半潜式起重拆解平台分离时，若出现某些拉杆卡住，需要人工切割；如果应力突然释放，会出现严重的安全事故。

2.3.5　平台主体底部顶升方案

1. 平台主体底部顶升方案简介

采用一艘驳船作为提供浮力的工具，驳船上放置桁架结构或者其他尺寸相对较小的驳船作为支撑结构。在支撑结构最上端铺设墩木用于和平台主体底板接触。驳船受到的浮力通过支撑结构及墩木传递至半潜式起重拆解平台主体底板。船坞内水位逐步上涨，驳船对半潜式起重拆解平台提供的浮力逐级增加，直至半潜式起重拆解平台以适宜出坞的吃水在坞内起浮。驳船及支撑工装平面布置如图 2.19 所示，纵向布置如图 2.20 所示。

分离阶段向提供浮力的驳船内灌入压载水，使墩木体对半潜式起重拆解平台的作用力逐渐减少至 0 并最终完全脱开。在墩木与半潜式起重拆解平台主体底板脱开足够间隙后，利用拖轮将驳船及工装组合体拖出半潜式起重拆解平台下方区域，完成整个流程。

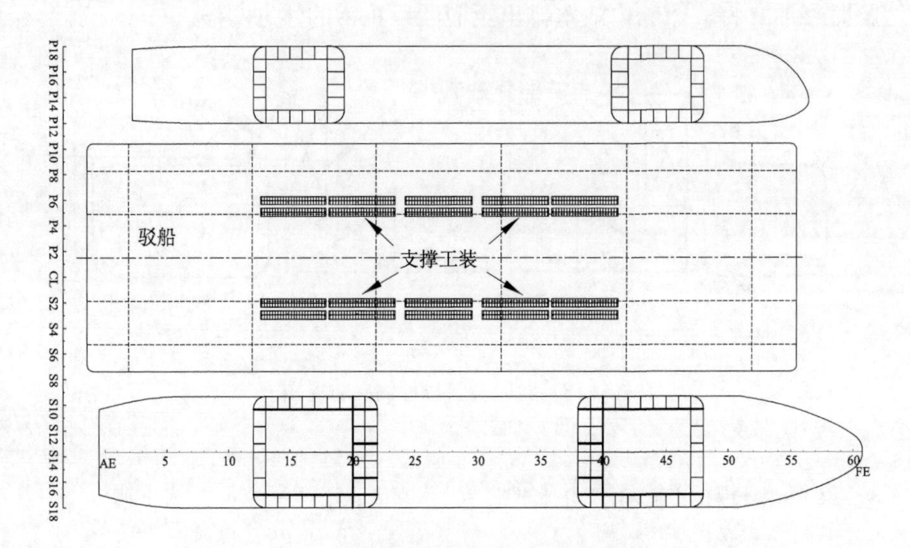

图 2.19　驳船及支撑工装平面布置图

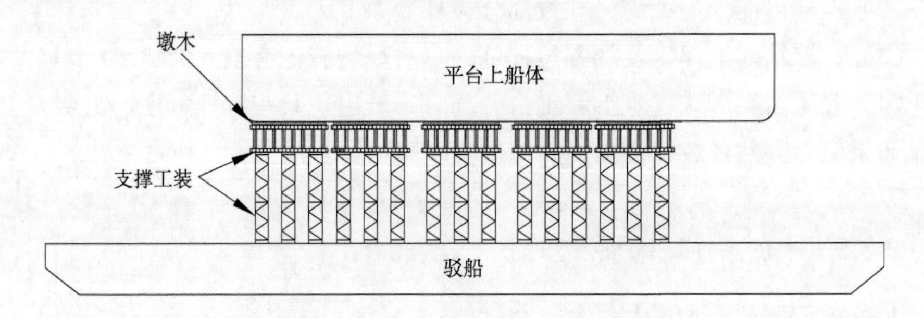

图 2.20　驳船及支撑工装纵向布置图

2. 平台主体底部顶升方案分析

（1）支撑工装与半潜式起重拆解平台间没有刚性连接，避免了对新建半潜式起重拆解平台的火工作业。

（2）支撑点在半潜式起重拆解平台主体底板上，即使出现油漆破损，也易于修补。

（3）支撑构件与半潜式起重拆解平台接触面积较大，受力较为均匀，不存在载荷过度集中的情况。

（4）支撑工装装配工作量较大。

综合比较上述四种方案，从安全角度、对新建平台结构改动角度、对新建平台油漆保护角度三个方面综合判断，平台主体底部顶升方案是最优方案。采取平台主体底部顶升方案，避免了危险性的作业，使半潜式起重拆解平台的受力更加合理均匀，整个出坞流程更加顺利，方案实例如图2.21所示。

图2.21 平台主体底部顶升方案实例图

2.4 推进器安装工艺技术的优化研究

半潜式起重拆解平台配有6台DP3推进器，推进器安装后总吃水16m（平台吃水11m+推进器突出底板5m），超出长江航道水深（北槽深水航道维护水深12m）。因此推进器需要出江后安装。

进行目标平台推进器的安装操作对于环境的要求相对较高，首先水深情况、天气变化就会影响推进器的安装效率，而推进器本身的体量也会对安装进度造成影响，如果遇到恶劣天气，推进器的安装调试都会延误，因此必须探索新型的推进器水下安装工艺。

2.4.1 推进器传统安装工艺

通常大型推进器的安装必须在深水区域进行，对水深和天气条件有较高的要求。通常要求水深在20m以上并且能见度好的区域，但往往各个船厂船坞和港口达不到安装条件，因此一般选择在离船厂较远的海上安装，前期需进行较长时间的海域、海流探测选址，还要雇用吊装推进器的浮吊、辅助拖轮，同时海上安装推进器的不确定因素非常多，如水下能见度、潮流、台风等因素，无法确保安装完成的时间。再次，海上安装推进器的风险非常大。这样往往需要花费大量的时间和成本来进行推进器安装工作，而延误其他的调试安装工作。

1. 拆除提升管闷板

潜水员携带扳手等拆除工具以及摄像头和照明设备，沿事先做好的导向绳至安装口处的 3 个提升管闷板。潜水员清理闷板螺丝（一块闷板上有 8 个螺丝）上的海生物，拆除前先将闷板用麻绳连接到下封盖上，避免拆除后闷板丢失。潜水员通过扳手将闷板上的螺丝拆除完毕后，将闷板上的密封圈和螺丝收集好带回岸上。拆除提升管闷板如图 2.22 所示。

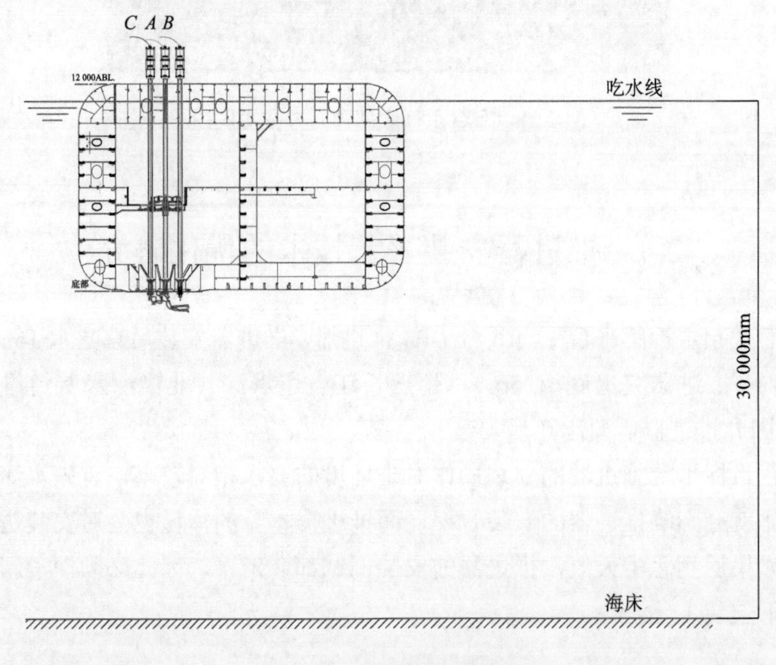

图 2.22 拆除提升管闷板

2. 拆除插座外盖

往推进器插座中注入压缩空气，确保无漏气。吊机钢丝绳和外盖下耳板相连。

完全松开水密螺栓，使螺栓和底盖脱离。向插座中充气用来顶开底盖。使用吊机将底盖拉出水面。潜水员需按照要求清洁密封面上的所有污染物。潜水员将在水下检查推进器插座，确保插座未受到任何损害；如果插座满足推进器安装条件，潜水员需按照要求清洁密封面。拆除插座外盖如图 2.23 所示。

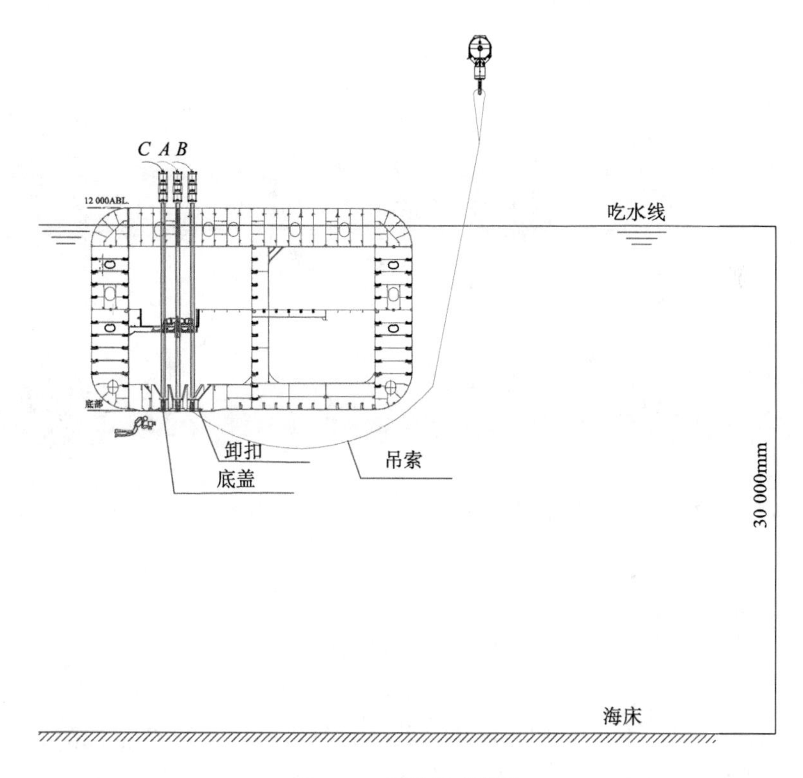

图 2.23　拆除插座外盖

3. 推进器安装

（1）利用吊机首先起吊推进器，然后从平台浮体已预置的贯通导管（该导管在平台浮体建造之初已预置，空间位置与推进器的三个吊耳孔位置相对应，这种方法在平台建造中普遍采用）。同时将三根钢绞线下放到外底板外，然后通过引绳将黄、白两个下吊具拉出并与推进器上对应颜色耳板相连。起吊推进器如图 2.24 所示。

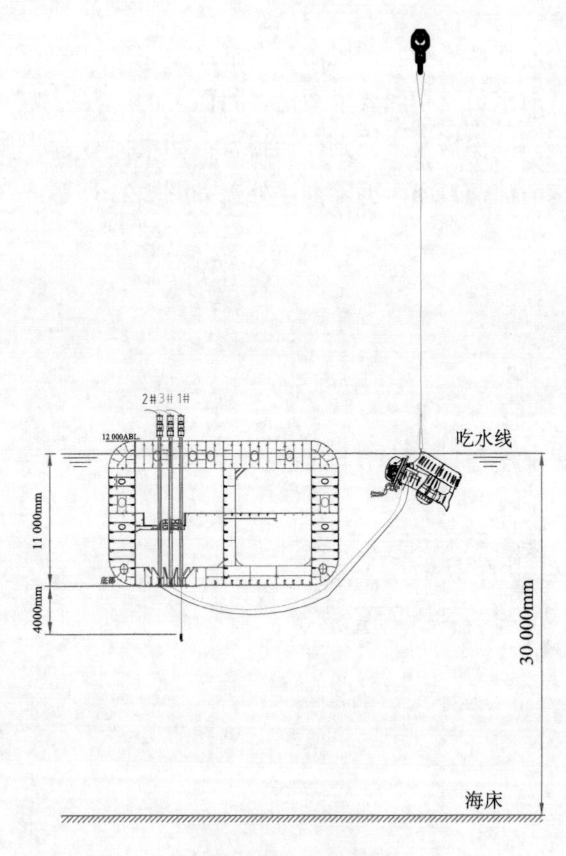

图 2.24　起吊推进器

（2）缓慢下放吊钩，同时回收钢绞线，直到将吊钩上的载荷全部转换到钢绞线上，如图 2.25 所示。

（3）继续提升推进器到距离外底板 4m 位置，潜水员将最后一个吊具与对应颜色推进器吊耳相连，然后拆掉导流罩上的卸扣，吊机将吊带抽出来，如图 2.26 所示。

（4）当推进器距离插座 1m 时，潜水员需要检查接触面状况，确认没有漂浮物和其他污染物。缓慢增加插座内空气压力，直到和外部水压持平或者压力不再增加，确保插座内水全部排出。继续以 1.5m/min 的速度提升推进器，直到推进器法兰面和插座底面接触。确保将推进器提升到插座内，然后在机舱内进行固定连接，如图 2.27 所示。

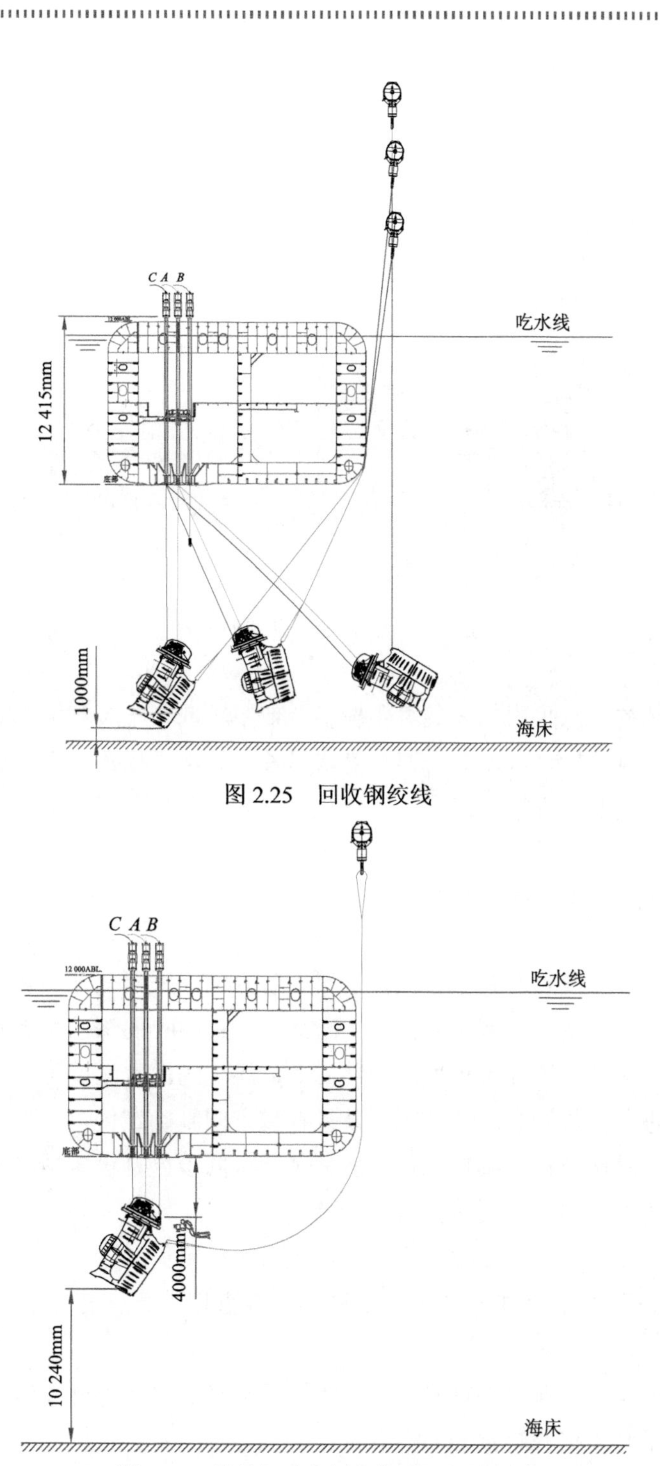

图 2.25 回收钢绞线

图 2.26 吊具与对应颜色推进器吊耳相连

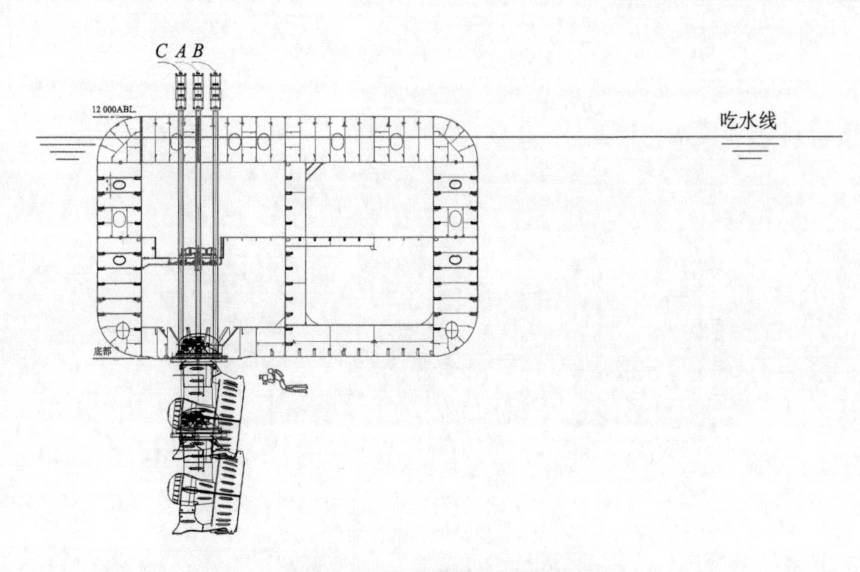

图 2.27 推进器提升到插座内

以上介绍的方法采用的安装设备较多，效率较低、安装精度不好控制，而且安装周期长，风险大，成本高。需要潜水员长时间水下指挥工作，对安装海域的能见度及天气状况要求较高。

2.4.2 推进器安装新工艺

以目标半潜式起重拆解平台的推进器安装为例，来研究一种新型的推进器水下安装工艺。安装场地具有长 520m、宽 21m、深 18m 的深水舾装码头，可提供多个平台舾装泊位。这样推进器的安装在靠近码头的深水区就可以完成。安装方案采用将推进器下放到海底并按照安装位置和方向精确定位，将平台移到相应推进器上方并按坐标位置精确定位，最后采用液压同步提升设备精确提升到位，本次安装确定的工艺路线主要包括以下步骤：

（1）海床勘测及海底平整（完成后可供后续项目使用）；

（2）推进器下水前准备（包括推进器的竖直摆放、做标记、吊到驳船上并定位）；

（3）推进器下放海底并精确定位，平台移到推进器上方并精确定位；

（4）液压同步提升装置安装、调试；

（5）提升装置与推进器吊耳水下连接及提升；

（6）推进器进入插座之后，拆掉顶盖，安装锁紧环及附件。

1. 推进器下水前准备

设计并制作安装支架，该支架用于推进器保持竖立的安装姿态、移位、水下吊放和固定。该支架采用 H 型钢和 Q235 板材焊接而成，强度和稳定性满足推进器在陆上及水下的吊装及稳定性要求。在三个吊点及支架相对应的位置上分别做红（*A*）、白（*B*）和黄（*C*）三种颜色标记，与吊带、提升吊具、提升孔等相对应。

2. 精确定位

利用全站仪，采用相同的坐标基点，完成水下推进器和平台的精确定位。推进器的水下放置过程中精度测量人员对推进器下放位置进行测量监控，潜水员监控推进器在海底的姿态以确保不会下陷和倾斜后即可拆除卸扣。

3. 液压同步提升装置安装

液压同步提升装置是该安装工艺的关键设备，采用液压提升器作为提升机具，柔性钢绞线作为承重索具，提升器通过提升专用钢绞线连接吊具并与推进器的三个吊点相连接。液压提升器为穿芯式结构，以钢绞线作为提升索具，具有安全、可靠、承重件自身重量轻、运输安装方便、中间不必镶接等一系列独特优点。液压提升器两端的楔形锚具具有单向自锁作用。当锚具工作（紧）时，会自动锁紧钢绞线；锚具不工作（松）时，放开钢绞线，钢绞线可上下活动。当提升器周期动作时，提升重物则一步步上升或下降。该装置在整体提升过程中，各台液压提升器的负载基本均匀，计算机通过限位及压力检测信号，对提升过程进行调整控制；可在计算机同步控制系统中对每台液压提升器的最大提升力进行设定，当遇到提升力超出设定值时，提升器自动停止提升，以防止出现提升点荷载分布严重不均，造成对结构件和提升设施的破坏；通过液压回路中设置的自锁装置及机械自锁系统，在提升器停止工作或遇到停电等情况时，提升器能够长时间自动锁紧钢绞线，确保提升构件的安全。平台移到指定位置后，将液压同步提升油缸安装到提升点，并进行连线调试。

4. 同步提升和固定连接

潜水员在水下连接相同颜色的卸扣与吊耳，拆掉推进器与支架的固定，拆掉插座的密封盖板后，在潜水员的监控下由技术人员操作提升设备，将推进器提升到插座内，然后在机舱内进行固定连接。

总之，在水下安装半潜式海洋平台推进器的过程中，工艺技巧的改变可以提升安装与调试的效率，前期定位、准备等工作也非常重要，同时也要对周围环境进行预测，以保证安装过程顺利进行，在半潜式海洋平台推进器安装中高效的管理与科学的安装技术都必不可少。

2.5 本章小结

本章以半潜式起重拆解平台为研究对象，研究优化平台总体建造技术。首先介绍了常规一体化建造工艺，并说明了目标平台应用一体化建造新工艺的情况，对比分析两种建造工艺，此为平台一体化建造方案与标准的优化研究；其次，介绍了行业内半潜式平台的几种常规建造方案：上船体整体吊装合拢技术、上船体整体提升合拢技术、常规搭积木的合拢技术、大型总段浮吊吊装技术等，并说明了各技术方案的优缺点，对比分析各建造方案，此为平台坞内建造的特殊工艺技术研究；再次，考虑到目标平台大吃水出坞的难点，整理了降低吃水出坞方案设计的思路，创造性地提出了打捞浮筒托浮方案、驳船底部托抬方案、驳船斜拉杆上拉方案、平台主体底部顶升方案四种方案，并做了详细描述，对比分析四种降低平台吃水的方案，此为平台在水深受限区域的出坞技术研究；最后，介绍了推进器传统安装工艺的步骤，并详细说明了推进器安装新工艺，对比分析两种安装工艺，此为推进器安装工艺技术的优化研究。通过对上述四个主要内容的研究，得到如下结论：

（1）对比常规一体化建造工艺，归纳了一体化建造方案的优点，提高安装效率，降低返工和油漆修补量；减少高空交叉作业，降低安全风险；提高施工质量和效率，缩短总装工期和缩短占用船坞周期，最终降低项目建造成本。

（2）对比分析半潜式平台的几种常规建造方案及其优缺点，并结合建造场地资源及建造整体周期，选择常规搭积木技术方案作为目标平台坞内建造实施方案，此方案相对较为成熟，风险可控。

（3）针对目标平台吃水大、出坞难的技术难题，对比分析四种出坞方案技术原理及优缺点，并通过一系列顶升强度计算分析，选择平台主体底部顶升方案作为目标平台出坞方案，此方案安全性高、对平台结构改动量小、油漆破坏少。

（4）对比推进器传统安装工艺，提出了安装新工艺各方面的优点，优化后可以在较短的时间内成功地完成目标平台推进器的安装工作，能显著节约安装时间和安装成本。

参考文献

[1] 刘洪亮, 张笑甜. 一体化建造工艺在船舶海洋工程中的应用[J]. 化工设计通讯, 2018, 44(4): 233.

[2] 苗毅. A5000 系列半潜式钻井平台建造流程规划与精度分析[D]. 大连: 大连海事大学, 2014.

[3] 郑和辉, 朱波波. 半潜平台举力驳顶升减载起浮出坞技术[J]. 船海工程, 2019, 48(3): 99-104.

第3章 平台建造精度控制技术研究

半潜式起重拆解平台结构复杂，焊接接头形式多样，且焊缝分布广泛，焊接变形将严重影响部件的尺寸精度，以及后期合拢建造的顺利进行；若对焊接变形进行矫正，则会提高建造成本，并延长建造周期。因此，对于复杂结构的焊接建造，需要开展必要的建造精度控制研究，这将在有效地保障建造精度的同时，提高建造的效率，进而更好地实现壳舾涂一体化工艺。

由于拆解平台结构复杂，且由若干部构件组立焊接而成，焊接变形不易通过实验测量获得。基于焊接固有变形理论和弹性有限元计算，采用局部-整体映射分析法，来预测结构的焊接变形；并采用施放余量、预置反变形、对称同时焊、增加刚度约束、优化装配顺序等工艺，来降低焊接固有变形，进而确保结构的建造精度。

基于焊接固有变形的有限元数值分析方法，因其高效的计算能力，适合大型复杂船体结构的焊接变形计算。固有变形法省去了焊接的过程，该方法直接把固有变形作为载荷加载到结构弹性有限元模型相应焊缝上，然后进行一次弹性有限元计算，就可以得到结构的残余塑性焊接变形。因此该方法计算结果的准确与否在于能否得到准确的固有变形，即能否正确描述出焊接接头处焊接变形力学特征[1]。焊接变形产生的根本原因是焊接过程中产生的压缩塑性应变，由于该部分应变只与接头类型、材质、厚度、焊接工艺有关，与焊缝的长度和宽度（足够宽）关系不大，所以该应变被称为固有应变[2]。因为固有应变作为载荷不易加载，所以引入固有变形的概念。固有变形是将垂直于焊缝横断面上的固有应变分量进行积分得到的，所以较固有应变更加适合作为载荷加载到模型相应焊缝处，从而使大型复杂船体结构的焊接变形的预测更加简便[3]。Murakawa 等[4]认为固有应变与固有应力、固有变形和固有收缩力密切相关，例如，在约束较小时，固有应变可以转化为固有变形，当约束较大时，固有应变就可以转化为固有力或者固有应力。Murakawa 等[5]开发了用于预测焊接变形的系统，并考虑了装配产生的间隙和焊接时由于热量输入导致的收缩对焊接变形的影响，同时考虑研究了焊接顺序和矫正间隙对结构焊接变形的影响。Wang 等[6]基于固有变形理论，以 20 000TEU 超大型集装箱船的水密横向舱壁结构和抗扭箱结构为研究对象，研究了焊接顺序与厚板坡口优化对焊接变形的影响。

3.1 典型焊接接头固有变形数据库建立

3.1.1 典型接头及其焊接工艺

本书选取 B514 典型分段，主要针对半潜式起重拆解平台的 B514 分段进行研究，主要介绍其结构的基本形式，各个部件的具体尺寸和材质以及该结构船厂的焊接顺序；获取 B514 分段在实际焊接过程中使用的焊接工艺参数，以及该分段实际测量中焊接前和焊接后的分段变形数据。该分段在拆解平台中所在位置如图 3.1 所示，经企业实际调研，掌握了 B514 分段的焊接工艺规范（welding procedure specification，WPS）文件及实际焊接过程，并获取了详细的焊接坡口形式、焊接电流、电压、速度、热输入等工艺参数。

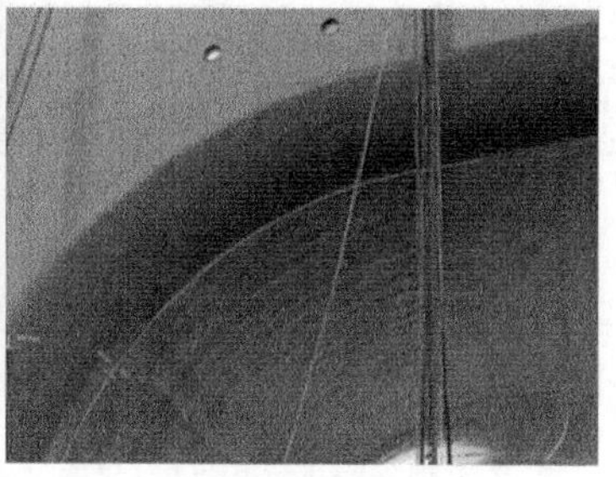

图 3.1　B514 分段在拆解平台中所在位置图

整个 B514 分段构件众多、结构复杂，虽然焊接接头数量大，但不需要对所有接头都进行热-弹-塑性有限元分析得到固有变形。由于固有变形只与焊接接头类型、材料属性、板厚及焊接热输入等参数有关，因此，只需对焊接接头进行分类，总结出少量的典型焊接接头。对其进行固体（solid）单元建模，通过热-弹-塑性有限元分析，得到固有应变，使后续的弹性分析能顺利进行。

查阅相关 WPS 文件，即根据焊接参数和文件图示的母材厚度、材质等归纳典型接头，将 B514 分段中所有焊接接头归纳总结至表 3.1 和表 3.2 中。

表 3.1 B514 分段典型角接接头

角接接头编号	腹板		底板		坡口形式
	厚度/mm	材料	厚度/mm	材料	
1	15	AH36	10	AH36	V
2	25	AH36	10	AH36	K
3	15	AH36	15	AH36	V
4	15	EQ51	15	EQ51	V
5	20	AH36	15	AH36	K
6	15	AH36	20	AH36	V
7	15	EQ51	20	EQ51	V
8	20	EQ51	20	EQ51	K
9	15	EQ51	30	EQ51	V
10	20	EQ51	30	EQ51	K
11	10	AH36	10	AH36	V

表 3.2 B514 分段典型对接接头

对接接头编号	左		右		坡口
	厚度/mm	材料	厚度/mm	材料	
1	10	AH36	10	AH36	AI
2	15	AH36	15	AH36	AYN
3	15	AH36	15	EQ51	AYN
4	15	EQ51	15	EQ51	AYN
5	15	EQ51	20	EQ51	AY-N
6	15	AH36	25	AH36	AY+N

续表

对接接头编号	左		右		坡口
	厚度/mm	材料	厚度/mm	材料	
7	20	AH36	20	AH36	AYN
8	20	AH36	20	EQ51	AYN
9	20	AH36	30	EQ51	AY+N
10	20	EQ51	30	EQ51	AY+N

1. 角接接头的焊接工艺

查阅相关 WPS 文件，当腹板厚度小于 20mm 时开单边 V 形坡口，当腹板厚度大于等于 20mm 时开 K 形坡口。具体如下所述。

AH36 材料的 V 形坡口典型接头如图 3.2 所示，查阅 WPS 文件，工艺参数如表 3.3 所示。

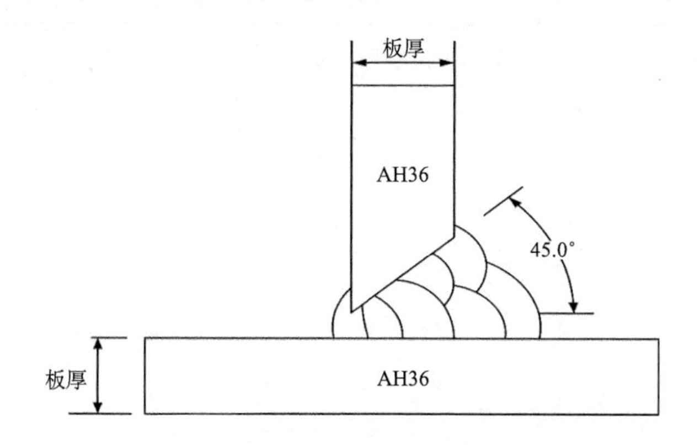

图 3.2　AH36 材料的 V 形坡口典型接头

表 3.3　AH36 材料的 V 形坡口典型角接接头焊接工艺参数

焊接类型	焊接方法	焊丝牌号	焊丝直径/mm	电流/A	电压/V	速度/（cm/min）	最大热输入量/（kJ/mm）
打底焊	FCAW	E71T-1C	1.2	162～198	21.8～25.0	11.6～15.8	2.31
填充焊	FCAW	E71T-1C	1.2	171～220	22.9～28.2	15.4～33.5	1.94
盖面焊	FCAW	E71T-1C	1.2	180～232	24.6～29.7	24.6～29.7	1.59

EQ51材料的V形坡口典型接头如图3.3所示，查阅WPS文件，焊接工艺参数如表3.4所示。

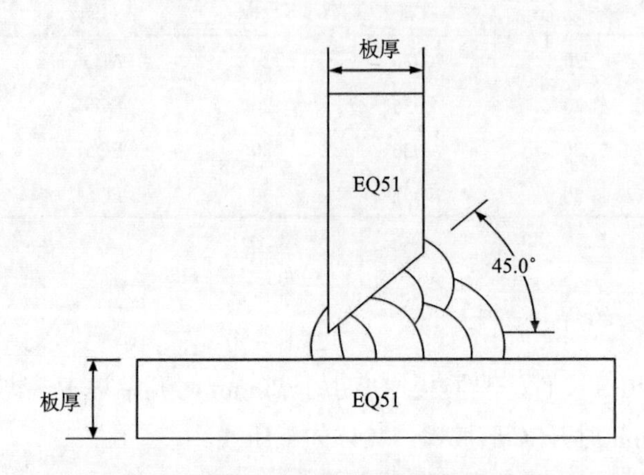

图3.3 EQ51材料的V形坡口典型接头

表3.4 EQ51材料的V形坡口典型角接接头焊接工艺参数

焊接类型	焊接方法	焊丝牌号	焊丝直径/mm	电流/A	电压/V	速度/（cm/min）	最大热输入量/（kJ/mm）
打底焊	FCAW	E71T-1C	1.2	165～215	23.5～27.5	7.0～12.0	3.09
填充焊	FCAW	E71T-1C	1.2	165～220	23.5～27.5	8.0～13.0	2.87
盖面焊	FCAW	E71T-1C	1.2	170～225	24.6～29.7	10.0～16.0	2.51

AH36材料的K形坡口典型接头如图3.4所示，查阅WPS文件，焊接工艺参数如表3.5所示。

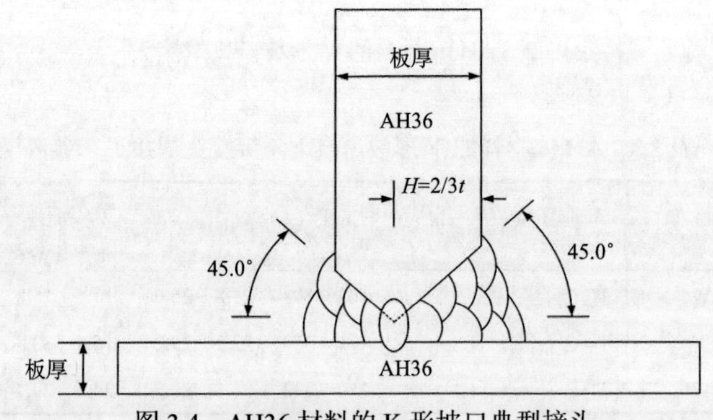

图3.4 AH36材料的K形坡口典型接头

表3.5 AH36材料的K形坡口典型角接接头焊接工艺参数

焊接类型	焊接方法	焊丝牌号	焊丝直径/mm	电流/A	电压/V	速度/（cm/min）	最大热输入量/（kJ/mm）
打底焊	FCAW	E71T-1C	1.2	171～198	22.9～26.3	10～25	2.89
填充焊	FCAW	E71T-1C	1.2	171～220	22.9～26.4	9.5～29	1.59
盖面焊	FCAW	E71T-1C	1.2	171～232	22.9～26.3	19～29	1.58

EQ51材料的K形坡口典型接头如图3.5所示，查阅WPS文件，焊接工艺参数如表3.6所示。

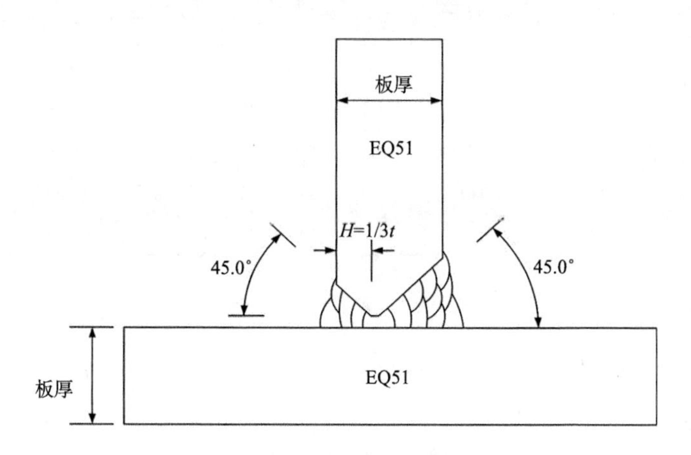

图3.5 EQ51材料的K形坡口典型接头

表3.6 EQ51材料的K形坡口典型角接接头焊接工艺参数

焊接类型	焊接方法	焊丝牌号	焊丝直径/mm	电流/A	电压/V	速度/（cm/min）	最大热输入量/（kJ/mm）
打底焊	FCAW	E71T-1C	1.2	95～129	18.8～21.9	6.2～10.4	2.65
填充焊	FCAW	E71T-1C	1.2	128～165	22.6～26.2	5.8～12.5	2.85
盖面焊	FCAW	E71T-1C	1.2	128～165	22.6～26.2	5.8～12.5	2.56

2. 对接接头的焊接工艺

查阅相关WPS文件，母材材质均为AH36，当母材厚度t在6～12mm时，使用 WPS116 的工艺；母材材质均为 AH36，当母材厚度 t 大于 12mm 时，使用 WPS115 的工艺；母材材质为 EQ51 和 AH36，母材厚度 t 在 12～24mm 时，使用 WPS221 的工艺；母材材质均为 EQ51，母材厚度 t 在 12～24mm 时，使用 WPS220 的工艺。

查阅 WPS 文件，WPS116、WPS221、WPS220、WPS115 的焊接工艺参数如表 3.7 所示。

表 3.7 WPS116、WPS221、WPS220、WPS115 对接接头焊接工艺参数

接头形式	焊接方法	焊丝牌号	焊丝直径 /mm	电流/A	电压/V	速度 /（cm/min）	最大热输入量 /（kJ/mm）
WPS116 对接接头	SAW	E7A0-EH14	4.0	460～580	28～34	47～63	1.82
WPS221 对接接头	SAW	3YTM	4.0	540～735	31.5～37.5	465～690	2.34
WPS220 对接接头	SAW	4YQ500MH5	4.0	540～710	30～36	425～630	2.45
WPS115 对接接头	SAW	3YTM	4.0	540～682	29.4～35.5	390～526	3.371
	SAW	3YTM	4.0	644～800	33.1～39.9	387～523	4.523

3.1.2 典型接头的热-弹-塑性有限元计算

首先，针对该结构中的典型焊接接头，进行 solid 单元建模，应用热-弹-塑性有限元分析预测焊后的变形和应力，再由计算的塑性应变，积分得到不同焊接接头对应的焊接固有变形。因典型接头数量较多，现以典型角接接头 1 号为例，具体介绍相关流程。

1. 角接接头的有限元计算

1 号角接接头底板为 400mm×400mm×10mm，材质为 AH36；腹板为 300mm×400mm×15mm，材质为 AH36；开 V 形坡口，加以简单刚体位移约束如图 3.6 所示。节点数为 22 673，单元数为 20 120，布置 8 个焊道，如图 3.6 所示。由 WPS 文件找到相应的工艺参数，进行温度场计算，得到接头熔池形状如图 3.7 所示。最后进行有限元计算得到接头 Z 方向位移云图，如图 3.8 所示。

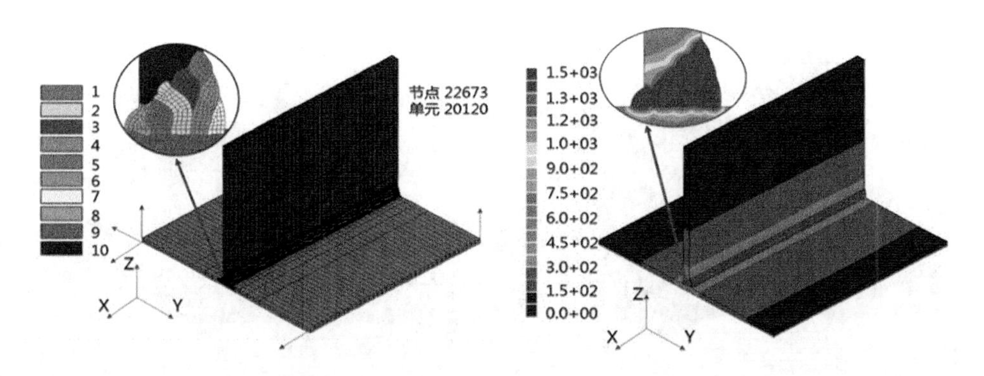

图 3.6　1 号角接接头约束及焊道布置图　　图 3.7　1 号角接接头熔池形状图

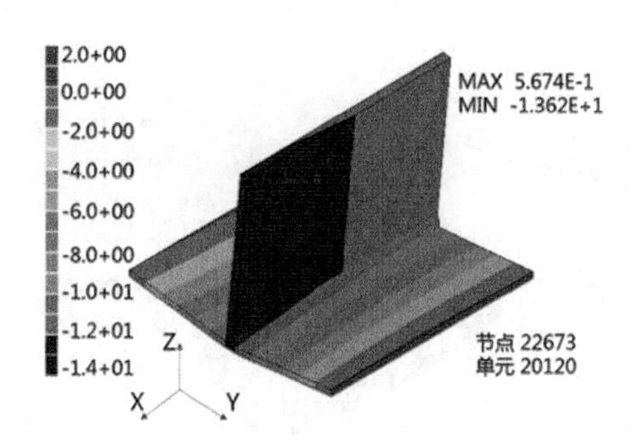

图 3.8　1 号角接接头 Z 方向位移云图

2 号角接接头底板为 400mm×400mm×10mm，材质为 AH36；腹板为 300mm×400mm×25mm，材质为 AH36；开 K 形坡口，加以简单刚体位移约束，节点数为 26 010，单元数为 23 450，布置 9 个焊道，如图 3.9 所示。由 WPS 文件找到相应的工艺参数，进行温度场计算，得到接头熔池形状如图 3.10 所示。最后进行有限元计算得到接头 Z 方向位移云图，如图 3.11 所示。

3 号角接接头底板为 400mm×400mm×15mm，材质为 AH36；腹板为 300mm×400mm×15mm，材质为 AH36；开 V 形坡口，加以简单刚体位移约束，节点数为 25 338，单元数为 22 760，布置 8 个焊道，如图 3.12 所示。由 WPS 文件找到相应的工艺参数，进行温度场计算，得到接头熔池形状如图 3.13 所示。最后进行有限元计算得到接头 Z 方向位移云图，如图 3.14 所示。

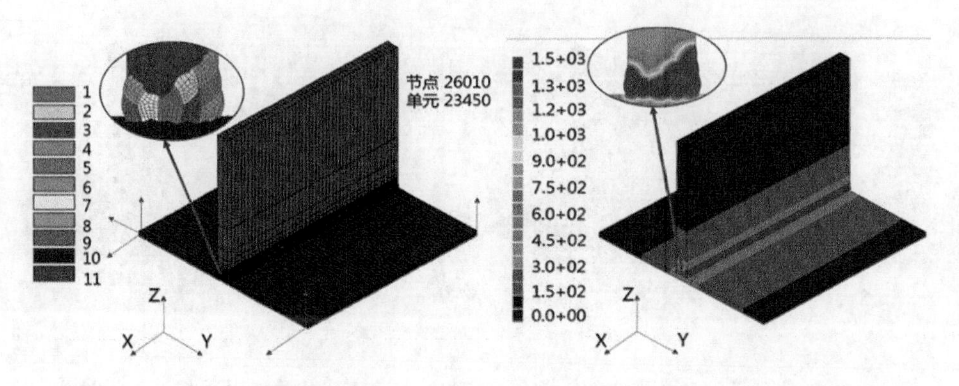

图 3.9　2 号角接接头约束及焊道布置图　　　图 3.10　2 号角接接头熔池形状图

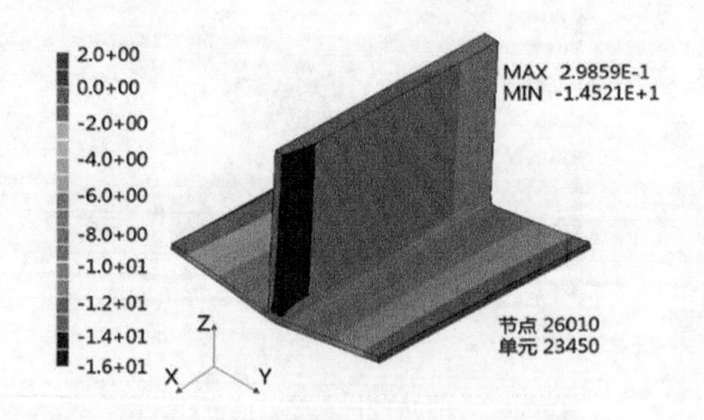

图 3.11　2 号角接接头 Z 方向位移云图

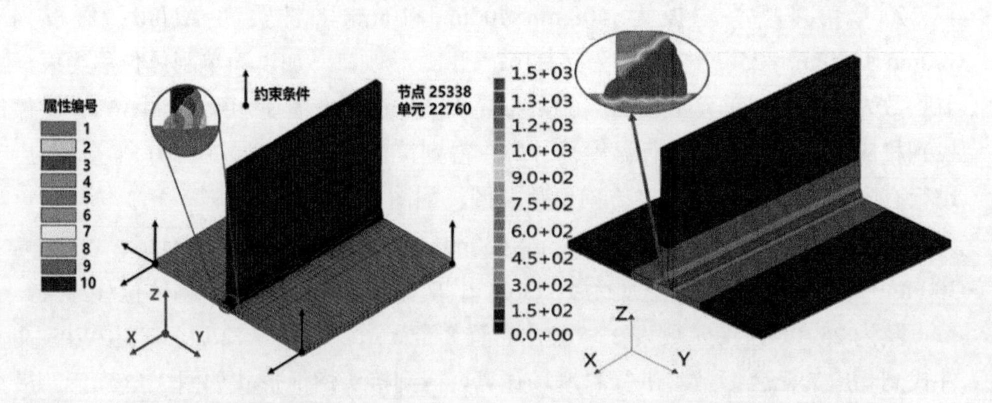

图 3.12　3 号角接接头约束及焊道布置图　　　图 3.13　3 号角接接头熔池形状图

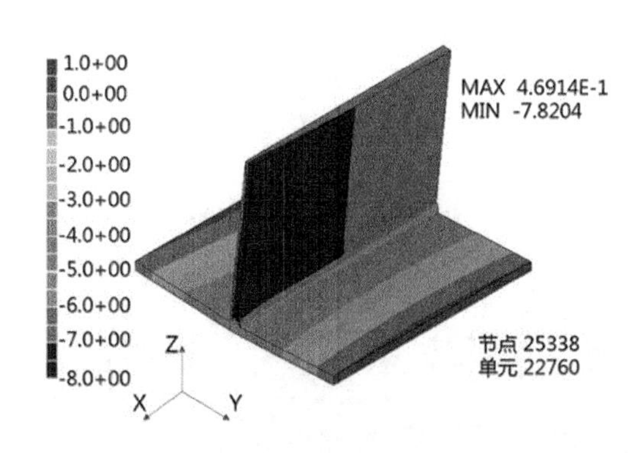

图 3.14　3 号角接接头 Z 方向位移云图

6 号角接接头底板为 400mm×400mm×20mm，材质为 AH36；腹板为 300mm×400mm×15mm，材质为 AH36；开 V 形坡口，加以简单刚体位移约束，节点数为 20 828，单元数为 18 520，布置 8 个焊道，如图 3.15 所示。由 WPS 文件找到相应的工艺参数，进行温度场计算，得到接头熔池形状如图 3.16 所示。最后进行有限元计算得到接头 Z 方向位移云图，如图 3.17 所示。

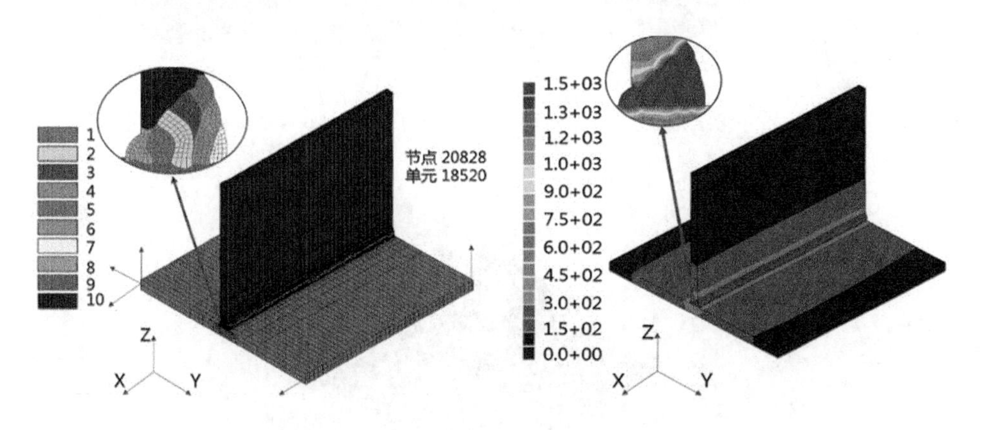

图 3.15　6 号角接接头约束及焊道布置图　　图 3.16　6 号角接接头熔池形状图

11 号角接接头底板为 400mm×400mm×10mm，材质为 AH36；腹板为 300mm×400mm×10mm，材质为 AH36；开 V 形坡口，加以简单刚体位移约束，节点数为 30 804，单元数为 27 700，布置 7 个焊道，如图 3.18 所示。由 WPS 文件找到相应的工艺参数，进行温度场计算，得到接头熔池形状如图 3.19 所示。最后进行有限元计算得到接头 Z 方向位移云图，如图 3.20 所示。

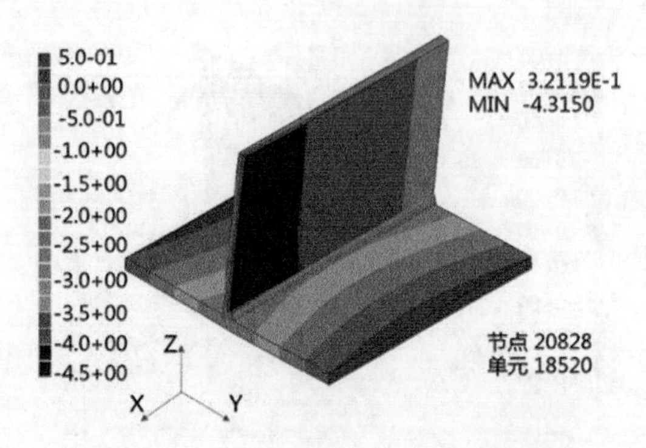

图 3.17　6 号角接接头 Z 方向位移云图

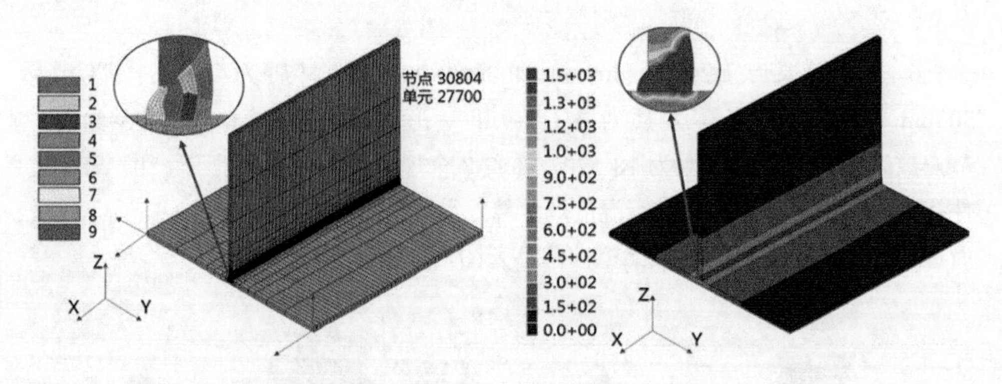

图 3.18　11 号角接接头约束及焊道布置图　　图 3.19　11 号角接接头熔池形状图

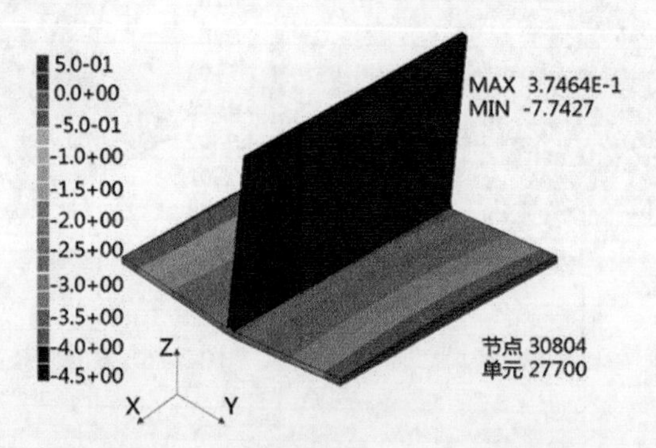

图 3.20　11 号角接接头 Z 方向位移云图

2. 对接接头的有限元计算

1 号对接接头尺寸为 300mm×400mm×10mm，材质为 AH36，AI 形坡口，加以简单刚体位移约束，节点数为16 167，单元数为13 800，布置2个焊道，如图3.21所示。由 WPS 文件找到相应的工艺参数，进行温度场计算，得到接头熔池形状如图3.22所示。最后进行有限元计算得到接头 Z 方向位移云图，如图3.23所示。

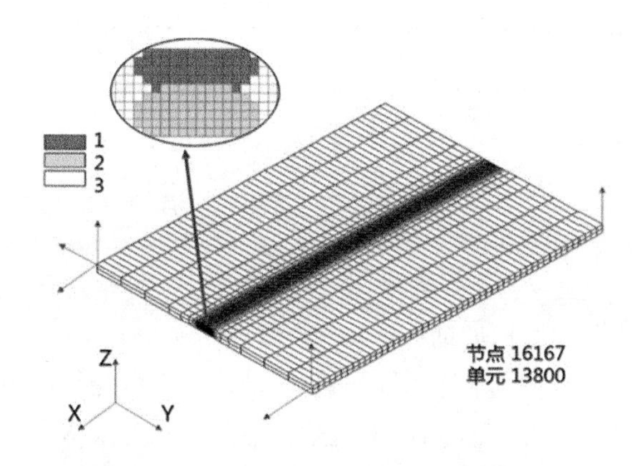

图3.21 1号对接接头约束及焊道布置图

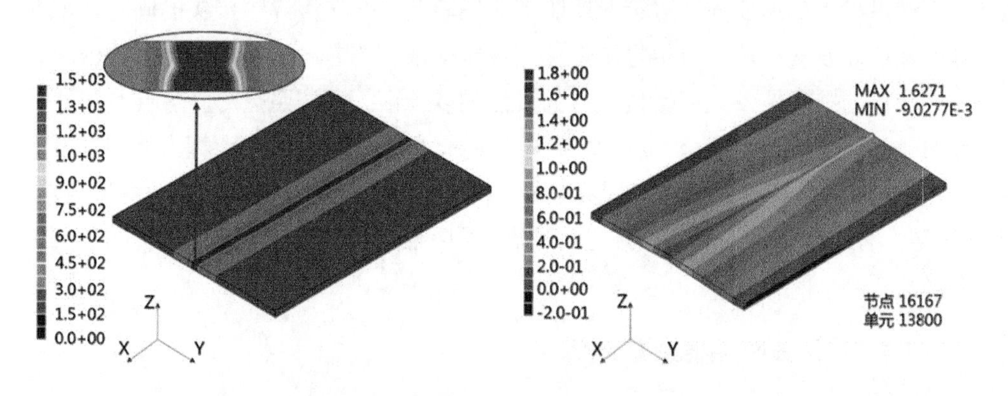

图3.22 1号对接接头熔池形状图

图3.23 1号对接接头 Z 方向位移云图

3.1.3 典型接头的焊接固有变形获取

目前，求固有变形有两种方法：一个是应变积分法，另一个是变形反演法[7]。应变积分法和变形反演法是通过对热-弹-塑性有限元计算得到的结果进行相应处理，然后得到相应固有变形，两种方法的区别主要是应变积分法的输入是塑性应变，变形反演法的输入是位移。

以往的研究表明，忽略接头端部，在接头中间稳定部分固有变形的值沿焊缝方向呈现较为均一的分布[8]。根据这种现象，可以通过测量焊接结构若干个关键节点处的焊接变形值，来逆向解析出接头固有变形。

沿焊缝方向位移的斜率是纵向应变 $\varepsilon_{\mathrm{L}}=\dfrac{\partial u}{\partial x}$，纵向应变和纵向固有收缩力（tendon force）F_{tendon}、纵向固有收缩变形 δ_{L}^{*} 之间的关系如下所示[9]：

$$\varepsilon_{\mathrm{L}}=\frac{F_{\mathrm{tendon}}}{EA}=\frac{Eh\delta_{\mathrm{L}}^{*}}{EBh}=\frac{\delta_{\mathrm{L}}^{*}}{B} \tag{3.1}$$

$$\delta_{\mathrm{L}}^{*}=B\varepsilon_{\mathrm{L}} \tag{3.2}$$

式中，A 为焊缝宽度方向截面面积；B 为焊接接头宽度；E 是弹性模量；h 是板的厚度。使用上述公式来计算固有变形的方法是：先在焊缝纵向方向上取一系列若干个关键节点，使用三坐标仪测量出这些节点的纵向变形数据，将这些数据拟合成直线，得到该直线的斜率，即纵向应变。再通过式（3.2）求解出纵向固有变形。

这里采用变形反演法进行对比验证，以验证各个典型焊接接头的固有变形准确性。这需要从上述结果中导出焊接塑性应变及三个方向的位移。为了验证固有变形计算的准确性，采用数值模拟的方法加以验证。即按照热-弹-塑性有限元计算的 solid 模型的尺寸，建立各个接头的 shell 单元模型，再将计算出的固有变形分别施加在上面，进行弹性有限元分析，得到变形结果。将计算得到的变形与热-弹-塑性有限元分析得到的变形进行比较，最接近热-弹-塑性有限元分析结果的更准确。

1. 角接接头的焊接固有变形

为了验证应变积分法和变形反演法得到的固有变形的准确性，建立了与 solid 模型尺寸相同的 shell 模型，底板为 400mm×400mm，赋予 10mm 厚度属性；腹板为 300mm×400mm，赋予 15mm 厚度属性。该模型节点数为 2911；单元数为 2800；约束如图 3.24 所示。对角接接头而言，腹板（由于是单侧坡口）和翼板的角变形比较大，所以为了直观地比较热-弹-塑性有限元分析下接头的角变形与两种求解固有变形方法得到的角变形，在模型中取出两条线来研究。线 1 是翼板边界上与 Y 轴平行的线（与焊缝垂直的方向），研究其上点的 Z 向位移。线 2 是腹板顶部与 X 轴平行的线（与焊缝平行的方向），研究其上点的 Y 向位移，如图 3.25 所示。图 3.26 给出了热-弹-塑性有限元计算的结果，结果汇总如图 3.27 和图 3.28 所示。

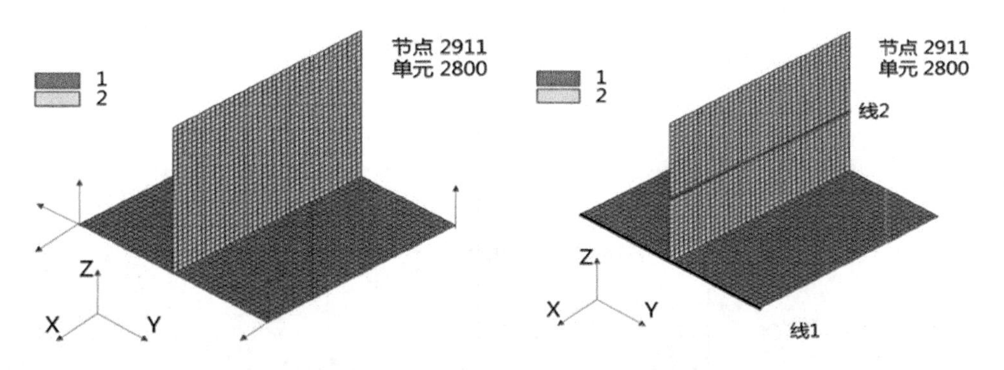

图 3.24　1 号角接接头 shell 模型及约束　　图 3.25　1 号角接接头 shell 取样线位置图

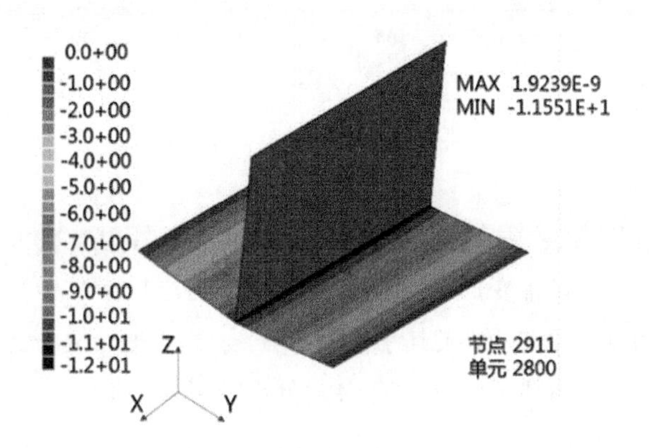

图 3.26　1 号角接接头 shell 模型 *Z* 方向变形云图

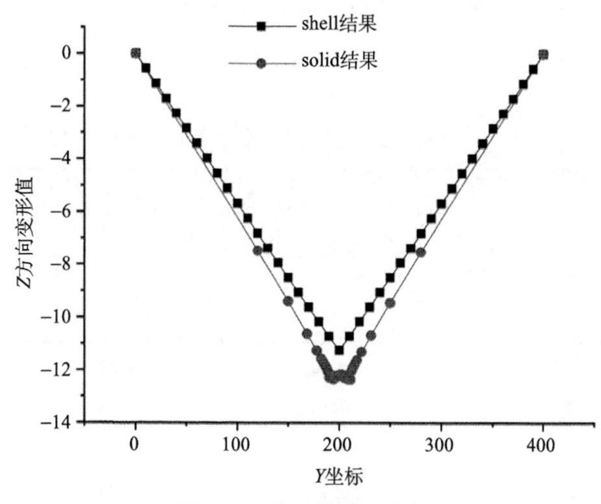

图 3.27　线 1 数据对比图

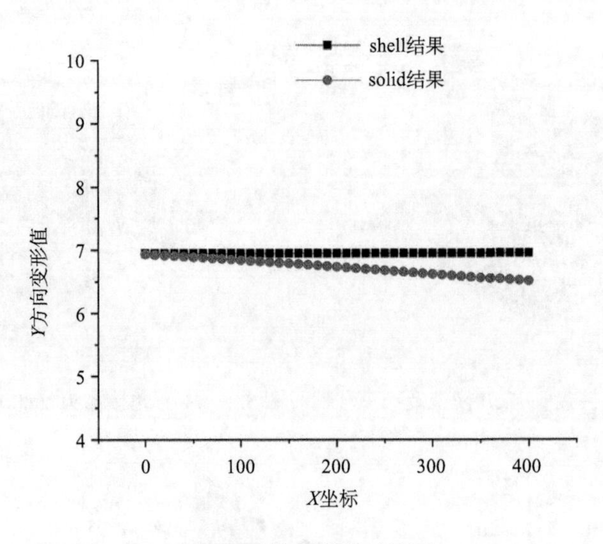

图 3.28　线 2 数据对比图

从图 3.27 和图 3.28 中可以清楚地看出，对于 1 号角接接头而言，线 1 上使用变形反演法得到的固有变形算出的翼板 *Z* 向位移与热-弹-塑性有限元计算得到的 *Z* 向位移（面外变形），结果几乎一致。在线 2 上变形反演法得到的固有变形算出的腹板 *Y* 向位移与热-弹-塑性有限元分析结果，只有微小差距。从而证实了对于本书中的典型角接接头，使用变形反演法得到的固有变形比较准确。

经过验证，对于本结构的典型接头，使用变形反演法得到的固有变形准确。因此选取变形反演法计算得到的固有变形进行整体分段分析，得到角接接头固有变形如表 3.8 所示。

表 3.8　角接接头固有变形

接头	固有变形			
编号	板材类型	纵向收缩/mm	横向收缩/mm	横向弯曲/rad
1	翼板	–0.0887	–0.0612	0.0577
	腹板	–0.0591	–1.1091	–0.0543
2	翼板	–0.1040	–0.0430	0.0624
	腹板	–0.0416	–0.8381	–0.0277
3	翼板	–0.0577	–0.1278	0.0305
	腹板	–0.0577	–1.8527	–0.0633

续表

接头编号	固有变形			
	板材类型	纵向收缩/mm	横向收缩/mm	横向弯曲/rad
4	翼板	–0.0731	–0.3539	0.0341
	腹板	–0.0731	–2.2218	–0.0817
5	翼板	–0.0642	–0.2194	0.0532
	腹板	–0.0482	–1.3429	–0.0317
6	翼板	–0.0397	–0.0797	0.0136
	腹板	–0.0529	–2.1845	–0.0683
7	翼板	–0.0486	–0.3143	0.0168
	腹板	–0.0648	–2.6764	–0.0872
8	翼板	–0.0410	–0.1049	0.0225
	腹板	–0.0410	–3.0181	–0.0343
9	翼板	–0.0270	–0.2798	0.0104
	腹板	–0.0541	–3.2229	–0.0962
10	翼板	–0.0229	–0.0586	0.0120
	腹板	–0.0343	–3.4744	–0.0188
11	翼板	–0.0463	–0.0877	0.0346
	腹板	–0.0462	–1.2900	–0.0348

2. 对接接头的焊接固有变形

同理，针对对接接头，也分别使用变形反演法和应变积分法，进行焊接接头的固有变形数值评估。如图 3.29 给出了 1 号对接接头的 shell 单元模型。进行有限元计算得到接头 Z 方向位移云图，如图 3.30 所示。线 1 是对接板边界上与 Y 轴平行的线（与焊缝垂直的方向），研究其上点的 Z 向位移，如图 3.31 所示，对比结果如图 3.32 所示。

从热-弹-塑性有限元计算结果中输出各单元的应变和节点的坐标、位移进行计算得到 1 号对接接头固有变形，如表 3.9 所示。通过热-弹-塑性有限元计算得到接头的固有应变，使用固有变形理论，将固有应变积分得到固有变形，得到典型对接接头焊接固有变形如表 3.10 所示。

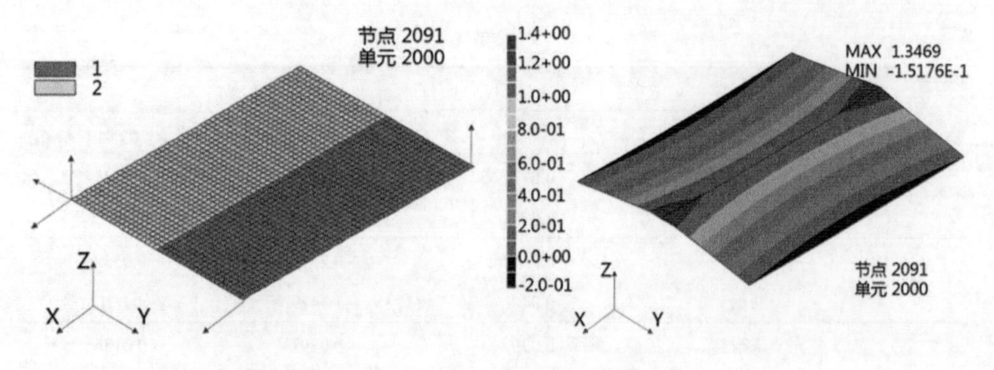

图 3.29 1 号对接接头 shell 模型及约束　　图 3.30 1 号对接接头 shell 模型 Z 方向位移云图

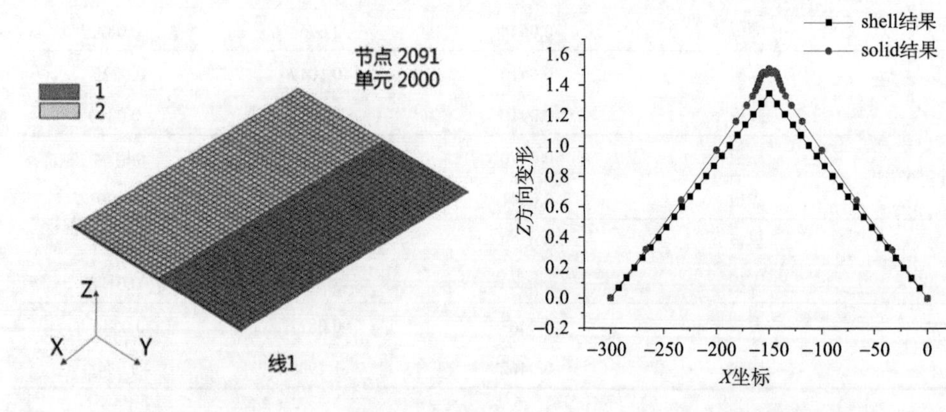

图 3.31 1 号对接接头 shell 模型样线位置图　　图 3.32 线 1 数据对比图

表 3.9 1 号对接接头的固有变形

方法	纵向收缩/mm	横向收缩/mm	横向弯曲/rad	纵向弯曲/rad
变形反演法	–0.0405	–0.5511	–0.0088	0.0000

表 3.10 典型对接接头焊接固有变形

接头编号	固有变形			
	纵向收缩/mm	横向收缩/mm	横向弯曲/rad	纵向弯曲/rad
1	–0.0405	–0.5511	–0.0088	0.0000
2	–0.0520	–0.5654	–0.0163	0.0000
3	–0.0552	–0.5640	–0.0174	0.0000
4	–0.0552	–0.5640	–0.0174	0.0000

续表

接头编号	固有变形			
	纵向收缩/mm	横向收缩/mm	横向弯曲/rad	纵向弯曲/rad
5	–0.0475	–0.2416	0.0020	0.0000
6	–0.0384	–0.2124	0.0155	0.0000
7	–0.0625	–0.3092	0.0057	0.0000
8	–0.0689	–0.3053	0.0019	0.0000
9	–0.0509	–0.2587	0.0060	0.0000
10	–0.0520	–0.2624	0.0082	0.0000

3.1.4　焊接固有变形数据库的建立

一个大型平台分段往往由大量的构件组成，其中有大量焊缝，因此相对应的典型焊接接头数目较多。如果对每一个典型接头进行热-弹-塑性有限元分析，则需要建立大量实体接头模型，且接头的焊道数越多，模型越复杂。此外，热-弹-塑性有限元计算速度缓慢，且需要多次计算调整相关参数才能得到理想的结果，一般一个典型接头的计算需要 4～5 天，所以如果要把分段中所有典型焊接接头全部计算出来，工作量将会十分庞大。为了减少其中重复性的工作，减少工作量，需要通过某种方法来简化工作量。

由于固有变形与接头的热输入、板厚、材质和坡口形式相关，所以基于半潜式起重拆解平台 B514 分段中所有典型焊接接头来建立相关固有变形数据库，分别总结出热输入与纵向固有收缩力、横向固有收缩、纵向固有弯曲和横向固有弯曲的经验公式，从而来减少典型接头的重复计算，减少工作量。

根据 B514 分段典型接头固有变形数据，建立固有变形数据库。分别总结出热输入与各固有变形分量的关系（纵向固有收缩力、横向固有收缩、横向固有弯曲），得到经验公式，如图 3.33～图 3.35 所示，可看出热输入与各固有变形分量近似呈线性关系，将各经验公式汇总成表，见表 3.11。通过总结典型接头数据库可以缩减日后工作量，以后如果想计算一个接头的固有变形，便可通过热输入直接插值出相关固有变形，无须进行热-弹-塑性有限元计算，大幅度减少工作量和时间，提高工作效率。

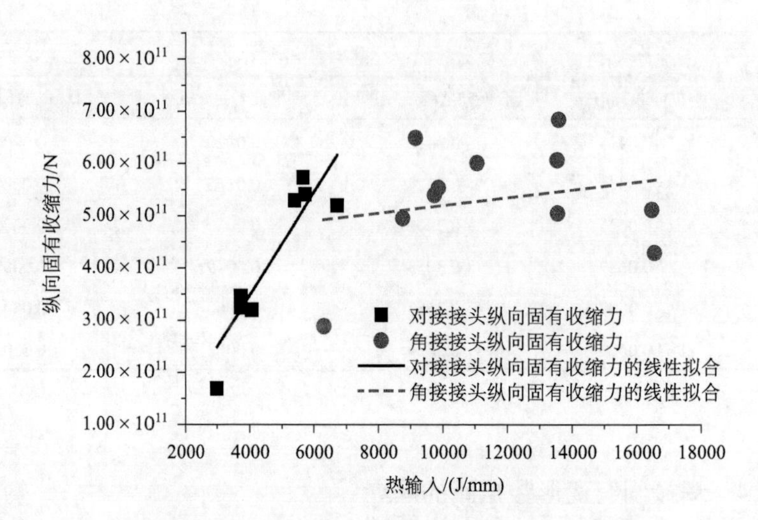

图 3.33 热输入与纵向固有收缩力之间的关系

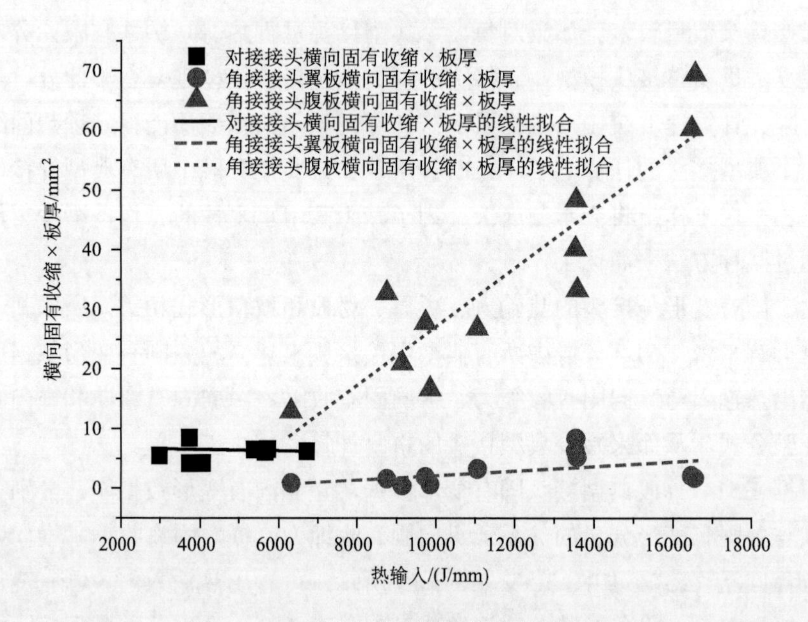

图 3.34 热输入与横向固有收缩之间的关系

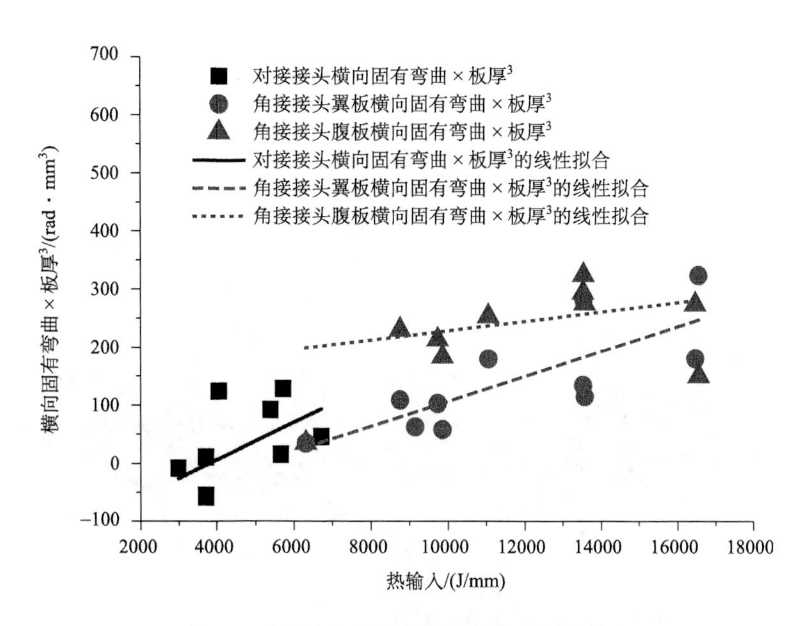

图 3.35　热输入与横向固有弯曲之间的关系

表 3.11　热输入与对接及角接接头的各固有变形分量之间的经验公式

X 含义	*Y* 含义	对接接头	角接接头
热输入	纵向固有收缩力	$Y=-4.74\times10^{10}+9.87\times10^{7}X$	$Y=4.47\times10^{11}+7.34\times10^{6}X$
	横向固有收缩×板厚	$Y=6.97-1.09\times10^{-4}X$	翼板 $Y=-1.18+3.54\times10^{-4}X$ 腹板 $Y=-22.15+4.92\times10^{-3}X$
	横向固有弯曲×板厚^3	$Y=-122.91+3.22\times10^{-2}X$	翼板 $Y=-109.03+2.16\times10^{-2}X$ 腹板 $Y=151.77+7.77\times10^{-3}X$

3.2　基于局部-整体映射的复杂焊接结构变形预测方法

3.2.1　分段结构介绍

图3.36给出了半潜式起重拆解平台的B514分段的整体结构形式和具体尺寸。整个B514分段长度是14 500mm，宽度是13 800mm，高度是3600mm，总共分为五个大单元，如图3.37～图3.40所示。

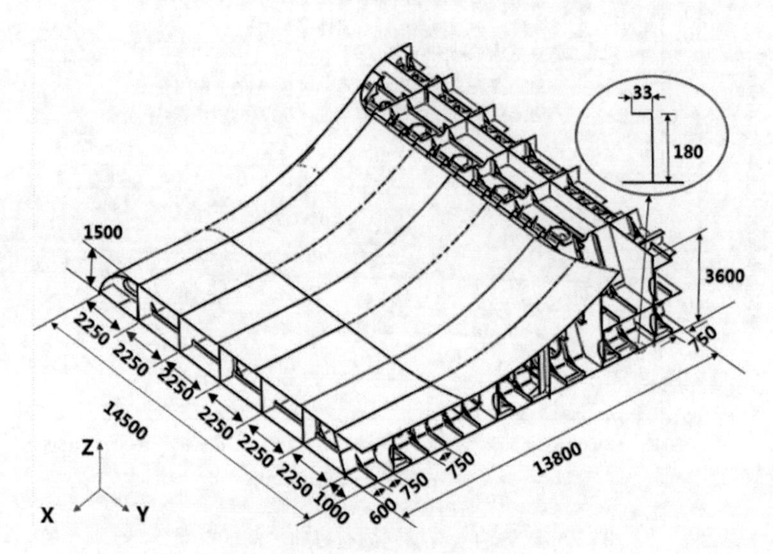

图 3.36 B514 分段的整体结构形式和具体尺寸（单位：mm）

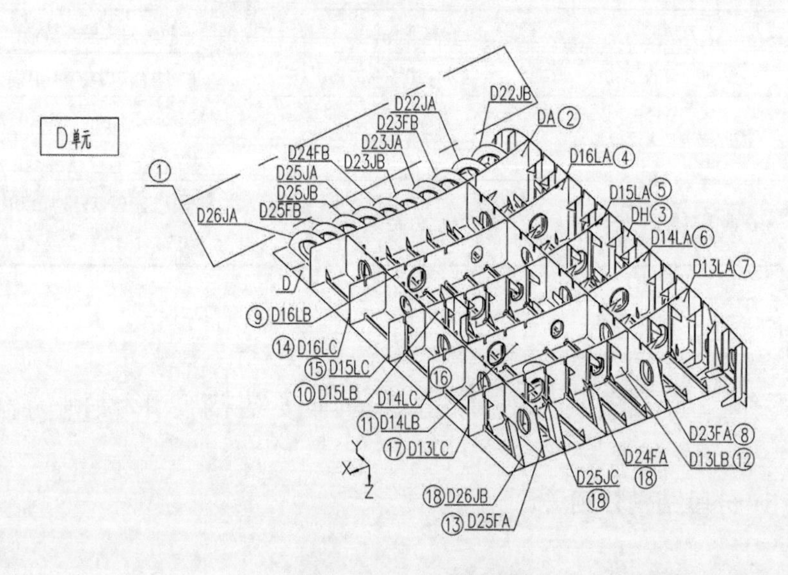

图 3.37 D 单元制作图

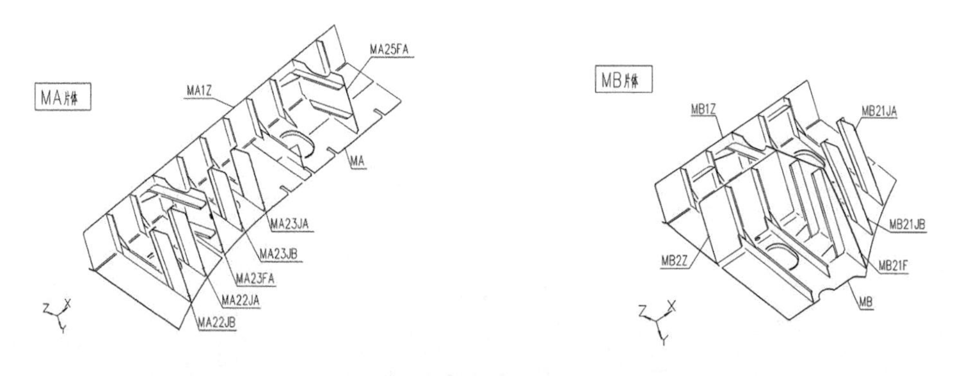

图 3.38　M 单元制作图

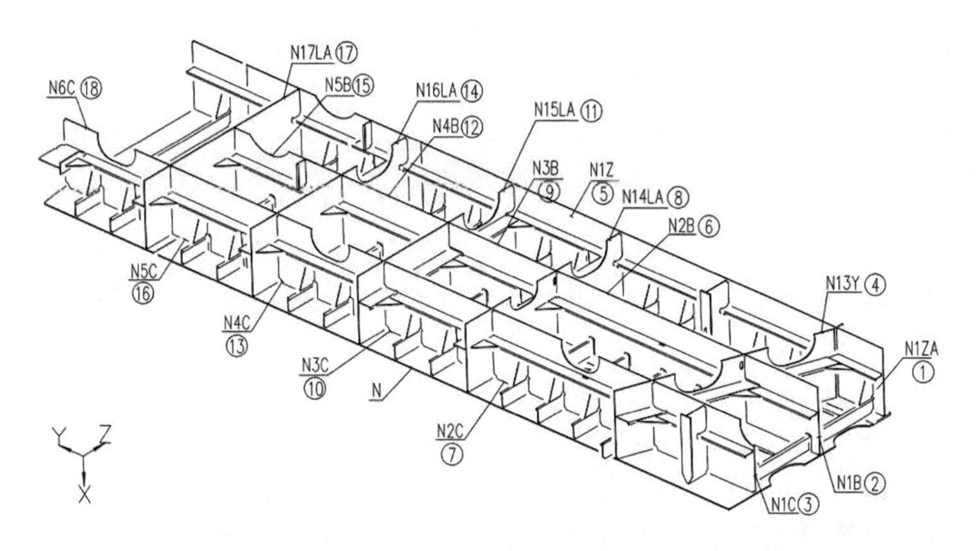

图 3.39　N 单元制作图

如图3.37所示，D单元外甲板由4块矩形钢板对接焊接组成，材质均为AH36，板厚基本为 10mm，甲板上装有 8 根不连续的 L 形角钢，角钢尺寸为 180mm×33mm×8mm，材质为 AH36；在船宽方向（即坐标轴 Y 方向）有 3 块由多块钢板装焊成的加筋板，这 3 块加筋板沿 X 方向顺序分别为 FR22、FR23、FR25，FR25 由 15mm 和 12mm 厚钢板组成，筋板上开有 4 个腰圆孔和 1 个圆孔，腰圆孔尺寸为 630mm×830mm，圆孔直径为 650mm；FR23 由 15mm 和 12mm 厚钢板组成，筋板上开有 4 个腰圆孔和 1 个圆孔，腰圆孔尺寸为 630mm×830mm，

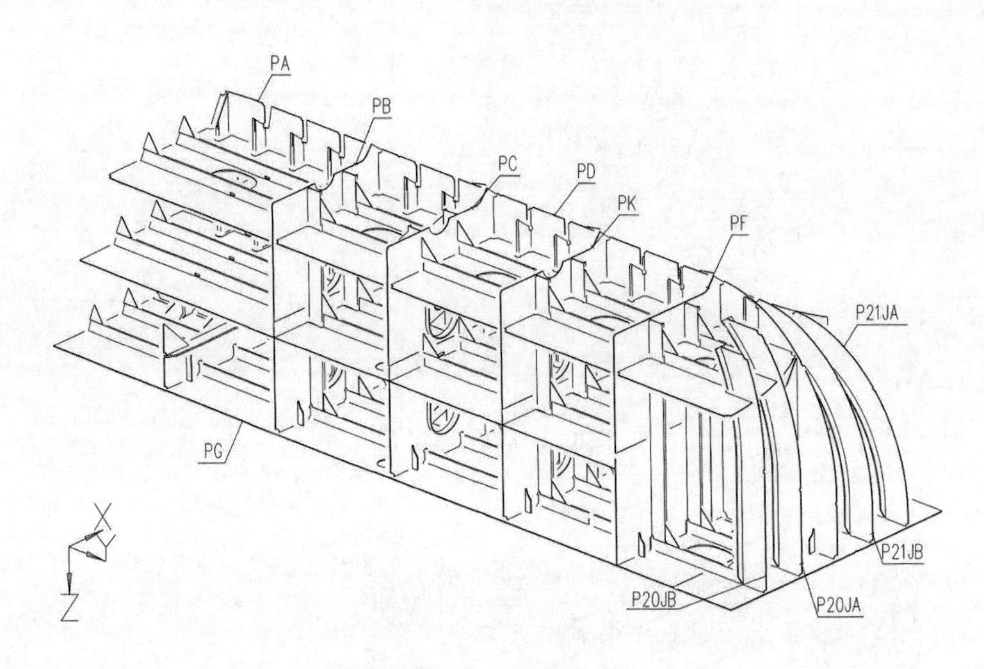

图 3.40 P 单元制作图

圆孔直径为 650mm；FR22 由 20mm 的钢板装焊成，筋板上开有 5 个腰圆孔和 1 个圆孔，腰圆孔有 3 种尺寸，分别为 640mm×840mm、400mm×600mm 和 600mm×800mm，圆孔直径为 650mm。在船长方向（即坐标轴 *X* 方向）有 5 块加筋板，这 5 块加筋板均不连续，在 *Y* 方向加筋板处断开，沿 *Y* 方向顺序分别为 L13、L14、L15、L16 和 L17。其中 L13 由 12.5mm 厚 AH36 材质钢板和 15mm 厚 EQ51 材质钢板组成，筋板上开有 3 个腰圆孔，有两种尺寸，分别为 630mm×830mm 和 430mm×630mm；L14 由 12.5mm 厚 AH36 材质钢板和 15mm 厚 EQ51 材质钢板组成，筋板上开有 9 个腰圆孔，有两种尺寸，分别为 630mm×830mm 和 430mm×630mm；L15 由 12.5mm 厚 AH36 材质钢板、25mm 厚 DH36 材质钢板和 15mm 厚 EQ51 材质钢板组成，筋板上开有 8 个腰圆孔，有两种尺寸，分别为 630mm×830mm 和 430mm×630mm；L16 由 12.5mm 厚 AH36 材质钢板和 15mm 厚 EQ51 材质钢板组成，筋板上开有 8 个腰圆孔，有两种尺寸，分别为 630mm×830mm 和 430mm×630mm；L17 由 12.5mm 厚 AH36 材质钢板、15mm 厚 DH36 材质钢板和 15mm 厚 EQ51 材质钢板组成。

如图3.38所示，M单元外甲板由1块厚度为10mm、材质为AH36的钢板组成，甲板上有8个角钢，尺寸为180mm×33mm×8mm，甲板角接焊在*X*方向连续的斜筋板上，斜筋板由22mm厚EQ51材质、15mm厚EQ51材质和20mm厚EQ51材质钢板组成，筋板上开有8个腰圆孔，有两种尺寸，分别为630mm×830mm和430mm×630mm。除去筋板和甲板还有两个小构件，分别与甲板和筋板焊接。

如图3.39所示，N单元外甲板由3块矩形钢板装焊而成，厚度均为10mm，材质均为AH36。外甲板角接焊在筋板上，由1条角钢焊接在甲板上，角钢不连续，尺寸为180mm×33mm×8mm，材质为AH36。*Y*方向上大型筋板上开有8个腰圆孔和1个圆孔，腰圆孔有两种尺寸，分别为600mm×800mm和640mm×840mm，圆孔直径为650mm。该筋板由20mm厚DH36材质、30mm厚EQ51材质和20mm厚EQ51材质的钢板焊接而成。该筋板上除了与外甲板焊接，还与其他小构件焊接，小构件为12.5mm AH36材质和15mm DH36材质。

如图3.40所示，P单元外甲板由4块矩形钢板装焊而成，钢板厚度为10mm，材质为AH36。甲板上焊接了4条角钢、1块沿*Y*方向大筋板和4块沿*X*方向的小筋板。角钢尺寸为180mm×33mm×8mm，沿*Y*方向大筋板由12mm厚AH36材质、20mm厚EQ51材质的钢板组成，并且其上开有10个腰圆孔和1个圆孔，腰圆孔尺寸为600mm×800mm和400mm×600mm，圆孔直径为650mm。沿*X*方向小筋板构件为12.5mm AH36材质和15mm EQ51材质。

B514分段复杂，中间由很多角钢、加筋板等作为支撑，并伴有很多开孔。对于这种复杂的结构，直接使用热-弹-塑性有限元法进行分析获取焊接变形是不现实的，占用计算机资源过大，时间过长。所以这里采用固有变形法，先总结出结构的各典型焊接接头，对各接头进行热-弹-塑性有限元分析。得到固有变形后，将各接头的固有变形作为载荷施加到复杂结构的shell单元模型上，进行弹性计算，这样就可以方便快速地求出整体结构焊接变形。

研究其整体模型的焊接变形时，先对其进行简化，将纵桁材等小部件进行忽略，保留大尺寸的强力构件，对其进行计算，观察其变形趋势是否与实验数据吻合，在预测准确的基础上提出改变焊接顺序来控制焊接变形。

该结构长度为 14.5m，宽度为 13.8m，高度为 3.6m，整体结构形式及尺寸如图 3.36 所示。

3.2.2 焊接变形数据的测量

半潜式起重拆解平台 B514 分段的实际焊后变形数据是通过全站仪测量得到的。在船厂，分段焊接合拢完成后使用全站仪对该分段结构进行测量采集数据，然后根据采集的数据重新构建分段模型，接着将全站仪重构的分段结构模型与原分段结构模型进行对比分析，两者之间的差值就是焊接产生的变形，将这些分析结果汇总，即船厂的精度检查测量表，如图 3.41～图 3.44 所示。从图中可以看出，每一个测量点都具有三维坐标值（X、Y、Z），图中 X、Y、Z 坐标值为原始设计的模型坐标值，坐标值后面括号里面的数据为全站仪重构的模型与实际设计模型对比后的偏差值，即焊前与焊后的变形偏差值。

经过对船厂所给的半潜式起重拆解平台的B514分段精度检查测量表的分析，按其上各点所在位置，选出 4 条线（位置如图 3.41 和图 3.42 所示），将焊后 Z 坐标后面括号里的偏差值减去焊接前 Z 坐标后面括号里的偏差值，得到该点处的焊接变形，并作出散点图。其中散点图的横坐标为相应方向上的位置（对应船体坐标系中的 X 方向或 Y 方向），纵坐标为焊后实测的面外变形（对应船体坐标系中的 Z 方向）。这样得到的 B514 分段焊后数据散点图方便以后与数值模拟预测的结果进行对比、分析。

船体平面分段的板材由于弯曲及吊装产生的误差如图 3.41 与图 3.42 所示，而焊接之后的精度误差如图 3.43 与图 3.44 所示，因此可以计算得到焊接产生的误差，即焊接变形量。将 4 条样线上点相关坐标和焊接变形归纳为表 3.12。虽然实际模型 Z 轴正方向向下，Y 轴正方向向左，但一般情况建模 Z 轴正方向向上，Y 轴正方向向右，因此将实际模型数据进行坐标转换，转换成建立有限元模型坐标数据，见图 3.45～图 3.48，此时 Z 轴正方向向上，Y 轴正方向向右。

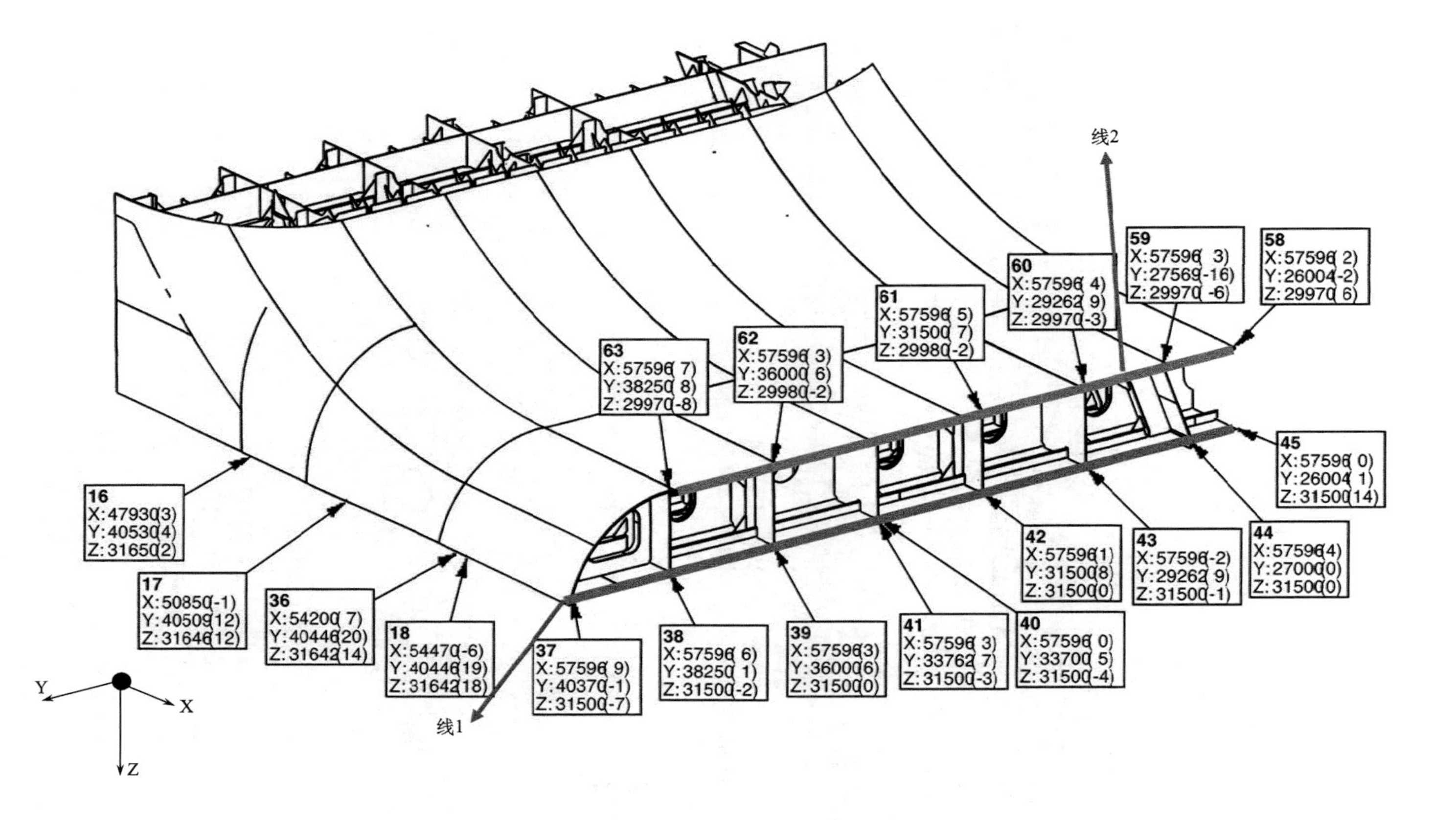

图 3.41　线 1 和线 2 两条样线位置及焊前测量数据图

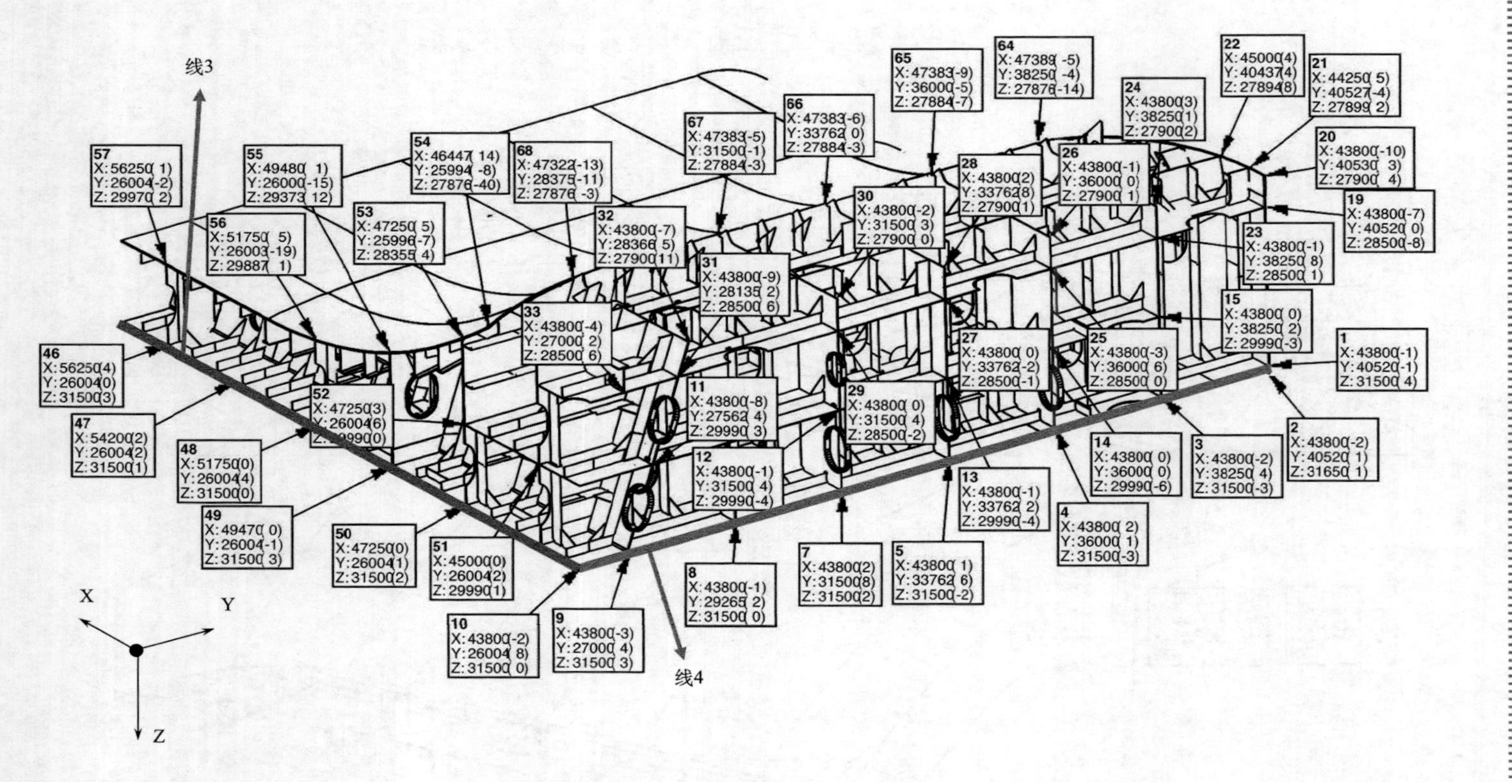

图 3.42 线 3 和线 4 两条样线位置及焊前测量数据图

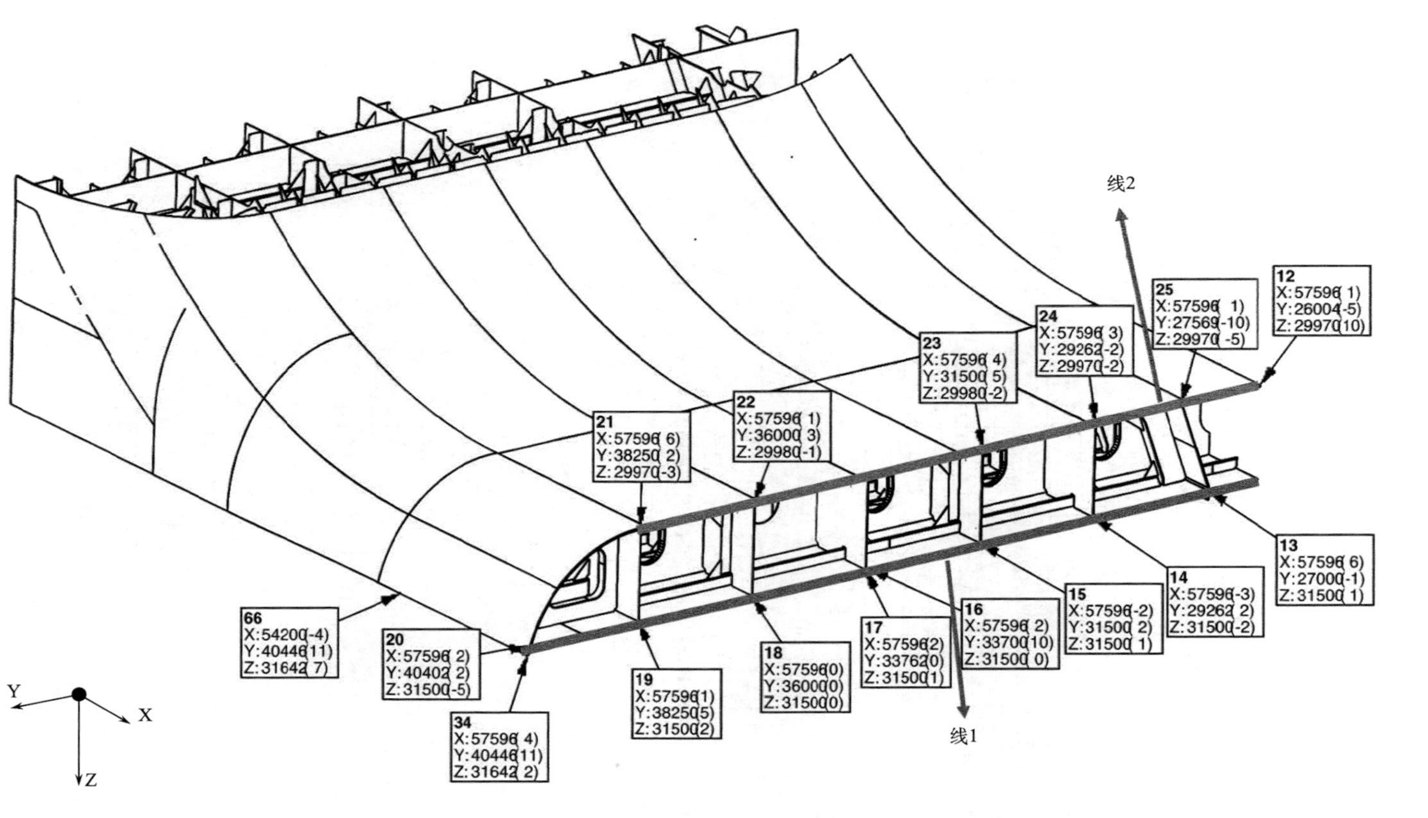

图 3.43　线 1 和线 2 两条样线位置及焊后测量数据图

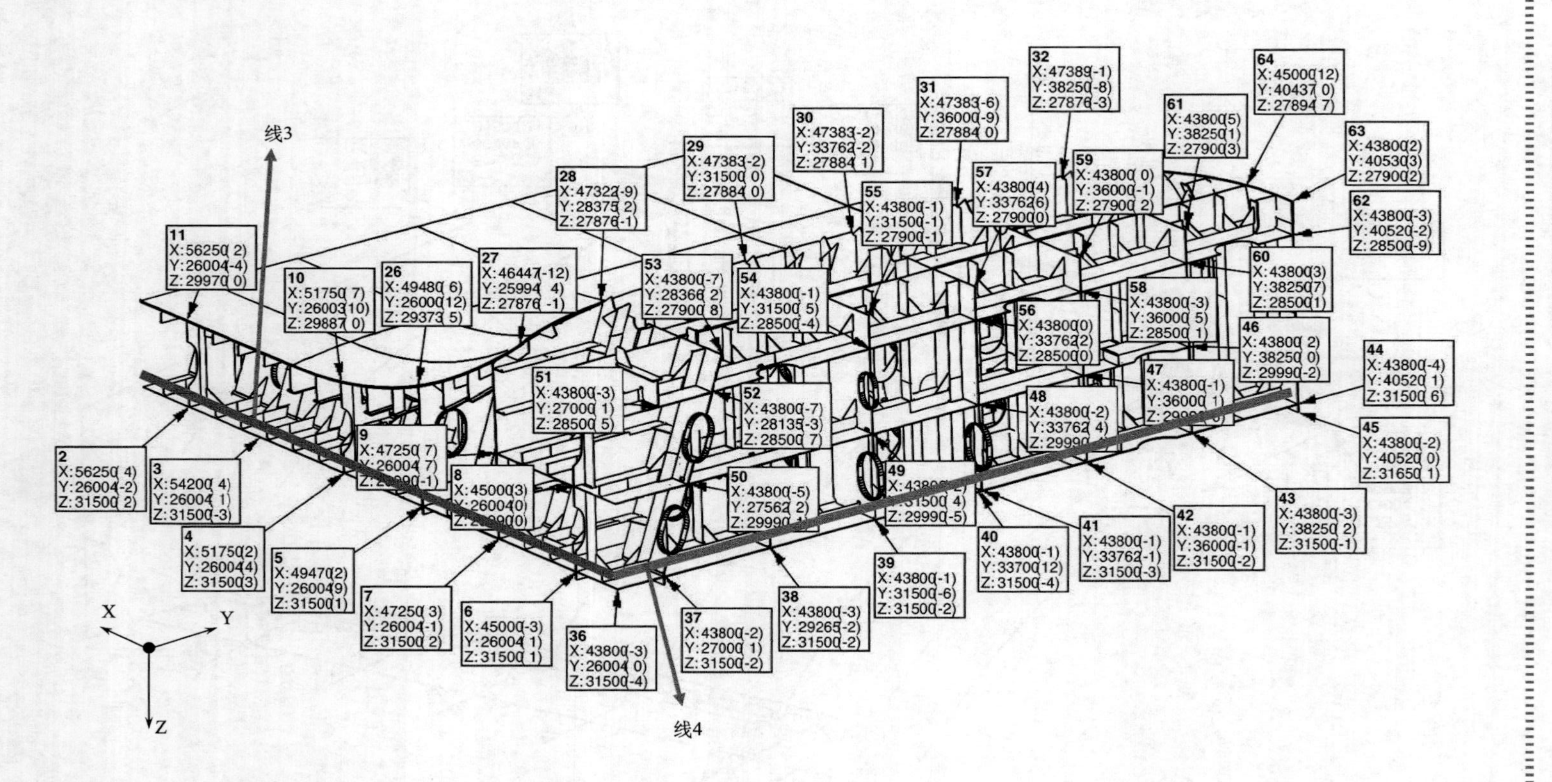

图 3.44 线 3 和线 4 两条样线位置及焊后测量数据图

表 3.12 4 条样线实测 Z 方向变形数据 （单位：mm）

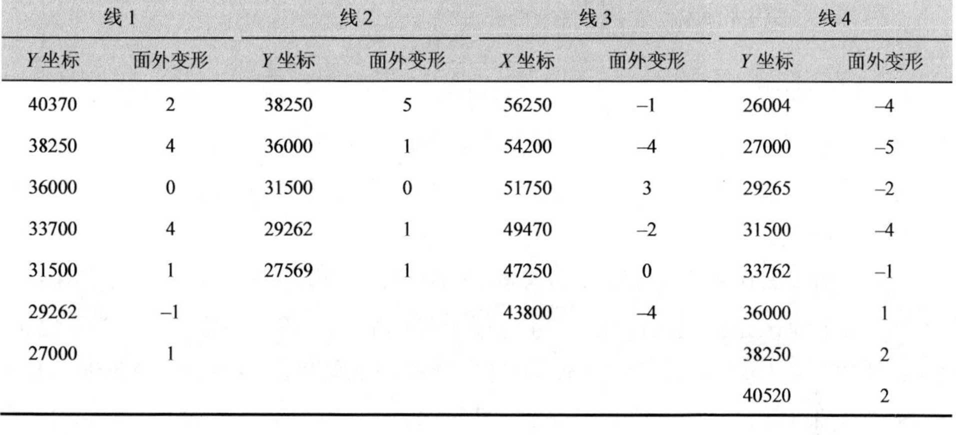

线 1		线 2		线 3		线 4	
Y 坐标	面外变形	Y 坐标	面外变形	X 坐标	面外变形	Y 坐标	面外变形
40370	2	38250	5	56250	–1	26004	–4
38250	4	36000	1	54200	–4	27000	–5
36000	0	31500	0	51750	3	29265	–2
33700	4	29262	1	49470	–2	31500	–4
31500	1	27569	1	47250	0	33762	–1
29262	–1			43800	–4	36000	1
27000	1					38250	2
						40520	2

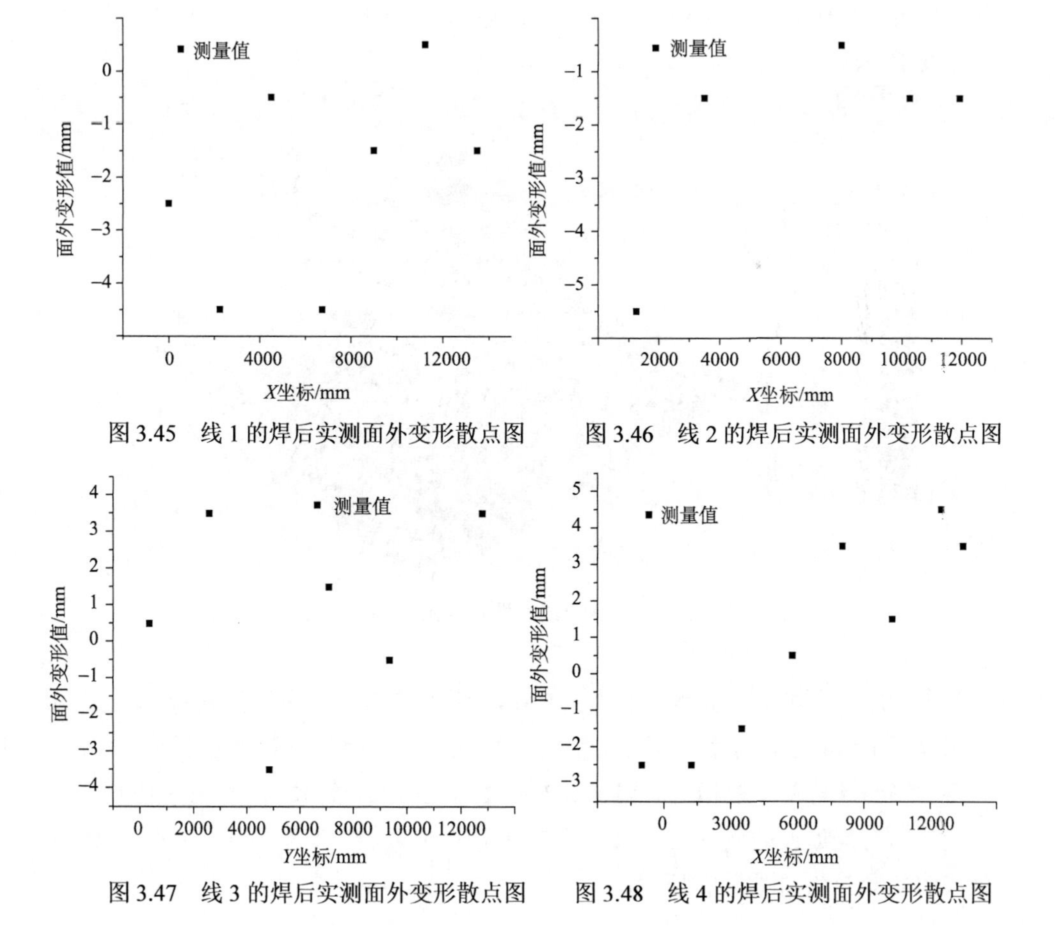

图 3.45 线 1 的焊后实测面外变形散点图

图 3.46 线 2 的焊后实测面外变形散点图

图 3.47 线 3 的焊后实测面外变形散点图

图 3.48 线 4 的焊后实测面外变形散点图

3.2.3 弹性有限元计算及结果验证

对于有限元仿真计算，其结果的精度和计算所需的时间受网格数量和质量的影响比较严重。而大型平台结构复杂，因此建立与实际结构一模一样的有限元模型并不现实，所以为了得到合适的结果，应当适当简化模型，简化的具体原则如下所述。

由于初步简化模型计算结果与实际测量结果差距较大，因此需要考虑开孔及角钢。根据简化原则重新简化 B514 分段模型，简化后该弹性模型长度为 14.5m，宽度为 13.8m，最大高度为 3.6m，根据实际的图纸信息，并加上各种角钢、开孔可得到弹性有限元分析模型，整体结构形式如图 3.49 所示。模型由 94 个构件组成（底板、横纵舱壁、角钢），节点数为 9443，单元数为 8626；具体构件编号如图 3.49 所示。

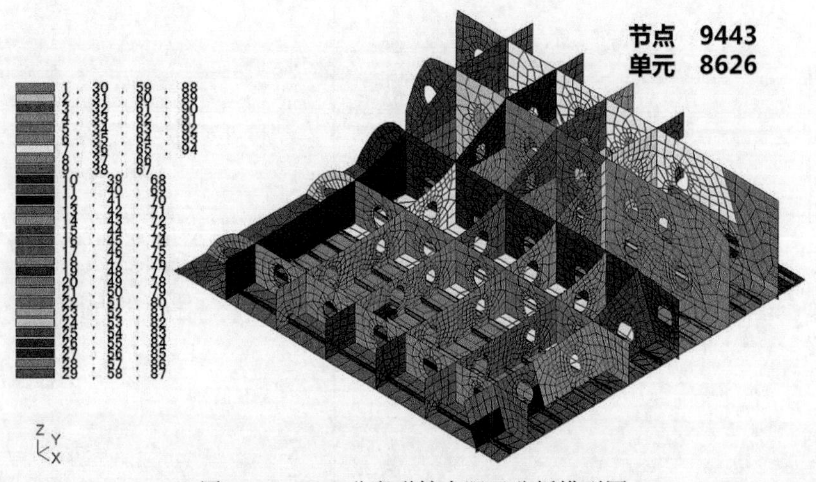

图 3.49 B514 分段弹性有限元分析模型图

参考船厂在半潜式起重拆解平台 B514 分段实际焊接时的约束情况，如图 3.50 所示，即 B514 分段外甲板 4 条边界上与横纵加筋板相交的点为刚性固定约束，并将角钢两端与外甲板相交的端点给予刚性固定约束。将表 3.8 和表 3.10 中各个焊缝的固有变形加载到弹性有限元分析模型中进行弹性计算，得到完善后 B514 分段的变形云图如图 3.51 所示。

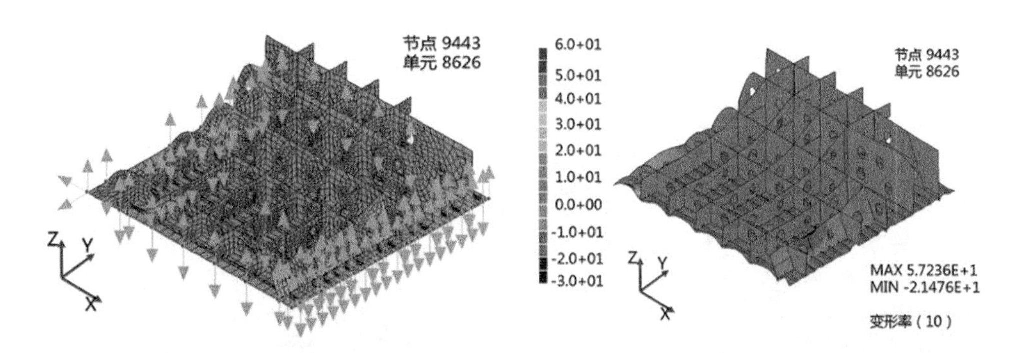

图3.50 B514分段约束图　　图3.51 实际焊接顺序下B514分段Z方向变形云图

图3.51是B514分段焊接仿真整体变形结果在Z方向上的分布情况，是变形率放大10倍的效果。由图中可以看出加筋板上Z方向变形值很小，主要Z方向变形（面外变形）集中在外甲板上，且呈上拱趋势。其中负方向变形最大值（蓝色）出现在斜加筋板上方接缝处，变形量达到21.47mm，这主要是由于该加筋板由多块钢板对接焊接而成，因此会产生面收缩和面外变形，且由于该加筋板是倾斜的，所以其Z方向变形收缩较大；正方向变形值最大处（红色）出现在B514分段外甲板边界处，达到57.24mm，这是由于此处X方向加筋板省略过多，刚度不足，且此处为两块钢板对接焊缝处，热输入较大，且边界均进行刚体约束，限制了外甲板在边界的变形，所以焊接面外变形聚集在此处。为了方便和船厂提供的实测数据进行对比分析，取与实际测量点相同的4条样线，如图3.52所示。取出4条样线上的Z方向变形数据，将该数据与实测数据一同导入origin中绘图，得到图3.53～图3.56。

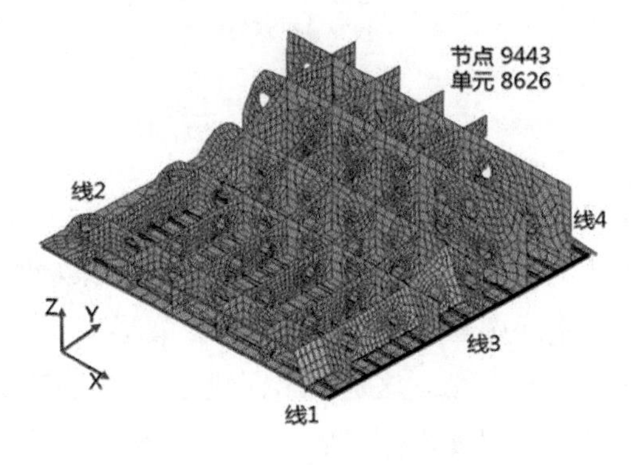

图3.52 4条样线位置示意图

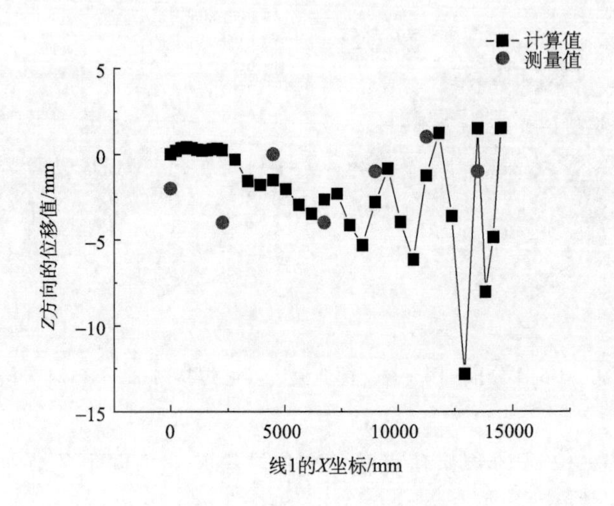

图 3.53 线 1 数据对比图

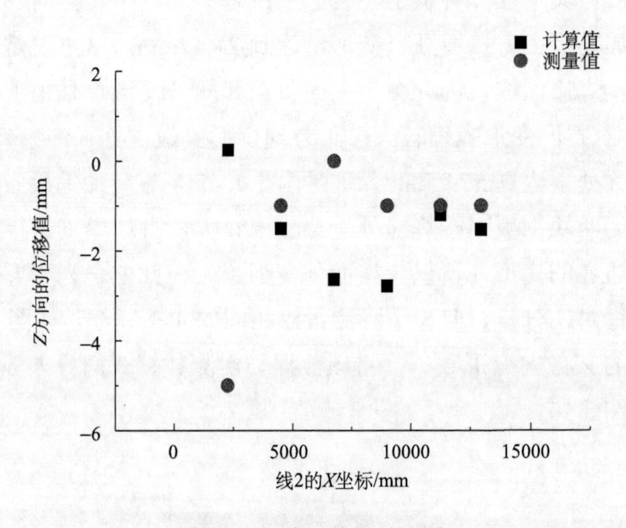

图 3.54 线 2 数据对比图

图 3.53 是 B514 分段线 1 数据对比图，从图中可以看出外甲板线 1 整体向上拱，且由于将横纵筋板与外甲板交点处给予刚性固定约束，所以限制了约束点的面外变形，因此焊接变形集中在两约束点之间，且变形值较大。图 3.53 中计算面外变形值沿 X 方向峰值逐渐降低，这是由于在线 1 沿 X 方向约束逐渐增大，且远离最大值处的对接焊缝，所以变形值降低。从图 3.54 可以看出 B514 分段外甲板

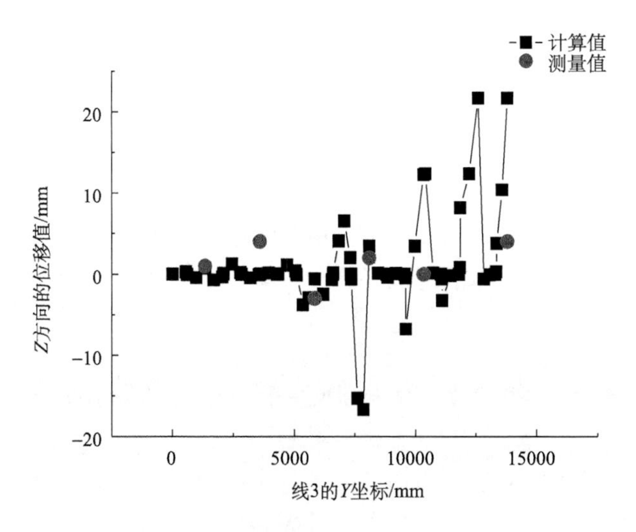

图 3.55　线 3 数据对比图

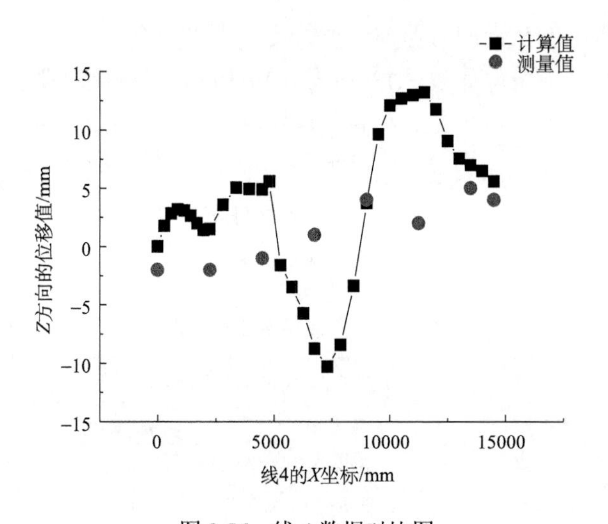

图 3.56　线 4 数据对比图

边界上方筋板上点 Z 方向计算变形值与实测变形值差距很小，中间变形平稳，两端起伏稍大，近原点端变形较大是由于接近对接焊缝，热输入较大，远原点端变形值较大是由于甲板焊接到斜加筋板上，此处接近角接焊缝，热输入较大，因此焊接变形值较大。从图 3.55 中可以看出计算结果与实测结果趋势吻合较好，部分区域变形较大是由于此处有焊缝，焊接热输入大，因此变形大。图 3.56 中前半段变形峰值较为稳定，呈逐渐上升趋势，与实测结果趋势吻合较好，后半段计算变形值变化较大，这是由于计算模型与实际模型在此处相差较大，由于位于边界的较多加筋板被省略，刚度较小，因此变形值大。

以上结果对比相差较大是由于目前计算没有考虑约束和约束释放，是在自由态下的计算结果，如果要进一步分析，应当考虑约束的影响和约束释放回弹的影响，即要考虑工装、夹具等的影响。

3.3 基于反变形预置的精度控制分析

施加反变形措施，即预先给构件一个大小等于焊接变形值方向与之相反的变形。在焊接时焊接产生的焊接变形会将预先施加的反向变形抵消，从而降低构件的实际焊接变形。因为反变形抵消了焊接变形的面外变形，所以施加反变形后的接头固有变形值中的横向固有弯曲值变为零，即面外变形值为零。将施加反变形的固有变形值归纳成表，如表 3.13 与表 3.14 所示。该分段有限元模型如图 3.49 所示，分段约束如图 3.50 所示。在分段焊接时预置反变形，即将表 3.13 和表 3.14 中的固有变形作为载荷加载到分段弹性模型中进行弹性计算，得到 Z 方向变形云图如图 3.57 所示，取出如图 3.52 所示 4 条样线处的 Z 方向变形数据，与之前线 1 处数据进行对比，结果如图 3.58～图 3.61 所示。

表 3.13 角接接头固有变形

接头编号	固有变形			
	板材类型	纵向收缩/mm	横向收缩/mm	横向弯曲/rad
1	翼板	–0.0887	–0.0612	0.0000
	腹板	–0.0591	–1.1091	0.0000
2	翼板	–0.1040	–0.0430	0.0000
	腹板	–0.0416	–0.8381	0.0000
3	翼板	–0.0577	–0.1278	0.0000
	腹板	–0.0577	–1.8527	0.0000
4	翼板	–0.0731	–0.3539	0.0000
	腹板	–0.0731	–2.2218	0.0000
5	翼板	–0.0642	–0.2194	0.0000
	腹板	–0.0482	–1.3429	0.0000

续表

接头编号	固有变形			
	板材类型	纵向收缩/mm	横向收缩/mm	横向弯曲/rad
6	翼板	–0.0397	–0.0797	0.0000
	腹板	–0.0529	–2.1845	0.0000
7	翼板	–0.0486	–0.3143	0.0000
	腹板	–0.0648	–2.6764	0.0000
8	翼板	–0.0410	–0.1049	0.0000
	腹板	–0.0410	–3.0181	0.0000
9	翼板	–0.0270	–0.2798	0.0000
	腹板	–0.0541	–3.2229	0.0000
10	翼板	–0.0229	–0.0586	0.0000
	腹板	–0.0343	–3.4744	0.0000
11	翼板	–0.0463	–0.0877	0.0000
	腹板	–0.0462	–1.2900	0.0000

表 3.14　对接接头固有变形

接头编号	固有变形			
	纵向收缩/mm	横向收缩/mm	横向弯曲/rad	纵向弯曲/rad
1	–0.0405	–0.5511	0.0000	0.0000
2	–0.0520	–0.5654	0.0000	0.0000
3	–0.0552	–0.5640	0.0000	0.0000
4	–0.0552	–0.5640	0.0000	0.0000
5	–0.0475	–0.2416	0.0000	0.0000
6	–0.0384	–0.2124	0.0000	0.0000
7	–0.0625	–0.3092	0.0000	0.0000
8	–0.0689	–0.3053	0.0000	0.0000
9	–0.0509	–0.2587	0.0000	0.0000
10	–0.0520	–0.2624	0.0000	0.0000

对于上述 4 条样线数据对比，预置反变形后分段的焊接面外变形明显下降很多，能显著降低焊接面外变形，提高焊接精度。由图 3.58 可以看出，采用反变形法在线 1 处大致消除了 40mm 左右的变形值；由图 3.59 可以看出在线 2 处消除了平均 1mm 左右的变形值；由图 3.60 可以看出在线 3 处消除了平均 8mm 左右的变形值；由图 3.61 可以看出消除了平均 20mm 左右的变形值。

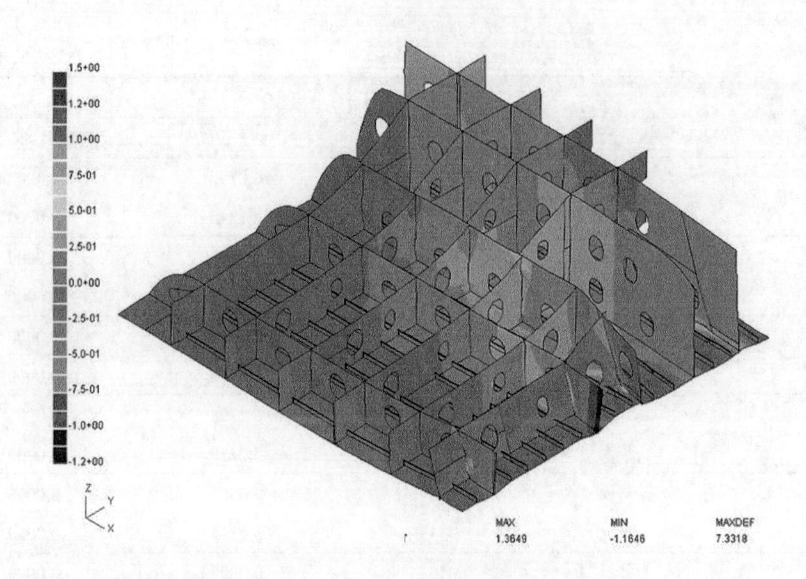

图 3.57 施加反变形的结构面外变形云图

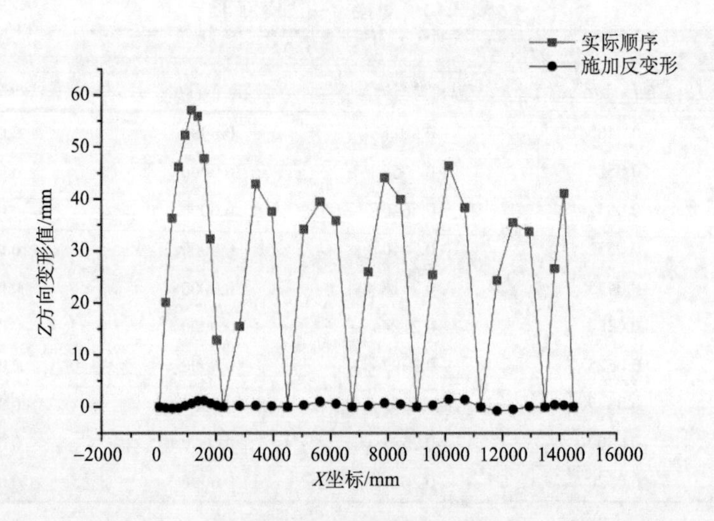

图 3.58 线 1 数据对比图

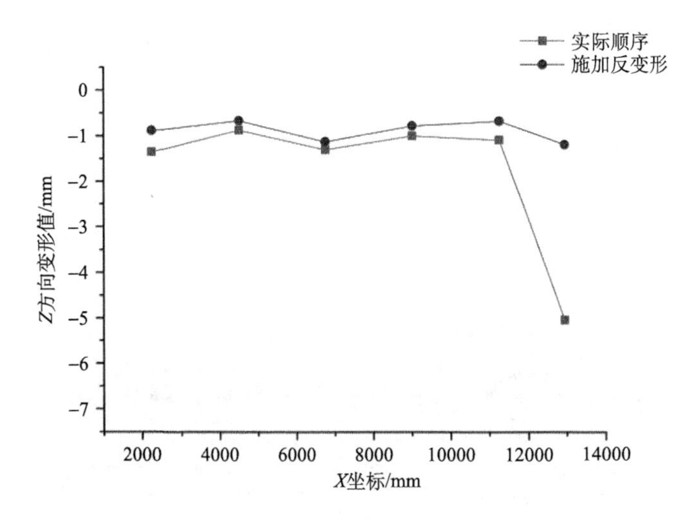

图 3.59　线 2 数据对比图

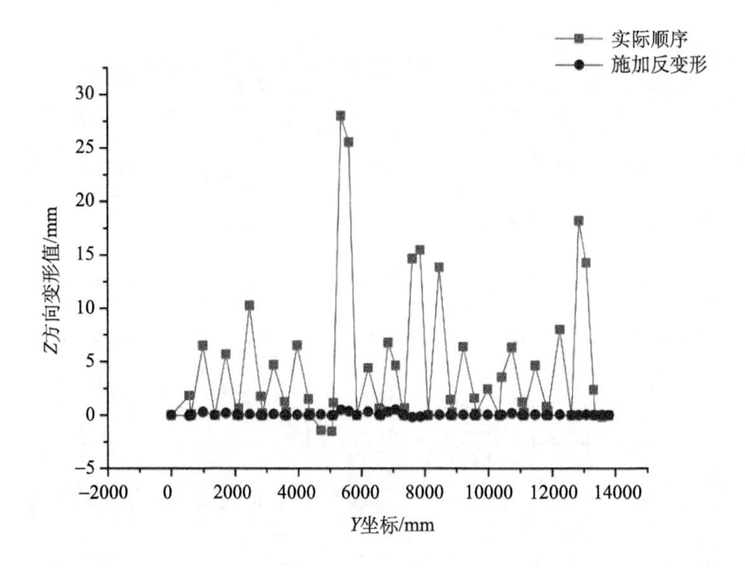

图 3.60　线 3 数据对比图

在船舶分段实际建造过程中，因焊接变形会导致合拢困难，因此船厂对分段施加反变形，使达到合拢精度。在半潜式起重拆解平台建造过程中，因为上建在合拢阶段根据结构强度计算会出现不同程度的下挠，因此必须加放反变形，船厂实际建造过程中的反变形加放量如图 3.62 所示。

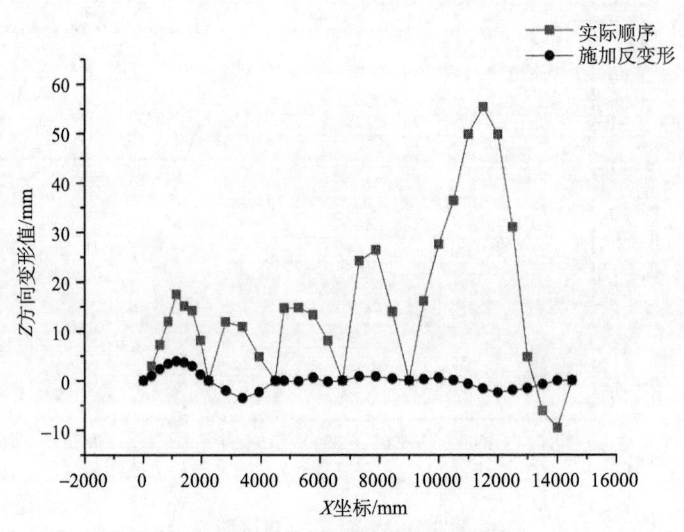

图 3.61 线 4 数据对比图

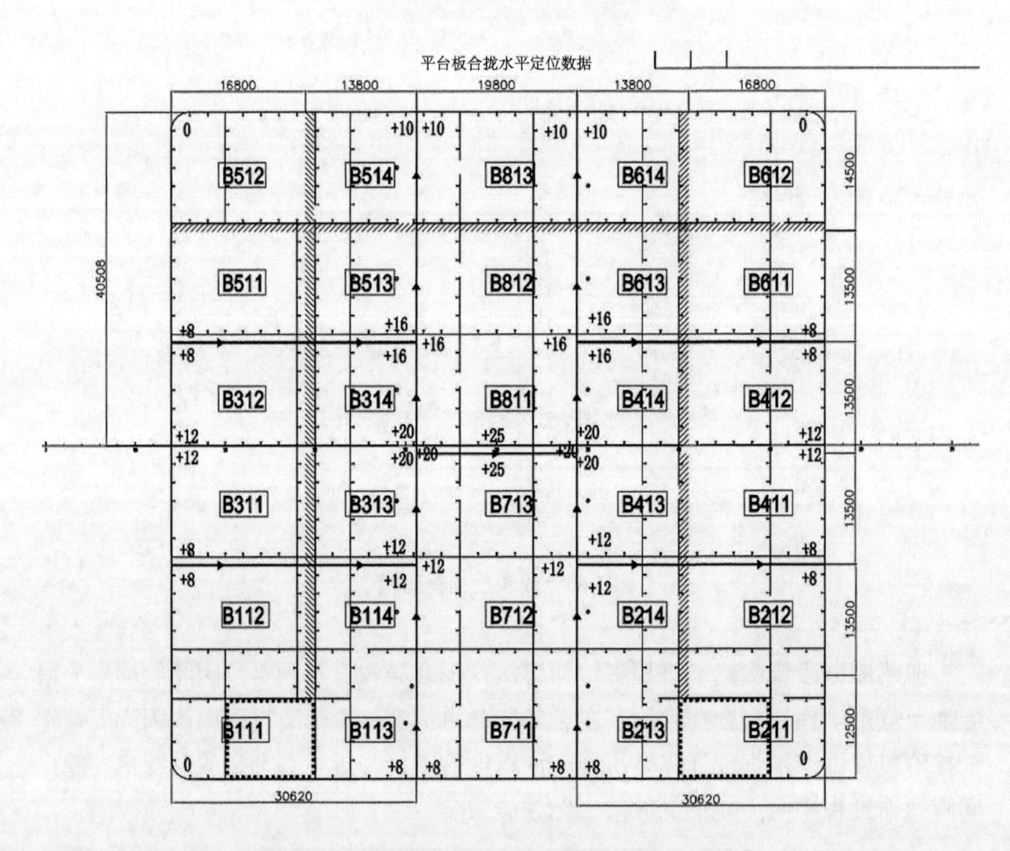

图 3.62 上建结构反变形加放量图（单位：mm）

反变形施放与各个分段角点，沿长度等比施放。由图 3.62 可以看出，对于 B514 分段左上角点施加约 4.5mm 的反变形值，右上角点施加 10mm 的反变形值，左下角点施加约 8mm 的反变形值，右下角点施加 13mm 的反变形值。实际反变形施加值在线 3 和线 4 处与仿真预测中相差不大。

3.4 焊接顺序对建造精度的影响分析

船厂建造精度实时控制是通过顺序优化来实现的，因此改变焊接顺序，计算不同焊接顺序下分段的变形，并进行对比，从而找到使焊接变形值较小的焊接顺序。通过前期去船厂实地调研，了解到船厂对于这种大型复杂分段是按先组装小组立，接着中组立，再大组立，最后大组立合拢的顺序焊接。

实际船厂焊接顺序：先焊接 D 单元（图 3.37），其次焊接 M 单元（图 3.38），再次焊接 N 单元（图 3.39），最后焊接 P 单元（图 3.40），后将其合拢，完成 B514 分段的焊接。实际船厂合拢焊接原则：先焊外板（甲板、底板、舷侧板）对接缝，再焊内底、纵横壁板等内部对接缝，然后焊接合拢处构件与构件之间的对接缝，接着焊接合拢处构件与构件之间的角接缝，最后焊接构件与甲板、底板、舷侧板、纵横壁板之间的角焊缝。对外板先焊横向焊缝，后焊纵向焊缝。

建立如图 3.49 所示的结构有限元模型，再设计三种焊接顺序：焊接顺序Ⅰ、焊接顺序Ⅱ和焊接顺序Ⅲ，通过比较四种不同焊接顺序下各样线处的面外变形值来验证焊接顺序对焊接变形的影响。

焊接顺序Ⅰ：底板拼焊→角钢与底板焊接→纵骨拼焊→肋骨拼焊→将四底板片体焊到相对应的纵横壁板上→纵骨与底板焊接→肋骨与底板焊接→筋板之间焊接。

经过弹性有限元计算得到如图 3.63 所示的模型 Z 方向变形云图。

焊接顺序Ⅱ：底板拼焊→角钢与底板焊接→肋骨拼焊→纵骨拼焊→将四块底板片体焊到对应的纵横壁板上→肋骨与底板焊接→纵骨与底板焊接→筋板之间焊接。

经过弹性有限元计算得到如图 3.64 所示的模型 Z 方向变形云图。

焊接顺序Ⅲ：底板拼焊→角钢与底板焊接→肋骨拼焊→纵骨拼焊→筋板之间焊接→肋骨与底板焊接→纵骨与底板焊接。

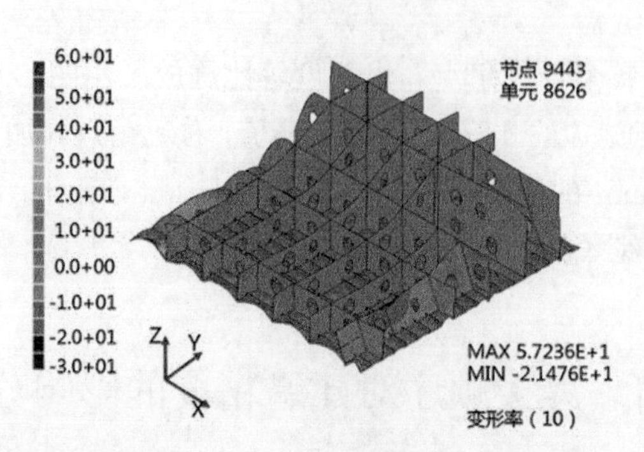

图 3.63　焊接顺序 I 时 B514 分段模型 Z 方向变形云图

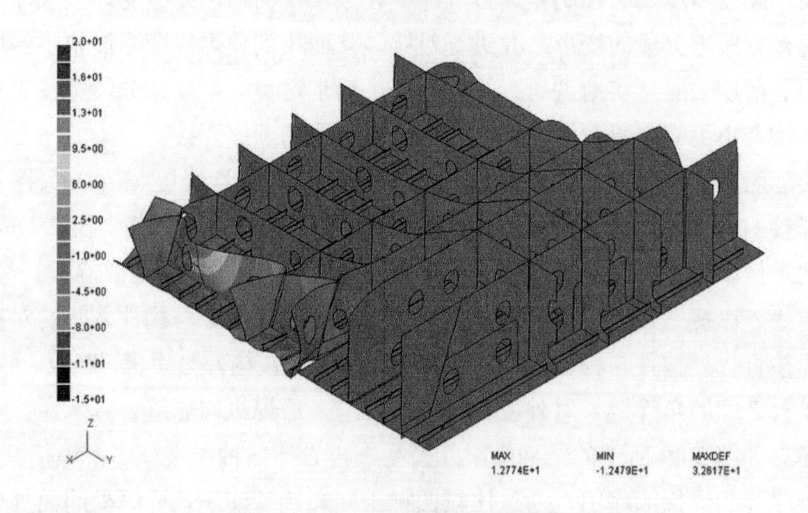

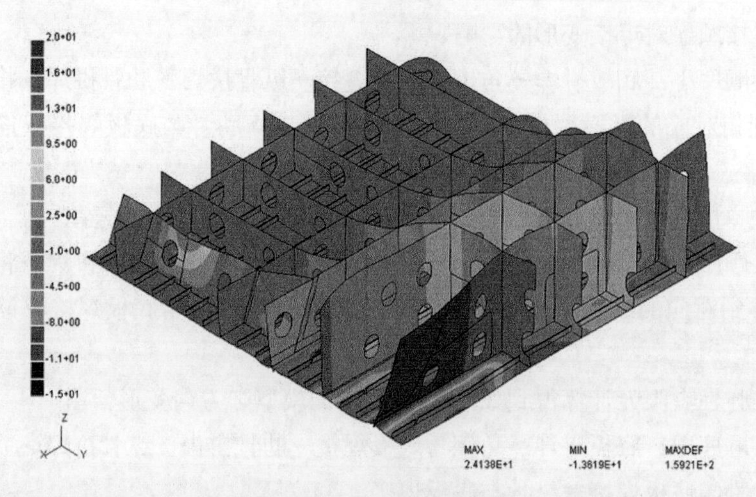

图 3.64　焊接顺序 II 时 B514 分段模型 Z 方向变形云图

经过弹性有限元计算得到如图3.65所示的模型Z方向变形云图。

取图3.52中4条样线的Z方向变形数据，将实际焊接顺序、焊接顺序Ⅰ、焊接顺序Ⅱ和焊接顺序Ⅲ中样线处 Z 方向变形数据导入 origin 中，对比分析如图3.66～图3.69所示。

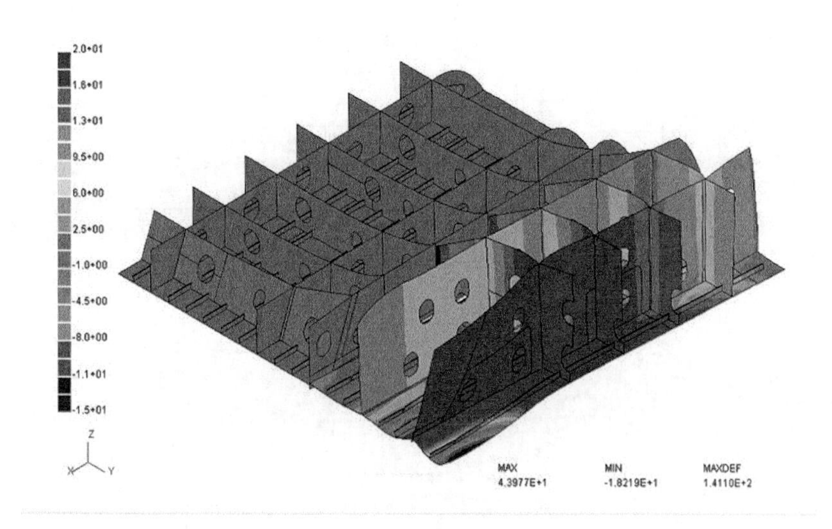

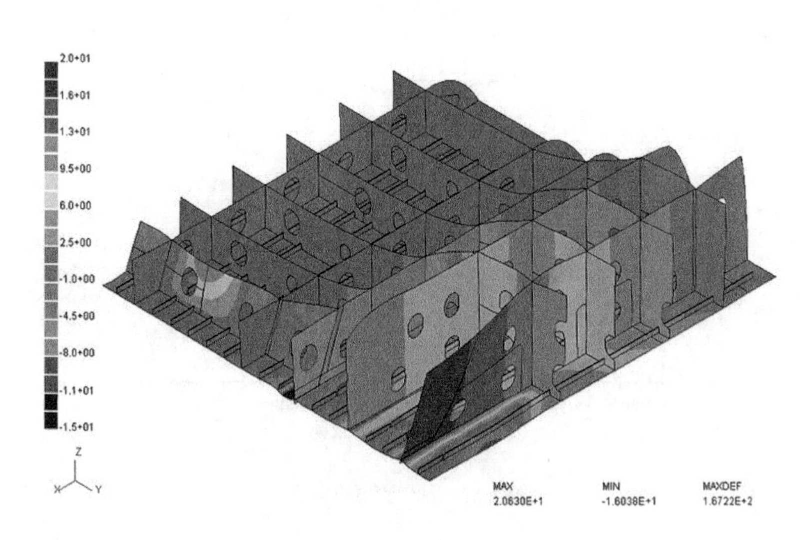

图3.65　焊接顺序Ⅲ时B514分段模型Z方向变形云图

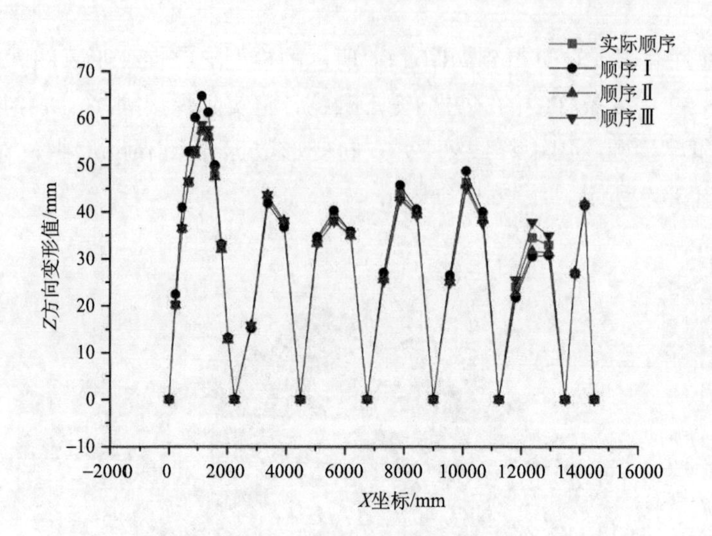

图 3.66 线 1 数据对比图

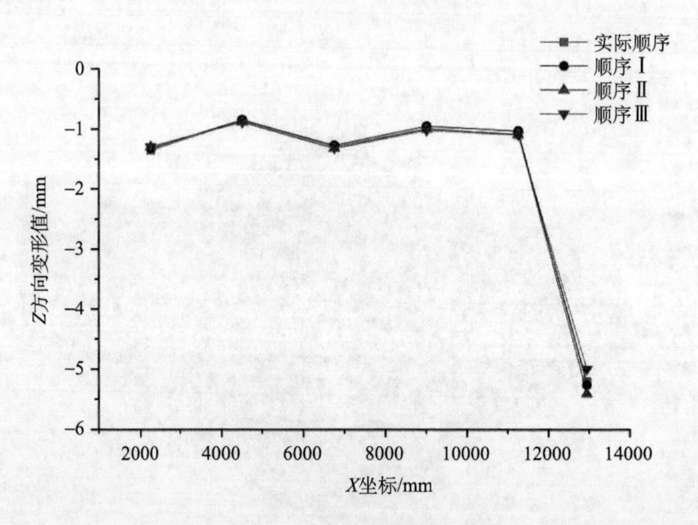

图 3.67 线 2 数据对比图

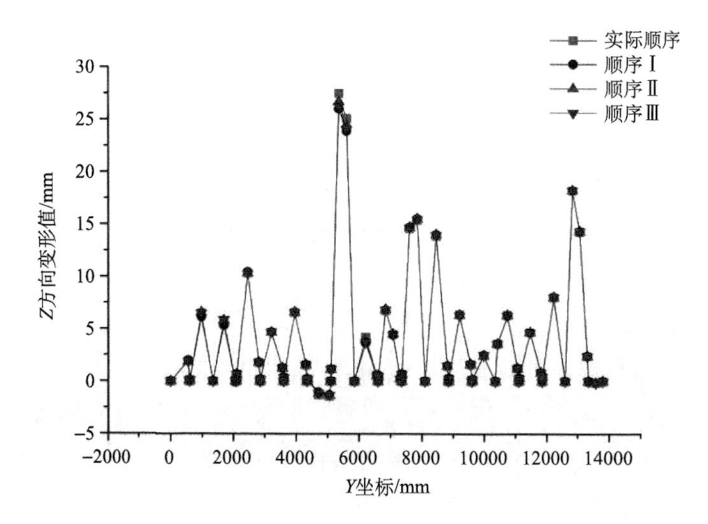

图3.68　线3数据对比图

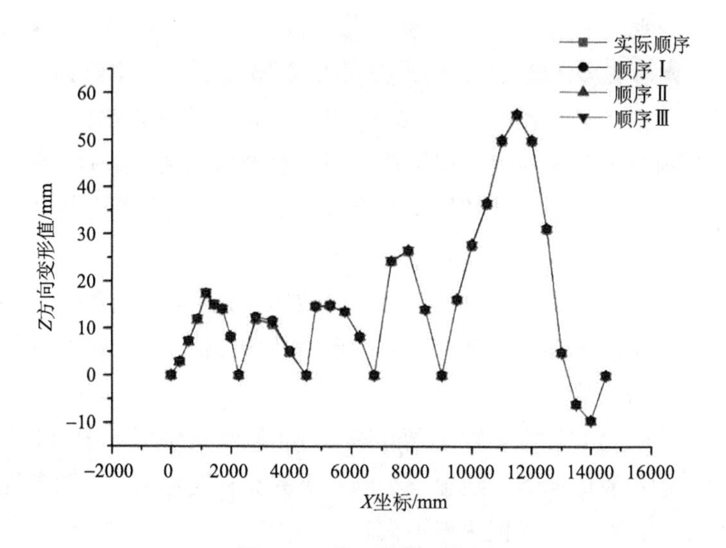

图3.69　线4数据对比图

由图3.66～图3.69可以看出，四种不同的焊接顺序，其面外变形只有微小的差距，原因在于计算中约束过强，导致焊接顺序的影响不大，因此对B514分段施加合理的约束，通过合理的夹具和工装约束，可实现完美的精度控制。

3.5 本章小结

以半潜式起重拆解平台 B514 分段为研究对象，研究复杂平台分段焊接变形及控制的核心关键技术。首先，根据船厂实际生产过程中的加工工艺，使用高效的热-弹-塑性有限元分析，得到不同工艺（即热输入）、坡口形式、厚度及材质的典型焊接接头的温度场和应力变形场，从而建立起固有变形数据库。之后，将得到的典型接头固有变形以载荷的形式加载到 B514 分段 shell 单元网格模型的焊缝上，进行弹性有限元计算，迅速且准确地得到了 B514 分段的整体焊接变形。在该基础之上，采用顺序优化和反变形的措施控制半潜式起重拆解平台 B514 分段的面外焊接变形。得到如下结论：

（1）基于大量典型接头的固有变形数据，对热输入与各个固有变形分量之间规律进行总结，发现热输入与各固有变形分量大致呈线性关系。将各个典型焊接接头的热输入与各固有变形分量进行拟合，得到相应经验公式，为后续计算节省时间。

（2）建立半潜式起重拆解平台 B514 分段 shell 单元网格有限元模型，按照船厂提供的焊接顺序，把相应典型焊接接头固有变形加载到模型的焊缝上，进行一次弹性有限元计算，迅速得到该结构的焊接变形，并与实际测量值进行了对比，验证了基于固有变形的弹性有限元方法的准确性。

（3）对半潜式起重拆解平台 B514 分段施加反变形，经过弹性有限元计算分析，发现反变形措施能够显著减少分段焊接面外变形值，并与船厂实际生产施加的反变形结果比较吻合。

（4）计算了包括实际焊接顺序在内的三种不同焊接顺序下 B514 分段的焊接变形，取出相同位置的 4 条样线上三种顺序下的面外变形值，并进行对比分析，发现三种顺序下样线处变形值相差不大。

参考文献

[1] 李鸿, 任慧龙, 曾骥. 预测船体分段焊接变形方法概述[J]. 船舶工程, 2005, (5): 55-58.

[2] 王江超, 史雄华, 易斌, 等. 基于固有变形的薄板船体结构焊接失稳变形研究综述[J]. 中国造船, 2017, (2): 230-239.

[3] 王江超, 周宏. 基于弹性有限元分析的船体结构焊接变形研究[J]. 中国造船, 2016, (3): 109-115.

[4] Murakawa H, Deng D, Ma N. Concept of inherent strain, inherent stress, inherent deformation

and inherent force for prediction of welding distortion and residual stress[J]. Transactions of JWRI, 2010, 39(2): 103-105.

[5] Murakawa H, Deng D, Ma N, et al. Applications of inherent strain and interface element to simulation of welding deformation in thin plate structures[J]. Computational Materials Science, 2012, 51(1): 43-52.

[6] Wang J C, Shi X H, Zhou H, et al. Dimensional precision controlling on out-of-plane welding distortion of major structures in fabrication of ultra large container ship with 20000TEU[J]. Ocean Engineering, 2020, 199:106993.

[7] Wang J, Zhao H, Zou J, et al. Welding distortion prediction with elastic FE analysis and mitigation practice in fabrication of cantilever beam component of jack-up drilling rig[J]. Ocean Engineering, 2017, 130: 25-39.

[8] Wang J, Ma N, Murakawa H, et al. Prediction and measurement of welding distortion of a spherical structure assembled from multi thin plates[J]. Materials and Design, 2011, 32(10): 4728-4737.

[9] 王江超, 周宏, 赵宏权, 等. Comparative study on evaluation of tendon force for welding distortion prediction in thin plate fabrication[J]. China Welding, 2017, 26(3): 1-11.

第4章　平台特殊结构建造工艺技术研究

半潜式起重拆解平台主要结构由上船体、下浮体和连接两者的立柱三大部分组成。其中上船体与立柱、下浮体与立柱均为转圆弧连接，曲板光顺度要求高。同时平台推进器底座为典型的圆环形焊接构件，焊接量大，精度要求高。这些特殊结构是保证平台结构强度和功能实现的基础，也是拆解平台建造的难点。平台特殊结构主要通过焊接实现各部件的连接，其中避免焊接缺陷产生的工艺、结构建造精度的控制技术，以及焊接残余应力和应力集中的分析，都对平台特殊结构的建造质量产生巨大的影响。因此，为了确保焊接质量、建造精度和强度性能等，开展特殊结构建造工艺技术研究，是亟待解决的问题，且具有极大的工程应用价值。

针对半潜式起重拆解平台特殊结构复杂、材料特殊及焊接要求高等特点，通过焊前预热、层间温度控制以及焊后消氢等工艺避免焊接裂纹的产生，同时采用引弧/熄弧板、回烧和电弧摆动等技术，再辅以合理的焊接工艺，确保厚板曲面焊缝的品质；主要以焊道设计及施焊顺序优化等方法为主，实现厚板焊接的精度控制；同时，通过焊姿调整、熔敷优化等工艺，确保焊缝区、热影响区及母材的力学性能相互匹配，并弱化焊接残余应力集中区域的应力集中因子。

4.1　平台用高强钢焊接工艺基础

厚板高强钢焊接结构的服役环境对接头的力学性能提出了更高的要求，因此生产前根据高强钢的板厚、元素种类、强度级别等全面分析材料的焊接性、工艺焊接性，同时考虑到厚板多层多道焊工艺，高度重视焊接熔池的成形特点；此外，厚板高强钢焊接变形量较大将严重影响后期的装配工作，需在焊接过程中避免产生较大的变形量；在制定工艺时，除了考虑焊接材料的强度匹配，还应根据碳当量、材料特点给出准确的预热以及消氢工艺，避免焊接接头的冷裂纹和氢致冷裂纹倾向[1,2]。

4.1.1　材料焊接性分析

高强钢含 C 量很低，且严格控制 S、P 含量，此外 Mn、Cr 等合金元素含量随强度级别提高而增大，因此高强钢焊接热裂纹倾向性很小，然而在焊接热循环作用下粗晶区极易产生魏氏组织和淬硬组织，导致热影响区硬化，塑韧性降低。此外，根据 SH-CCT 图，通过碳当量法、焊接冷裂纹敏感性指数计算、插销实验和斜 Y 坡口焊接裂纹实验，研究高强钢的焊接冷裂纹倾向，并通过制定预热工艺预防冷裂纹。

随着合金元素含量增大，高强钢具有较高的强度、韧性、止裂性能等，然而往往导致焊缝以及热影响区组织、化学成分分布不均匀，使近焊缝区力学性能下降，成为接头以及整个焊接结构力学性能的薄弱环节。为此，需采用较小热输入的焊接工艺，一方面避免合金元素的烧损，导致性能恶化，另一方面通过控制焊接热输入，降低马氏体、贝氏体、魏氏组织的转变量，提高接头的力学性能。

4.1.2　工艺焊接性分析

低合金调质高强钢常用的焊接方法有手工电弧焊、气体保护焊和混合气体保护焊等。在确定焊接方法时，必须考虑母材的强度等级、使用性能、施工难易及经济性。从生产实际出发，尽量采用高效益、高质量、劳动条件好、操作方便的焊接方法。一般来说，对于屈服强度（σ_s）小于 680MPa 的低合金调质钢，手工电弧焊、埋弧焊、气体保护焊等都可采用。

低合金高强钢焊接时应严格限制焊接线能量，控制焊接热影响区冷却时间（$t_{8/5}$：温度从800℃降到500℃所需要的时间）不能过长，避免在过低的冷却速度下粗晶区可能出现上贝氏体、M-A组元等而导致脆化；冷却时间过短则会出现大量淬硬组织并导致焊接冷裂纹产生。同时，应尽量采用多层多道焊工艺，这样不仅使焊接和焊缝金属有较好的韧性，还可以减小焊接变形。双面施焊的焊缝，背面焊道采用碳弧气刨清理焊根并用角磨机打磨表面后再进行施焊。低合金高强钢焊接时为了防止冷裂纹产生，往往需要采用预热和焊后热处理。但预热应不使焊接的冷却速度过慢，以免产生M-A组元和粗大的贝氏体组织，导致强韧性下降。

4.1.3 熔池凝固成形工艺研究

焊接熔池的凝固过程本质上与铸造时液态金属凝固过程相同，因此，它也服从凝固理论的一般规律。但是焊接熔池凝固过程也有自己的一些特点。如图4.1所示，焊接时，在高温热源的作用下，母材金属发生局部熔化，并与熔化了的焊丝金属混合形成熔池，同时发生短暂而又复杂的冶金反应；当焊接热源离开后，熔池金属开始凝固。

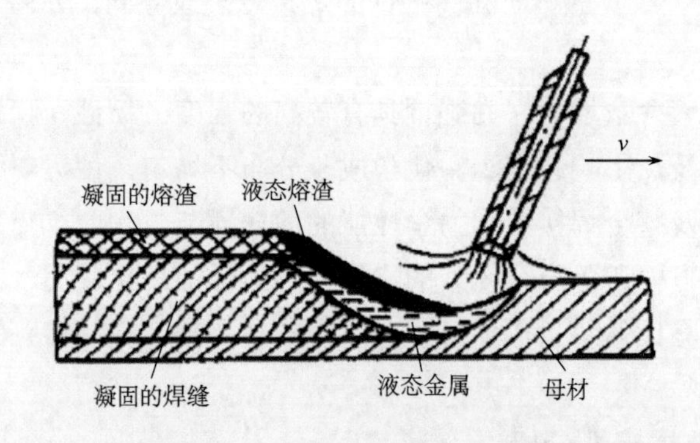

图4.1 焊接熔池凝固及焊缝的形成

1. 体积小、冷却速度大

在一般电弧焊条件下，熔池体积最大仅可达30cm^3，重量不超过100g。熔池的冷却速度一般可达4～100℃/s，远比一般铸件的冷却速度高。冷却速度快，温度梯度高，导致焊缝中柱状晶得以充分发展。

2. 过热温度高

对于低碳钢以及低合金钢，熔池平均温度可达（1770±100）℃，而熔滴温度更高，为（2300±200）℃。而一般炼钢时，其浇注温度仅为 1550℃左右。由于液态金属的过热度较大，非自发形核的原始质点数将大为减少，也促进了柱状晶的发展。

3. 动态下凝固

热源移动方向前段的母材金属不断熔化，连同过渡到熔池中的焊丝熔滴一起在电弧吹力作用下，对流至熔池的后部。随着热源的离开，熔池后部的金属立即开始凝固，形成焊缝。

4. 对流强烈

熔池中存在各种力的作用，如电弧机械力、气流吹力、电磁力，以及液态金属中密度差别，熔池中存在强烈的搅拌和对流，其方向一般趋于从熔池头部向尾部流动。

4.2　平台用高强钢厚板焊接工艺实验

本实验所用材料为 Q690 高强钢，目前多采用焊条电弧焊焊接该材料，根据等强匹配原则选择的填充金属为 AWS 5.5/ASME SFA-5.5:E1108-G H4R，直径为 4mm 的焊条，焊前需在 300～350℃下烘干。

4.2.1　焊前准备

对于厚板坡口可通过专用坡口机或者线切割加工，本实验采用线切割加工坡口。首先确定切割位置，然后用线切割加工，切割丝直径为 0.16mm，切割速度约为 2mm/min，如图 4.2 所示。

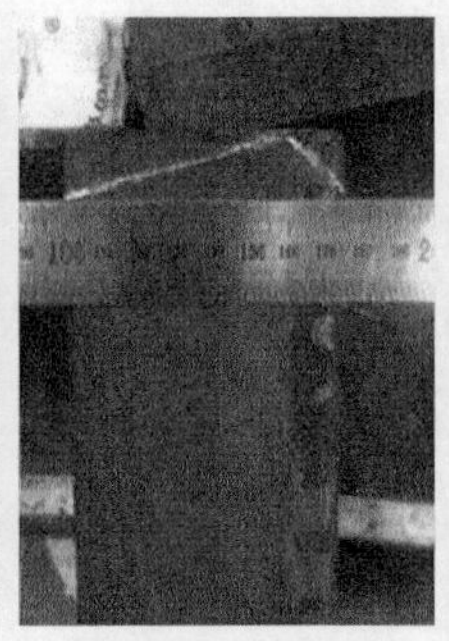

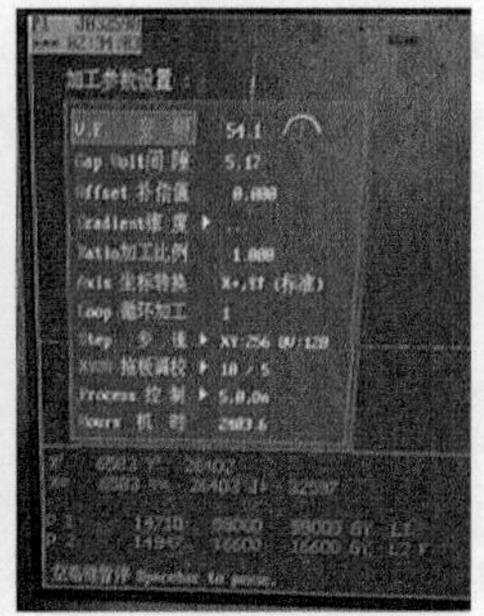

图 4.2　线切割加工坡口

焊前需用角磨机清理坡口表面，装配后进行定位点焊，如图 4.3 所示。

图 4.3　坡口表面清理及定位点焊

烘干、加热焊条至 250℃以上，如图 4.4 所示。确定接头的平整度，经测量发现，两块板初始角变形为 0.07mm，如图 4.5 所示。预热坡口至 150℃左右，预热方式如图 4.6 所示。

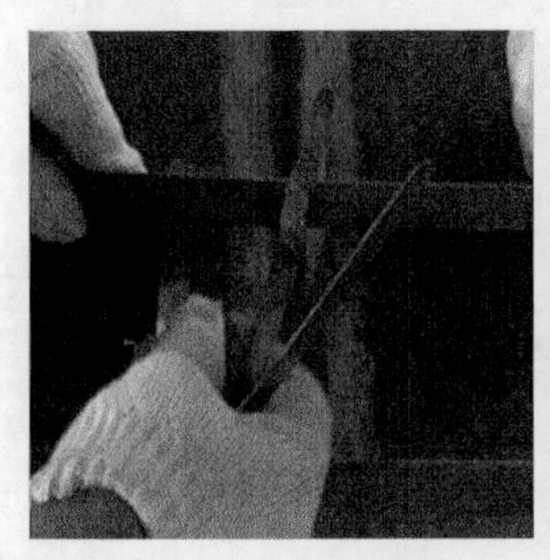

图 4.4　烘干焊条

图 4.5　装配后变形测量

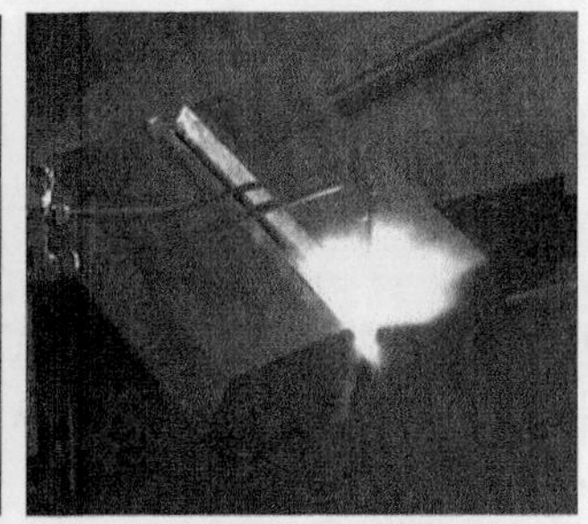

图 4.6　预热坡口

预热后，安装位移传感器，将热电偶点焊在坡口边缘，热电偶布置图如图 4.7 所示，位置如表 4.1 所示。通过 3D 打印的 U 形螺丝将位移传感器与磁力座连接，磁力座可吸在钢板上，最大吸力为 60kg，保证位移传感器位置不变。用热电偶点焊机将结球的热电偶点焊到工件上，点焊机工作电压不低于 50V，若热电偶结球直径约为 2mm，则电压应控制在 50～70V，电压小会导致焊接不牢固易脱落，电压过大导致熔化量超过结球的质量。此外，点焊时应保证工件表面清洁，为保证接触良好，球表面稍微摩擦几下，点焊时施加一定的力载荷。

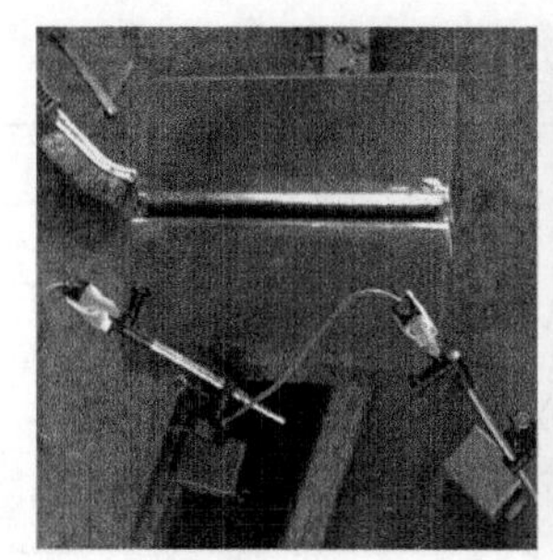
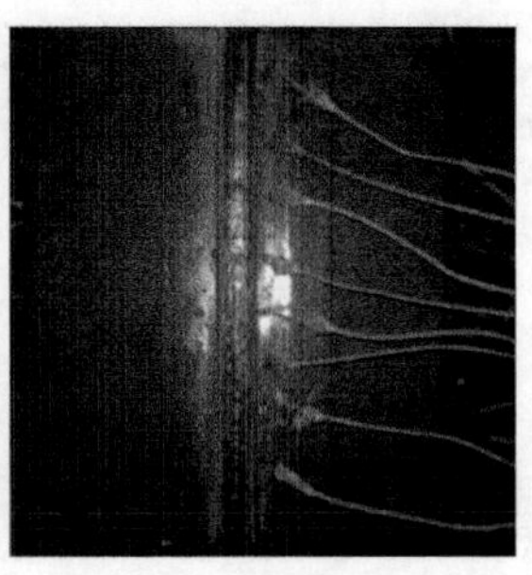
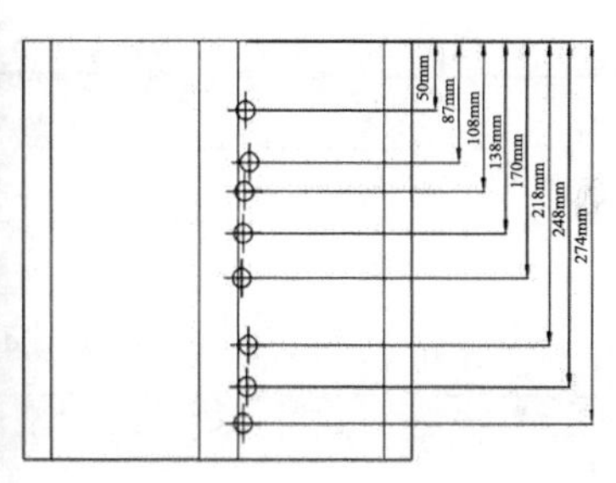

图 4.7　热电偶实际布置图

表 4.1　坡口背面热电偶点焊位置

热电偶编号	离焊缝距离/mm	离钢板边的距离/mm	通道编号
1	6	50	2—7
2	9	87	2—5
3	5	108	2—3
4	4	138	2—8
5	3	170	1—2
6	8	218	1—4
7	7	248	1—3
8	4	274	1—6

4.2.2　焊接工艺参数及焊道布置

厚板焊接过程中，由于焊接位置及过程不同，可分为定位焊、打底焊、填充焊及盖面焊等，具体的焊接工艺参数如表 4.2～表 4.4 所示，正面坡口焊道如图 4.8 所示。

表 4.2 定位焊工艺参数

定位焊道数	焊接电压/V	焊接电流/A	焊丝直径/mm
1	25.7	144	3.2
2	26.3	144	3.2

表 4.3 打底焊工艺参数

打底焊道数	焊接电压/V	焊接电流/A	焊丝直径/mm
1	26.4	166	3.2

表 4.4 正面填充焊工艺参数（一）

层数	道数	焊接电压/V	焊接电流/A	焊丝直径/mm	焊接时间/s	层间温度/℃
1	1	25.7	165	4	—	140
2	1	25.2	166	4	—	130
3	1	26.5	166	4	123	—
4	1	26.3	166	4	—	130
	2	25.7	165	4	104	—
5	1	26.5	166	4	104	135
	2	26.4	166	4	125	—
6	1	26.4	166	4	—	140
	2	26.2	165	4	—	—
7	1	26.6	166	4	—	—
	2	26.4	165	4	—	—
	3	27.2	165	4	115	—
8	1	27.1	165	4	—	140
	2	26.3	166	4	118	—
	3	26.4	166	4	115	140

注：①每道焊缝焊后，清除焊条药皮渣壳；②焊条在 150℃下保温；③厚板对称坡口基本不发生变形，而单V形剖口变形会较大；④焊工需穿特制空调服；⑤为了获得鱼鳞状的焊缝成形，需摆动电弧；⑥控制层间温度（200～250℃）。

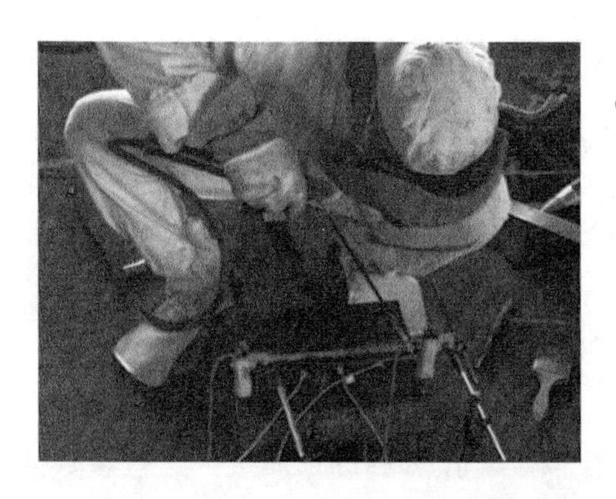
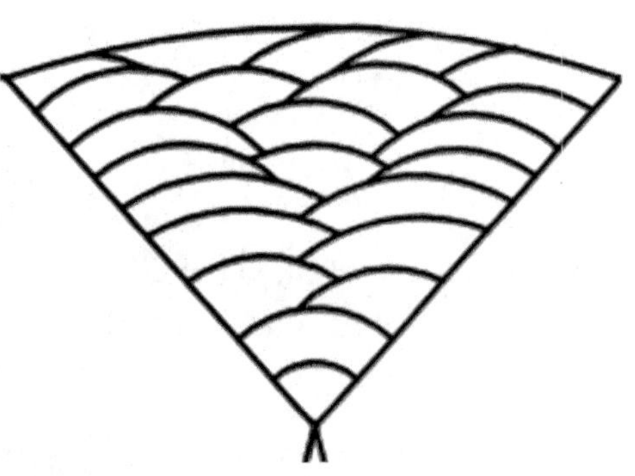

图 4.8　正面坡口焊道

正面焊接完成后，焊缝成形如图 4.9 所示，拆除热电偶和位移传感器并清渣后测量角变形，总变形量为 2.05mm，单侧板边缘焊接角变形为 1.025mm。

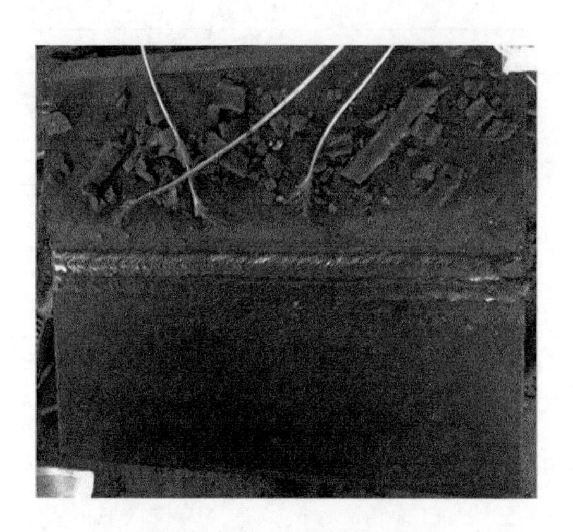

图 4.9　坡口正面焊缝成形

正面焊接过程中，由于清除焊接熔渣导致工件移动，位移传感器无法测量实际的瞬态焊接变形。

将钢板翻身，进行碳弧气刨处理，如图 4.10 所示，由于背面坡口角度较小，焊接难度较大，在碳弧气刨过程中将背面坡口改为 U 形坡口，因而对正面焊后变形进行矫正处理，碳弧气刨后测得角变形量为 0.75mm，工件板边缘角变形量为 0.375mm。

 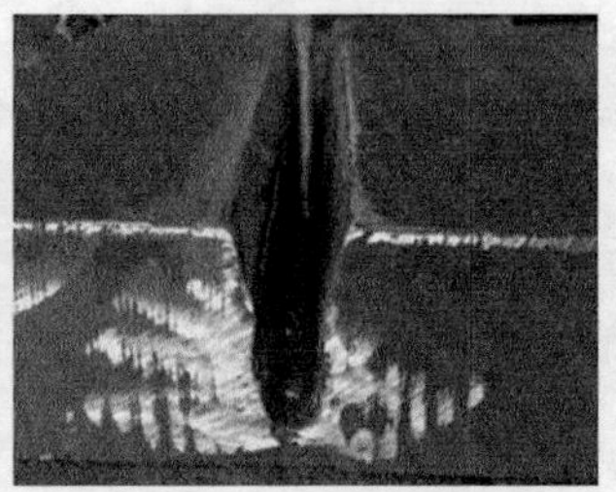 

图 4.10 碳弧气刨清根后

背面坡口焊接前同样需要对钢板进行预热，预热后进行焊接，焊接参数如表 4.5 所示。

表 4.5 背面填充焊工艺参数（一）

层数	道数	焊接电压/V	焊接电流/A	焊丝直径/mm	焊接时间/s	层间温度/℃
1	1	26.2	165	4	106	140
2	1	26.4	165	4	123	140
3	1	26.5	166	4	123	140
	2	26.1	165	4	122	130
4	1	26.3	165	4	—	140
	2	26.4	166	4	—	140
5	1	26.2	166	4	104	140
	2	26.4	166	4	133	140
6	1	26.3	166	4	—	140
	2	26.4	165	4	—	130
	3	26.2	166	4	—	140
7	1	26.2	165	4	—	140
	2	26.3	165	4	—	135
	3	27.2	166	4	—	140
8	1	27.1	165	4	—	140
	2	26.3	166	4	118	140
	3	26.4	166	4	115	140
9	1	26.3	166	4	—	140
	2	26.3	166	4	—	140
	3	26.4	166	4	—	140
	4	26.2	166	4	—	140

续表

层数	道数	焊接电压/V	焊接电流/A	焊丝直径/mm	焊接时间/s	层间温度/℃
10	1	26.2	166	4	—	140
	2	26.1	166	4	—	135
	3	26.2	166	4	—	140
	4	26.1	166	4	—	140
11	1	26.3	165	4	—	140
	2	26.2	166	4	—	140
	3	26.3	166	4	—	140
	4	26.2	166	4	98	140
12	1	26.2	165	4	—	140
	2	26.3	166	4	—	140
	3	26.1	166	4	—	140
	4	26.0	166	4	—	140

翻身继续填充：先布置热电偶及位移传感器采集焊接温度场及焊接变形、热电偶实际位置以及各位置对应的端口，热电偶位置如图 4.11 所示。位移传感器位置如表 4.6 所示。

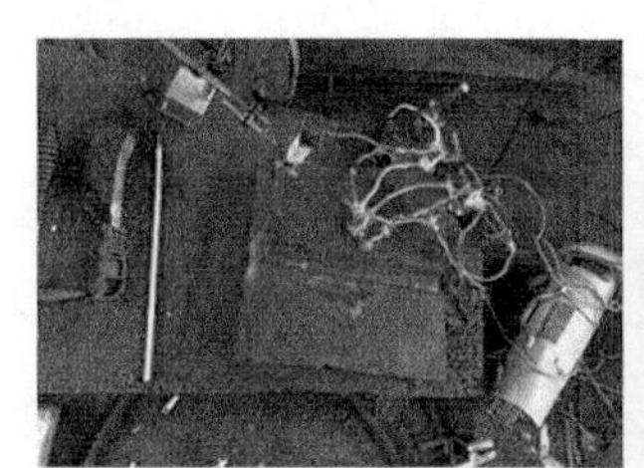

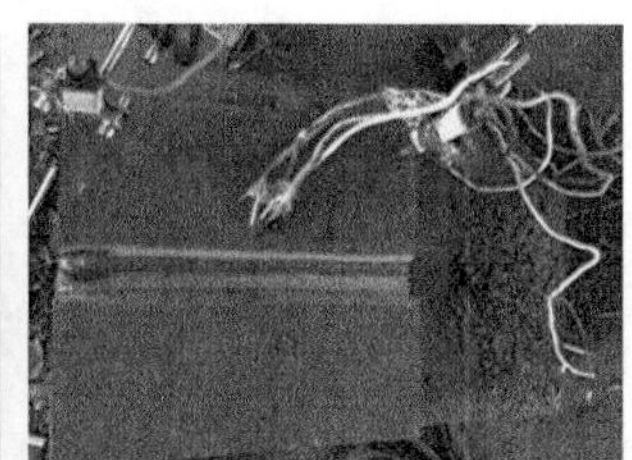

图 4.11　热电偶及位移传感器布置图

表 4.6　位移传感器位置

位移传感器序号	到工件上侧距离/mm	到工件两侧距离/mm
1	35	11
2	30	10

然后继续焊接填充，记录焊接变形及温度场数据。正面填充焊工艺参数如表 4.7 所示，正面盖面焊工艺参数如表 4.8 所示，背面填充焊工艺参数如表 4.9 所

示，背面盖面焊工艺参数如表 4.10 所示。

表 4.7 正面填充焊工艺参数（二）

层数	道数	焊接电压/V	焊接电流/A	焊丝直径/mm	焊接时间/s	层间温度/℃
9	1	26.3	166	4	72	—
	2	27.2	166	4	—	140
	3	26.2	166	4	74	140
	4	26.3	166	4	73	140
10	1	26.4	166	4	—	140
	2	26.2	166	4	81	140
	3	26.3	166	4	81	140
	4	26.4	166	4	90	140
11	1	26.3	165	4	65	140
	2	26.2	166	4	—	140
	3	26.3	166	4	—	140
	4	26.3	166	4	76	140
	5	26.3	166	4	—	140
12	1	26.3	165	4	—	140
	2	26.1	166	4	77	140
	3	26.3	166	4	80	140
	4	26.1	166	4	83	140
	5	26.5	165	4	82	140
13	1	26.2	165	4	—	140
	2	26.3	166	4	73	140
	3	26.4	166	4	85	140
	4	26.8	166	4	83	140
	5	26.5	166	4	80	140
	6	26.2	166	4	—	140
14	1	26.2	165	4	80	140
	2	26.3	166	4	—	140
	3	26.6	166	4	—	140
	4	26.8	165	4	85	140
	5	27.1	166	4	—	140
	6	27.1	165	4	—	140

表 4.8　正面盖面焊工艺参数

序号	焊接电压/V	焊接电流/A	焊丝直径/mm	焊接时间/s
1	26.2	146	3.2	85
2	26.6	146	3.2	93
3	26.4	146	3.2	—
4	26.3	146	3.2	85
5	26.2	146	3.2	—
6	26.3	146	3.2	—

表 4.9　背面填充焊工艺参数（二）

层数	道数	焊接电压/V	焊接电流/A	焊丝直径/mm
13	1	26.5	165	4
	2	27.2	165	4
	3	26.8	165	4
	4	27.0	165	4
	5	26.5	165	4
14	1	27.0	164	4
	2	26.9	165	4
	3	26.1	165	4
	4	26.5	165	4
	5	6.5	165	4
15	1	26.7	164	4
	2	26.9	164	4
	3	26.5	164	4
	4	27.1	164	4
	5	26.3	163	4
16	1	27.1	162	4
	2	26.4	163	4
	3	26.7	164	4
	4	26.5	164	4
	5	26.5	164	4
17	1	26.4	165	4
	2	26.3	163	4

续表

层数	道数	焊接电压/V	焊接电流/A	焊丝直径/mm
17	3	26.7	163	4
	4	26.6	163	4
	5	26.6	163	4
	6	27.1	164	4
18	1	25.9	163	4
	2	26.4	163	4
	3	27.1	163	4
	4	26.7	163	4
	5	27.1	163	4
	6	26.5	163	4

表 4.10 背面盖面焊工艺参数

序号	焊接电压/V	焊接电流/A	焊丝直径/mm
1	26.5	144	3.2
2	27.2	144	3.2
3	26.4	143	3.2
4	26.6	143	3.2
5	26.7	143	3.2
6	26.2	143	3.2
7	26.8	142	3.2

4.2.3 焊缝外观成形

完成焊接后，焊缝成形如图 4.12 所示，用海绵将接头包裹起来在 200～250℃保温 24h，做消氢处理。

4.2.4 优化焊道控制焊接变形的实验研究

厚板高强钢焊接变形是工程中的常见问题，控制方法分为焊接过程中力学约束和焊后加热矫正。对于尺寸较大的厚板高强钢，通常在装夹时用压铁让工件保持在同一个平面状态，但是对于这类尺寸较大的工件，强约束后的接头产生严重的焊接残余应力，且接头尺寸较大难以通过完全退火消除焊接内应力，结构在服役时焊接残余应力极易与外部载荷（海洋风浪）叠加导致整个平台焊接结构断裂失效，此外焊接残余应力释放也是平台结构发生变形的主要因素。而厚板高强钢接头刚度很大，焊后加热无法完全消除焊接变形。因此，兼顾焊接残余应力及焊接变形问题，通过焊道设计和施焊顺序来控制焊接结构的变形显得尤为必要[3]。

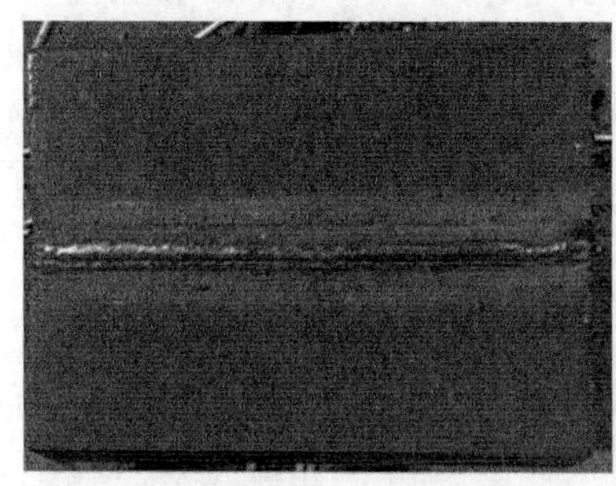

图 4.12　背面焊缝成形

厚板高强钢通常采用双面坡口，分为对称+非对称坡口。对于对称坡口，如图 4.13 所示，多次翻身进行对称焊接是减小焊接变形最常用的手段。比如，正面焊接一定得填充金属，碳弧气刨后进行背面焊接，待焊至与正面相同板厚处，再次翻身进行正面的填充直至盖面结束，第三次翻身后焊完背面坡口，如图 4.14 所示。通过多次翻身以抵消焊接变形。然而大尺寸的厚板高强钢重量大，多次翻身导致生成效率大大降低。

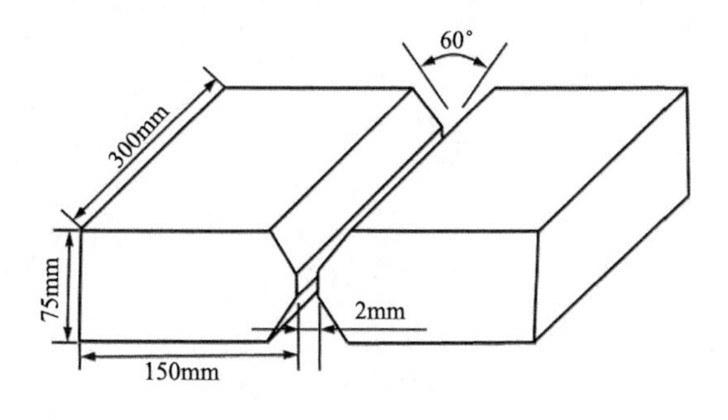

图 4.13　厚板高强钢对称坡口

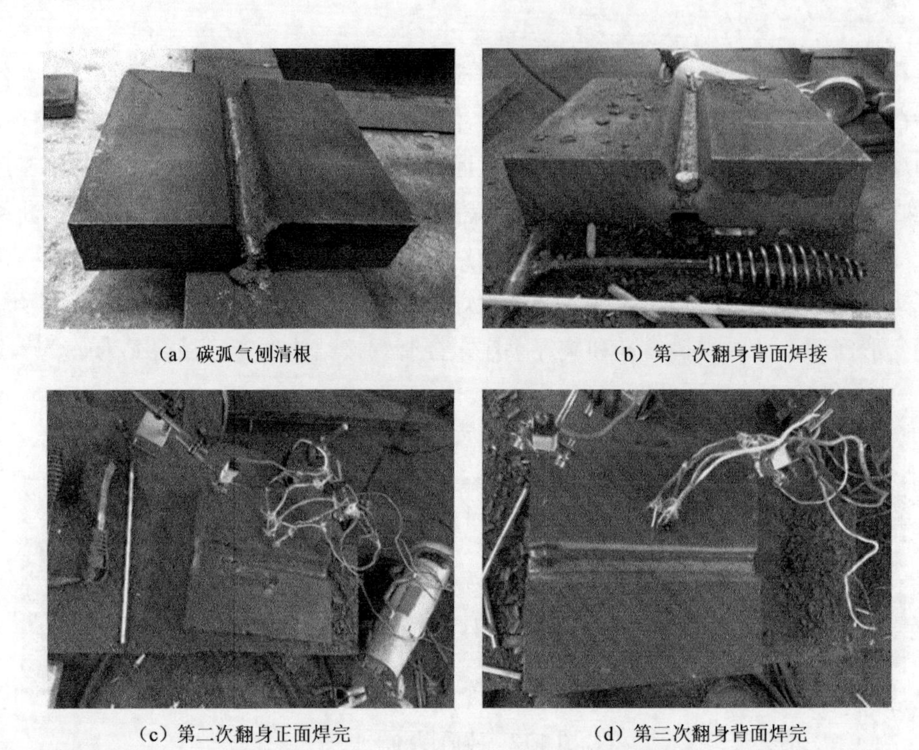

（a）碳弧气刨清根　（b）第一次翻身背面焊接

（c）第二次翻身正面焊完　（d）第三次翻身背面焊完

图 4.14　厚板高强钢对称坡口焊道顺序

通过计算分析发现，对于厚板高强钢焊接，焊接变形往往是由正面焊接产生的塑性应变引起的，对称背面焊接可以抵消正面焊接时产生的焊接变形。因此，通过设计厚板高强钢坡口，改变正反两面坡口的熔覆面积，减少翻身次数，同时控制焊接变形。

高强钢厚板的非对称坡口设计如图 4.15 所示，焊接顺序如图 4.16 所示，焊后变形测量数值明显小于对称坡口的焊接变形。

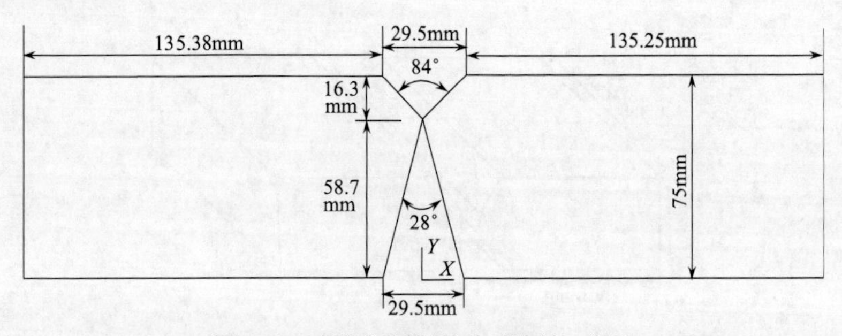

图 4.15　高强钢厚板的非对称坡口设计

（a）坡口打磨

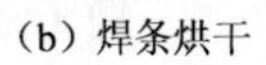

（b）焊条烘干

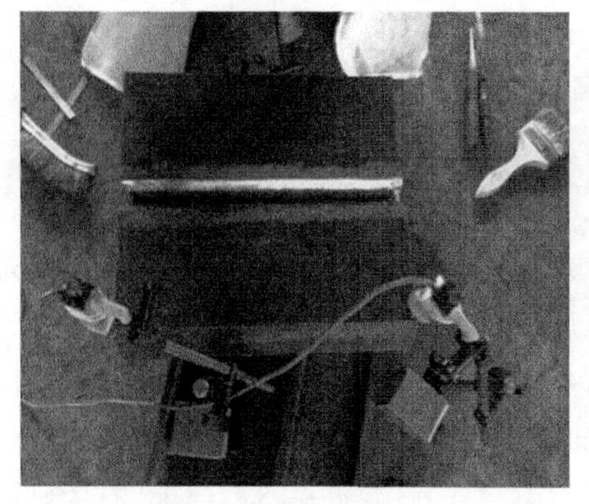

（c）定位焊

（d）预热坡口

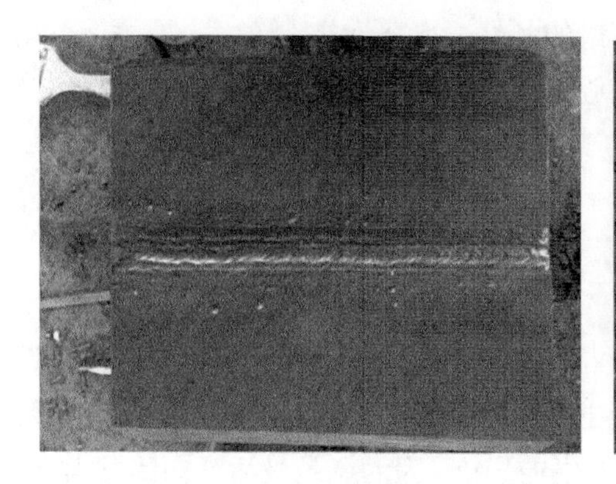

（e）正面焊接

（f）背面清根

(g) 清根后坡口形貌

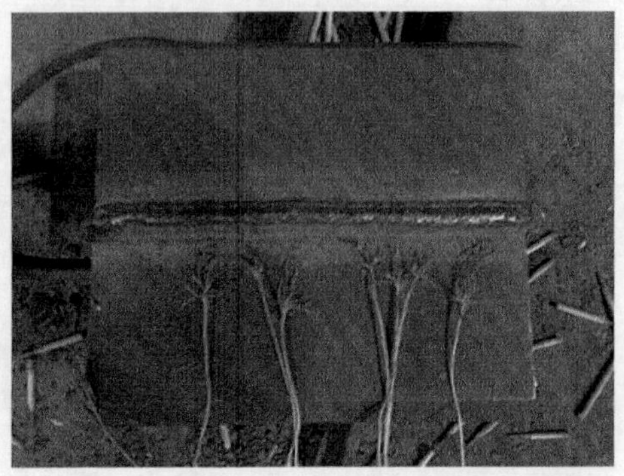
(h) 背面焊接

图 4.16 高强钢厚板非对称坡口焊接顺序

4.3 平台用高强钢的焊接性能评估

厚板钢结构构件较大、钢板厚、焊接熔敷金属量大、节点复杂、残余应力大、容易出现裂纹，影响焊接质量，这是工程质量控制的重点和难点[4,5]。焊接裂纹是焊接件中最常见的一种严重缺陷。它是在焊接应力及其他致脆因素共同作用下，焊接接头中局部地区的金属原子结合力遭到破坏而形成的新界面所产生的缝隙。它具有尖锐的缺口和大的长宽比。裂纹影响焊接件的安全使用，是一种非常危险的工艺缺陷。焊接裂纹不仅发生于焊接过程中，有的还有一定潜伏期，有的则产生于焊后的再次加热过程中。焊接裂纹根据其部位、尺寸、形成原因和机理的不同，可以有不同的分类方法。按裂纹形成的条件，可分为热裂纹、冷裂纹、再热裂纹和层状撕裂四类。而对于 Q690 高强钢，实际生产中主要关注焊接冷裂纹及氢致冷裂纹。

4.3.1 焊接冷裂纹及控制措施

冷裂纹是指在焊接接头冷却到较低温度时（对于钢来说在 M_S 温度，即奥氏体开始转变为马氏体的温度以下）所产生的焊接裂纹。最主要、最常见的冷裂纹为延迟裂纹（即在焊后延迟一段时间才发生的裂纹，因为氢是最活跃的诱发因素，而氢在金属中扩散、聚集和诱发裂纹需要一定的时间）。

（1）焊前进行工艺评定实验，确定工艺参数。

（2）焊前预热可防止裂纹，同时还有一定的改善性能的作用。

（3）选择合理的焊缝形状，严格按图纸加工零件坡口。

（4）将焊缝两侧各30～50mm的锈、水等清除干净，减少氢气的来源。

（5）为减小内应力，防止焊接时产生裂纹，装配时要避免强行组装。

（6）适当增大电流，降低冷却速度，有助于避免淬硬组织的形成。

（7）控制层间温度，应略高于预热温度。

对于实际工程，应根据不同强度级别的高强钢、板厚、坡口形式制定相应的控制措施。此外，裂纹往往出现在头道焊缝和焊根上，因此对定位焊长度、焊脚高度和间隔也要做出相应规定。定位焊缝不得已在坡口内进行时，其焊缝高度应小于坡口深度的2/3，长度宜大于40mm。必要时在定位焊之前进行预热。焊前对定位焊缝进行检查，有裂纹时必须清除重焊。定位焊的长度和间距，应视母材厚度、结构长度而定。焊接后应进行缓冷，为减缓焊缝及热影响区的冷却速度，防止冷裂纹的产生，应对焊件及时保温，即把焊后的焊件立即加热到250～350℃，并用石棉等保温2～6h后空冷，可减少焊缝中含氢量，防止产生冷裂纹，其加热方法、宽度同焊前预热。

虽然厚板钢结构施工难度较大，但只要控制措施得当，构件出现裂纹的比例会大大缩小，工程质量会有显著提高，焊缝出现裂纹将会避免，可以有效地控制平台结构工程质量。

4.3.2　氢致冷裂纹及控制措施

氢致冷裂纹是指金属材料处在含氢的介质中，在电化学腐蚀过程中析出的氢进入金属材料内部而产生阶梯形裂纹，这些裂纹的生长发育最终使金属材料（如管道钢）发生开裂。氢致冷裂纹的形成原因如下：

（1）焊缝金属中C、S、P元素较多时，促使形成热裂纹。Mn在熔池中能与S形成MnS进入熔渣，可减少S的有害作用，适量时可减少焊缝的裂纹倾向。

（2）钢中含铜量过多时，会增大焊缝裂纹倾向。

（3）焊缝熔宽与厚度的比值越小，即熔宽较小、厚度较大时，容易产生裂纹。

（4）焊件刚性大，装配和焊接时产生较大的焊接应力，会促使形成裂纹。

防止产生氢致冷裂纹的方法：焊后200℃保温一定时间进行消氢处理。

4.3.3 焊接接头强度匹配性

长期以来，焊接结构的传统设计原则基本上是强度设计。在实际的焊接结构中，焊缝与母材在强度上的配合关系有三种：焊缝强度等于母材（等强匹配）、焊缝强度超出母材（超强匹配，也叫高强匹配）及焊缝强度低于母材（低强匹配）。从结构的安全可靠性考虑，一般都要求焊缝强度至少与母材强度相等，即“等强”设计原则。但实际生产中，多是按照熔敷金属强度来选择焊接材料，而熔敷金属强度并非是实际的焊缝强度。熔敷金属不等同于焊缝金属，特别是低合金高强钢用焊接材料，其焊缝金属的强度往往比熔敷金属的强度高出不少。所以，就会出现名义“等强”而实际“超强”的结果。超强匹配是否一定安全可靠，认识上并不一致，并且有所质疑。我国九江长江大桥设计中就限制焊缝的“超强值”不大于 98MPa；美国学者 Pellini[6]则提出，为了达到保守的结构完整性目标，可采用在强度方面与母材相当的焊缝或比母材低 137MPa 的焊缝（即低强匹配）；根据日本学者佐藤邦彦等[7]的研究结果，低强匹配也是可行的，并已在工程上得到应用。但我国张玉凤等[8-12]的观点是，超强匹配应该有利。显然，涉及焊接结构安全可靠的有关焊缝强度匹配的设计原则，还缺乏充分的理论和实践的依据，未有统一的认识。为了确定焊接接头更合理的设计原则和为正确选用焊接材料提供依据，清华大学陈伯蠡教授等[13]承接了国家自然科学基金研究项目“高强钢焊缝强韧性匹配理论研究”。课题的研究内容是：490MPa 级低屈强比高强钢接头的断裂强度、690～780MPa 级高屈强比高强钢接头的断裂强度、无缺口焊接接头的抗拉强度、深缺口试样缺口顶端的变形行为、焊接接头的 NDT 实验等。大量实验结果表明：

（1）对于抗拉强度 490MPa 级的低屈强比高强钢，选用具备一定韧性而适当超强的焊接材料是有利的。综合焊接工艺性和使用适应性等因素，选用具备一定韧性而实际“等强”的焊接材料应更为合理。该类钢焊接接头的断裂强度和断裂行为取决于焊接材料的强度和塑韧性的综合作用。因此，仅考虑强度而不考虑韧性进行的焊接结构设计，并不能可靠地保证其使用安全性。

（2）对于抗拉强度 690～780MPa 级的高屈强比高强钢，其焊接接头的断裂性能不仅与焊缝的强度、韧性和塑性有关，而且受焊接接头的不均质性制约，焊缝过分超强或过分低强均不理想，而接近等强匹配的接头具有最佳的断裂性能，按实际等强原则设计焊接接头是合理的。因此焊缝强度应有上限和下限的限定。

（3）抗拉强度匹配系数（S_γ）即焊接材料的熔敷金属抗拉强度与母材抗拉强度的比值，它可以反映接头力学性能的不均质性。实验结果表明，当 $S_\gamma \geqslant 0.9$ 时，可以认为焊接接头强度很接近母材强度。因此，生产实践中采用比母材强度降低10%的焊接材料施焊，是可以保证接头等强度设计要求的。当 $S_\gamma \geqslant 0.86$ 时，接头强度可达母材强度的95%以上，这是因为强度较高的母材对焊缝金属产生约束作用，使焊缝强度得到提高。

（4）母材的屈强比对焊接接头的断裂行为有重要影响，母材屈强比低的接头抗脆断能力较母材屈强比高的接头抗脆断能力更好。这说明母材的塑性储备对接头的抗脆断性能也有较大的影响。

（5）焊缝金属的变形行为受焊缝与母材力学性能匹配情况的影响。在相同拉伸应力下，低屈强比钢的超强匹配接头的焊缝应变较大，高屈强比钢的低强匹配接头的焊缝应变较小，焊接接头的裂纹张开位移（COD 值）也呈现相同的趋势，即低屈强比钢的超强匹配接头具有裂纹顶端处易于屈服且裂纹顶端变形量更大的优势。

（6）焊接接头的抗脆断性能与接头力学性能的不均质性有很大关系，它不仅决定于焊缝的强度，而且受焊缝的韧性和塑性制约。焊接材料的选择不仅要保证焊缝具有适宜的强度，更要保证焊缝具有足够高的韧性和塑性，即要控制好焊缝的强韧性匹配。对于强度级别高的钢种，要使焊缝金属与母材达到等强匹配则存在很大的技术难度，即使焊缝强度达到了等强，却使焊缝的塑性、韧性降低到了不可接受的程度；抗裂性能也显著下降，为防止出现焊接裂纹，施工条件要求极为严格，施工成本大大提高。

4.3.4　焊接应力集中消除工艺研究

应力集中现象是焊接结构产生疲劳失效的主要原因之一。焊接结构的宏观几何不连续性很容易引起应力集中现象，宏观几何不连续的常见形式如开孔、截面变化等。最大局部焊接接头本身就是一个几何不连续体，焊接结构的不连续性通常发生在焊趾处，且在焊趾处容易发生应力集中现象，其中具有角焊缝接头的应力集中较为显著。焊接制造过程中，在接头部位的焊缝区、焊缝和母材熔合区及热影响区中常常会出现各种焊接缺陷。在焊趾或焊根处存在的焊接缺陷，会引起焊缝细部几何缺口效应，从而引起强烈的应力集中现象，通常称为焊缝缺口应力集中。像未熔合、咬边、夹渣、气孔等焊接缺陷会导致结构的不连续，会引起局部大的应力集中现象。焊接结构设计不当可能会引起焊接处产生应力集中，从而影响焊接结构的疲劳强度与疲劳寿命。随着焊接结构的应用日益广泛，在设计和制造过程中往往人为盲目追求结构的低成本和轻量化将导致焊接结构的设计载荷越来越大，使得出现应力集中的概率增大。另外，母材表面缺口、母材内部缺陷、焊接接头错位、集中载荷的作用及截面的整体变形也都会使焊接结构出现应力集中现象。

消除应力集中的方法有：

（1）尽量采用对接接头，对接接头的余高值不应太大，焊趾处应尽量圆滑过渡；

（2）对丁字接头（十字接头）应该开坡口或采用深熔焊，以保证焊透；

（3）减少或消除焊接缺陷，如裂纹、未焊透、咬边等；

（4）不同厚度钢板对接时，对厚板应进行削薄处理；

（5）焊缝之间不应过分密集，以保证有最小的距离；

（6）焊缝尽量避免出现在结构的转弯处。

4.4 本章小结

本章针对半潜式拆解平台中高强钢的焊接性，进行了可焊性的评估；通过焊接工艺实验，完整地汇总了高强钢厚板多层多道焊的坡口形式、预热温度、层间温度，以及焊接电流、电压和速度等焊接工艺参数。同时，针对高强钢厚板焊接接头中可能出现的力学问题，进行了裂纹以及应力集中等现象的分析，并提供了相应的应对措施，确保焊接接头力学性能可靠，能满足使用需求。

（1）针对海洋平台用钢 Q690，提出了适合的焊丝、焊接坡口以及具体的焊接工艺参数；并介绍了线切割工艺制造焊接坡口的流程。

（2）完成了高强钢 Q690 的焊接工艺评定，详细记录了焊接预热工艺、焊接电流、电压以及各道焊的焊接时间及层间温度；同时，使用铂铑热电偶，测量了焊接过程中若干点的热循环曲线。

（3）为了确保焊缝质量，留根会在反面焊接之前，使用碳弧气刨进行清根处理，然后重新进行填充焊接。

（4）为了确保焊接接头的面外变形精度，常采用对称性 X 坡口，进行厚板接头的对称焊来减小面外弯曲变形；对非对称坡口的焊接接头形式，进行了实验研究，在减少翻身对称焊的情况下，确保焊接精度。

（5）高强钢的焊接裂纹及应力集中都会严重影响焊接接头的力学性能，需要在焊接过程中进行预防和消除。

参考文献

[1] 张文钺. 焊接冶金学(基本原理)[M]. 北京: 机械工业出版社, 2012.

[2] John C. Lippold. 焊接冶金与焊接性[M]. 屈朝霞, 张汉谦, 王东坡, 译. 北京: 机械工业出版社, 2017.

[3] 中国机械工程学会焊接学会. 焊接手册: 焊接结构[M]. 北京: 机械工业出版社, 2016.

[4] 方洪渊. 焊接结构学[M]. 北京: 机械工业出版社, 2017.

[5] 兆文忠, 李向伟, 董平沙. 焊接结构抗疲劳设计理论与方法[M]. 北京: 机械工业出版社, 2017.

[6] Pellini W S. 结构完整性原理[M]. 周敝秋, 王克仁, 译. 北京: 国防工业出版社, 1983.

[7] 佐藤邦彦, 向井喜彦, 豊田政男共. 溶接工学[M]. 东京: 东京都理工学社, 1979.

[8] 张玉凤. 静载下焊缝强度匹配对构件抗断裂性能影响的研究[J]. 天津大学学报, 1985, (3): 13-23.

[9] 刘明亮, 张玉凤, 霍立兴, 等. 海底管道高匹配焊接接头的安全评定[J]. 焊接学报, 2006, 27(5): 31-34, 114.

[10] 张莉, 张玉凤, 霍立兴. 强度匹配对钢结构梁柱节点断裂行为的影响[J]. 焊接学报, 2004, 25(3): 35-38, 130.

[11] 霍立兴, 张玉凤, 陈书泉. 不同强度匹配的焊接接头裂纹扩展特性[J]. 材料研究学报, 1995, (2): 125-128.

[12] 霍立兴, 王立君, 张玉凤, 等. 海洋平台钢的接头强度匹配对焊缝金属疲劳裂纹扩展行为的影响[J]. 石油学报, 1993, (3): 102-109.

[13] 陈伯蠡, 周运鸿. 高强钢埋弧焊焊缝的强韧化研究[J]. 焊接学报, 1987, (3): 49-58, 67-68.

第5章　平台薄板应用工艺技术研究

目标平台配备750人的生活区，且生活区完全布置在上船体结构内，为了获得更多的使用空间，并确保结构强度及控制重量，生活区内多使用高强度薄板。然而，高强度薄板焊接性不佳，且极易产生各类常规焊接变形，以及失稳变形。薄板结构的变形矫正工作非常困难，多采用焊后火工矫正或增加扶强材和敷设绝缘材料来处理，这势必会增加建造成本、平台自身重量与建造周期，严重影响平台的顺利建造。特别地，薄板结构的焊接失稳变形，形式复杂且不易矫正，常通过先进的建造工艺，避免其产生。考虑到高强度薄板稳定性不足的特性，对薄板结构焊接失稳变形机理以及精度建造工艺的研究是薄板应用工艺技术研究的重中之重。

拟通过光学面扫描测量面外变形的分布及数值，结合分歧理论和有限应变理论，来研究薄板面外弯曲变形和失稳变形，为失稳变形的控制工艺提供必要的理论依据。测量数据的统计和数值拟合建立经验公式，基于热力学理论的机理分析，以及先进的有限元数值计算等相结合，来分别对不同类型的焊接变形进行研究。测试并完善随焊激冷与远离焊缝区域施加附加热源相结合的冷热源一体加载消除焊接失稳的工艺实验，并对相关工艺参数（冷热源的强度以及相对位置）进行优化；同时，以焊接固有变形为输入参数，考虑薄板结构建造刚度变形，使用弹性有限元分析，预测并优化部件的组立顺序，确保整体薄板结构的建造精度。

薄板结构由于板材厚度的锐减，其保持稳定性的能力显著降低。在焊接制造的过程中，会因焊缝处产生的纵向固有收缩力而发生失稳，导致焊接失稳变形的产生[1]。焊接失稳变形是一种复杂的变形模式，不但会显著降低焊接结构的完整性和制造精度[2]；而且由于其极不稳定的特性，在后期矫正过程中即便费时费力也很难完全消除[3]。

Michaleris 和 Sun[4]在船体角焊接头下方使用水冷获得温度差，同时在远离焊缝的板材下方使用电阻加热毯产生附加热源，能够有效地减小焊接残余应力和变形，但是这种方法不适用于复杂结构并且成本较高。其中，水冷和电阻加热被应用到整个焊缝上，因此称为静态热拉伸。为了进一步提高效率和节省成本，Deo 和 Michaleris[5]还提出瞬态热拉伸，即在与焊缝有一定距离的平行区域，通过伴随焊枪一起移动的火焰加热装置来实现；并分析指出瞬态热拉伸能够改变焊接纵向残余压应力低于临界压应力，以此来消除焊接失稳变形[6]。Yang 等[7]对船舶复杂加筋板结构瞬态热拉伸焊接过程进行了数值模拟计算。Huang 等[8,9]详细阐述了瞬态热拉伸在轻量化船体结构制造中的优点，包括不需要额外的加工过程、易于后期装配、生产效率高、没有后期火工矫正、节约成本等。Souto 等[10]通过实验和计算对比分析，得到腹板上瞬态热拉伸能够避免 T 形接头焊接失稳变形的产生，并指出瞬态热拉伸消除失稳变形的根本原因不是耦合温度场的影响。李军和张文锋[11]通过实验研究整体加热对薄板焊件失稳变形的影响，分析得到整体加热使得焊件上的纵向等效压应力和板材的失稳临界应力会随温度的升高而减小，但前者的减小速度大于后者是失稳变形得到改善的原因。Wang 等[12,13]利用实验测量和有限元计算相结合，分析了薄板表面堆焊和加筋板结构的焊接失稳变形现象，探讨了薄板焊接失稳产生的内在机理；提出通过减小焊接固有变形，可以有效地控制薄板焊接失稳变形的产生。

随后，采用三维光学扫描测量系统对试板焊接变形进行测量；该系统借助两个不同位置 CCD 相机对同一景物间的视差来获取目标点的三维信息，基于视差原理计算两幅不同观察点所获得图像对应点的位移偏差，从而可以获取目标点的三维信息[14]。通过大量的实验和热-弹-塑性有限元分析发现，焊接产生的剩余压缩塑性应变（固有应变）是产生焊接变形和应力的根本原因[15,16]，而剩余的压缩塑性应变会产生一个面内的收缩力。

5.1 薄板焊接实验及面外变形测量

为了研究薄板的焊接失稳变形，先进行了薄板对接焊实验；待试板冷却至室温之后，采用三维光学面扫描测量系统对其焊接变形进行测量，以便更好地分析其变形机理以及控制薄板焊接失稳变形的措施。

5.1.1 薄板焊接实验

薄板对接焊实验将两块船板钢薄板通过 CO_2 气体保护焊（MIG）进行连接，两块试板的尺寸相同（长度 300mm，宽度 200mm，厚度 2.28mm）。焊接开始前，先将试板焊缝区域进行打磨，清除杂质；随后将试板按照实验要求放置在操作平台上面，然后用夹具进行约束，以免焊接过程中变形过大影响焊接的正常进行。

焊接完成后，将工装夹具释放掉，如图 5.1 所示可以观察到试板产生明显的焊接变形；在沿焊缝方向和垂直于焊缝方向上都有比较大的焊接变形，但两者变形方向恰好相反，呈现出“马鞍形”，这也是典型的焊接失稳变形模态，表明薄板焊接发生了失稳。

采用 AH36 钢薄板进行 T 形角接焊焊接实验，试件包括底板和立板两部分，厚度均为 4mm，其中，底板尺寸为 500mm×400mm，立板尺寸为 500mm×200mm。焊接方法采用 CO_2 气体保护焊，焊机为 Fronious CMT 焊机，焊丝为 ER50-6 实心焊丝，直径 1.2mm。

实验准备阶段，将底板采用琴键夹具与工作台面进行固定，如图 5.2 所示。通过定位焊工艺将立板固定在底板中部，双侧各进行一次定位焊，定位焊长 10mm，如图 5.3 所示。定位焊工艺与正式焊接参数相同，焊接前对定位焊进行打磨，使其过渡均匀。

正式焊接时的工艺参数如表 5.1 所示，焊接结束待试板冷却之后将夹具释放掉，可以观测到底板发生较大的翘曲变形，这是薄板角接接头发生失稳变形常见的模态，如图 5.4 所示。

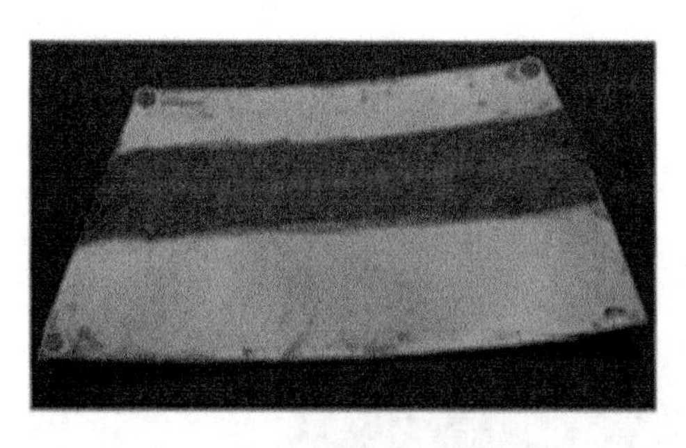

图 5.1　发生焊接失稳的对接接头

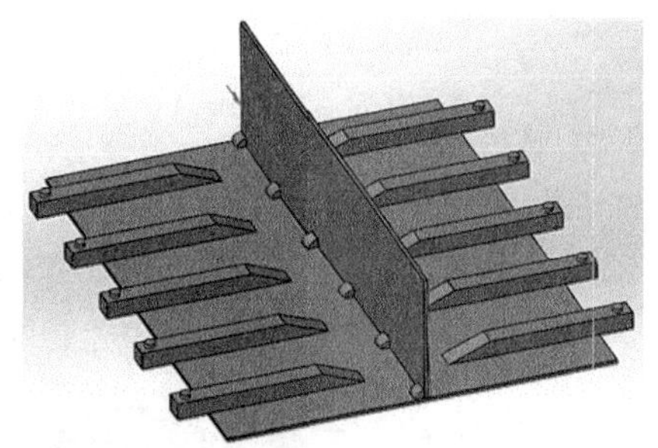

图 5.2　琴键夹具图

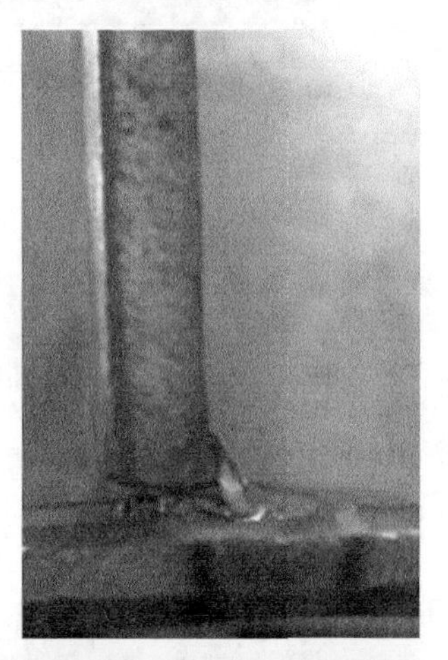

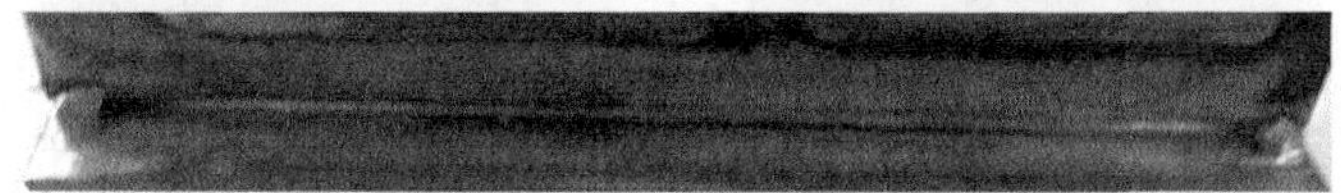

图 5.3　定位焊示意图

表 5.1　焊接工艺参数

位置	电流/A	电压/V	行走速度/（mm/min）	送丝速度/（m/min）	CMT 脉冲频率/Hz	气流量/（L/min）
左侧	190	16.1	300	6.7	2.5	15.2
右侧	190	16.1	300	6.7	2.5	15.2

图 5.4 T 形角接焊薄板焊后变形图

5.1.2 薄板焊接面外变形的测量

为了更好地研究实验中薄板对接焊产生的焊接失稳变形，先要获得焊接失稳变形的数值大小，本节主要介绍利用三维光学面扫描测量系统对薄板试件焊接变形的测量过程。

1. 光学面测量原理

三维光学面扫描测量系统采用一种新的外差式多频相移三维光学测量技术，利用空间频率接近的多个投影条纹莫尔特性的解相方法，能够非常简洁可靠地对条纹进行解包裹。分别投影多种不同空间频率的条纹于待测面上，相机摄取变形的条纹图，并利用相移法求取多种条纹的相位主值，从而恢复出条纹的真实相位。此解包裹过程针对各点单独进行，所以不会出现误差传递的现象。三维光学面扫描测量系统基于外差式多频相移技术和计算机双目立体视觉（binocular stereo vision）技术，可以精确采集物体表面的三维数据。在导入全局标志点后自动扫描的每幅点云，依据标志点实现无缝拼接。

基本原理为当测量的时候，光栅投影设备投影多种频率的光栅到待测物体上，两个 CCD 相机同时接收一个相应成一定角度的图像，然后对图像进行解码和计算相位。利用立体匹配技术和三角测量原理，能够计算出投影区域内两个 CCD 相机公共视野像素点的三维坐标。

双目立体视觉借助两个不同观察点对同一景物间的视差来获取目标点的三维信息，它基于视差原理，计算两幅不同观察点所获得图像对应点的位移偏差，从而可以获取目标点的三维信息。

双目立体视觉技术的成像原理如图 5.5 所示，从图 5.5（a）可以看到，由两个不同观察点对观测目标进行拍摄，并在两个相机上获得二维的像点。图 5.5（b）是双目立体视觉成像的 XY 视角图。图 5.5（b）中基线距 B 是两个相机的投影中心连线的距离，相机焦距为 f，被测物体在不同角度位置的左、右相机分别成像。

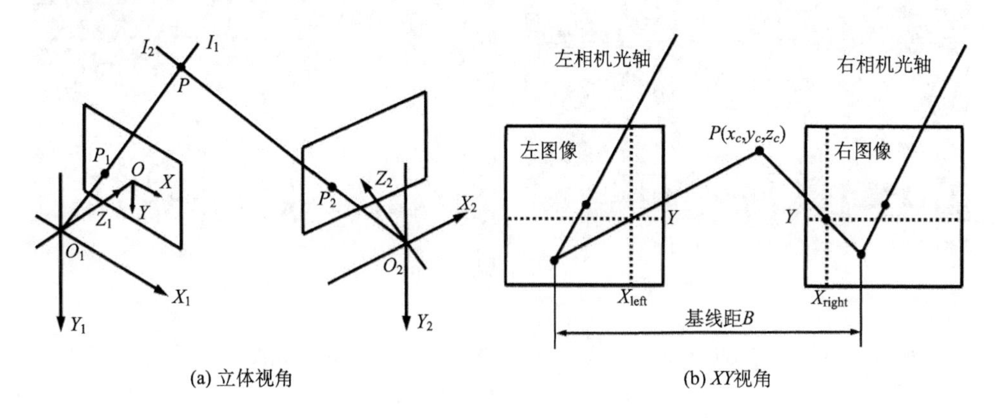

(a) 立体视角　　(b) XY视角

图 5.5　双目立体视觉技术的成像原理图

如图 5.5（b）所示，观测目标的空间坐标为 $P(x_c, y_c, z_c)$，左、右两个相机分别从不同角度观测 P 点，观测目标在两个相机的二维图像坐标为 $P_{\text{left}}(X_{\text{left}}, Y_{\text{left}})$，$P_{\text{right}}(X_{\text{right}}, Y_{\text{right}})$。由于两个相机的 Y 向轴线处于同一个 Y 平面上，因观测目标的坐标与图像上的 Y 坐标相同，有 $Y_{\text{left}} = Y_{\text{right}} = Y$，再根据各个参数的数学几何关系可以得到：

$$X_{\text{left}} = f\frac{x_c}{z_c}, \qquad X_{\text{right}} = f\frac{(x_c - B)}{z_c}, \qquad Y = f\frac{y_c}{y_c}$$

式中，f 为相机焦距；B 为左右相机的基线距；(x_c, y_c, z_c) 为点 P 的空间坐标。

视差为 $\text{Disparity} = Y_{\text{left}} - Y_{\text{right}}$。由此可计算出特征点 P 在相机坐标系下的三维坐标为

$$x_c = \frac{BX_{\text{left}}}{\text{Disparity}}, \qquad y_c = \frac{BY}{\text{Disparity}}, \qquad z_c = \frac{Bf}{\text{Disparity}}$$

因此，左相机像面上的任意一点只要能在右相机像面上找到对应的匹配点，就可以确定出该点的三维坐标。这种方法是完全的点对点运算，像面上所有点只要存在相应的匹配点，就可以参与上述运算，从而获取其对应的三维坐标。

2. 面外变形的测量及数据处理

实验对象为采用 MIG 对接的薄板焊件，如图 5.6 所示，主要对焊件进行面外变形的测量。

图 5.6　薄板焊件

对试板焊接变形测量采用三维光学面扫描测量系统，如图 5.7 所示，主要由四部分组成：计算机、控制箱、LED 灯及 CCD 相机。实验测量过程中，LED 灯

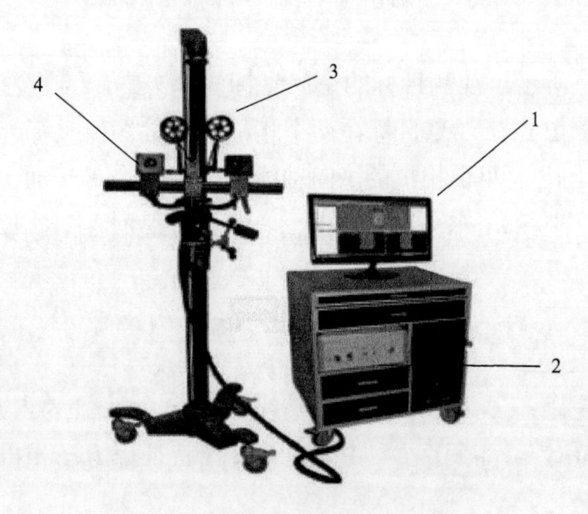

图 5.7　三维光学面扫描测量系统

1. 计算机；2.控制箱；3.LED 灯；4.CCD 相机

给试板均匀地打光，两个 CCD 相机用来采集试板上所有点的信息，然后将采集的所有点的信息通过控制箱反馈到计算机中的 DIC 软件上，从而存储整个试板上采集点的坐标值，实验中变形测量精度为 0.05mm。

用三维光学面扫描测量系统测量焊接变形之前，需要在焊接试板上喷一些可以识别的散斑点，这些散斑点是用喷漆来完成的。散斑点制备时，先用丙酮将试板表面进行清洗，然后在试板表面喷上一层白色的漆，等白漆晾干之后，再隔着漏板喷上一层黑色的漆，从而形成散斑点，如图 5.8 所示。

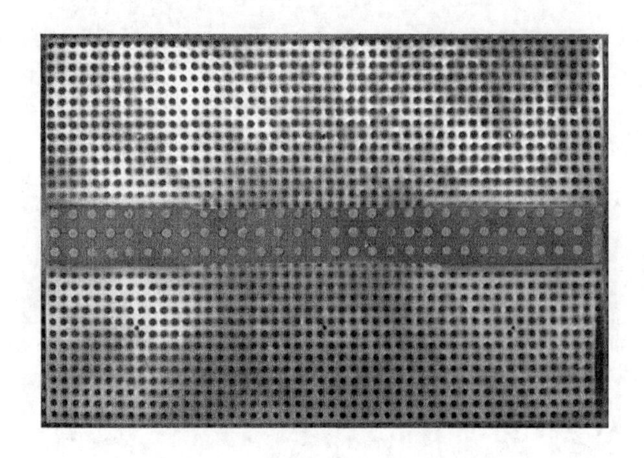

图 5.8　散斑点的制备示意图

整个实验分为三个阶段：实验准备阶段、实验进行阶段和实验结果提取与保存。

实验准备阶段：根据上述方法将试板表面进行清理，制备散斑点。根据 DIC 拍摄的距离要求，调节平台的高度或者相机的高度使 DIC 拍摄的图像最清晰，如图 5.9 所示。

实验进行阶段：打开三维光学面扫描测量系统，先进行校准找到相关参数，然后进行测量以及数据采集，获得散斑点测量数据。

实验结果提取与保存：将实验得到的数据用 DIC 软件打开，先创建散斑域，尽可能覆盖整个钢板，然后在散斑域上选取一个种子点，并观察确认种子点在左右相机中的图像是同一个位置，种子点选好之后，以种子点为起始点进行上下左右四个方向的散斑点匹配，从而完成散斑域内所有散斑点的匹配，最后执行运算，提取所需要的实验数据及云图，如图 5.10 所示，也可以将数据保存为.xlsx 格式。

图 5.9 实验准备阶段调整设备位置

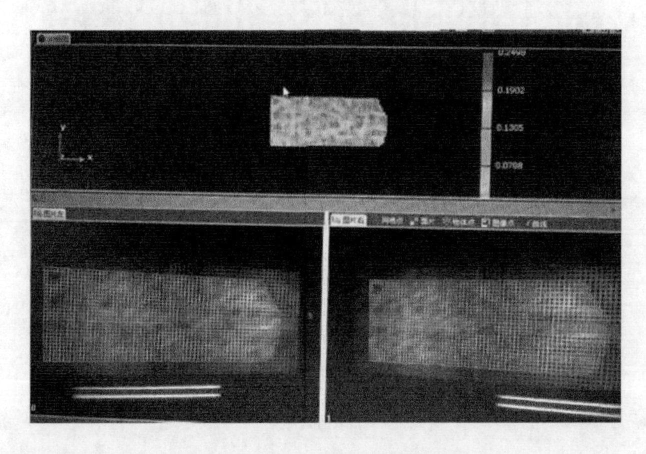

图 5.10 DIC 系统测量过程显示

将采集点的坐标在 MATLAB 软件里面进行后处理，可以得到点云坐标分布及测量面轮廓的分布云图，如图 5.11 所示。从图中可以看到黑色的点，表示采用三维光学面扫描测量系统测量的数据点云分布。试板表面有很多变形数据采集点，并且在变形比较大的地方采集点更加密集，以此来进一步提高测量精度。通过云图颜色的分布，很清楚地观测到试板最后呈现出一个“马鞍形”，与实验观察结果一致，沿焊缝方向和垂直于焊缝方向都有一定的面外弯曲变形，但面外弯曲变形的方向正好是相反的，和马鞍很像，因此称为“马鞍形”，这也是典型的薄板焊接失稳变形的模态。

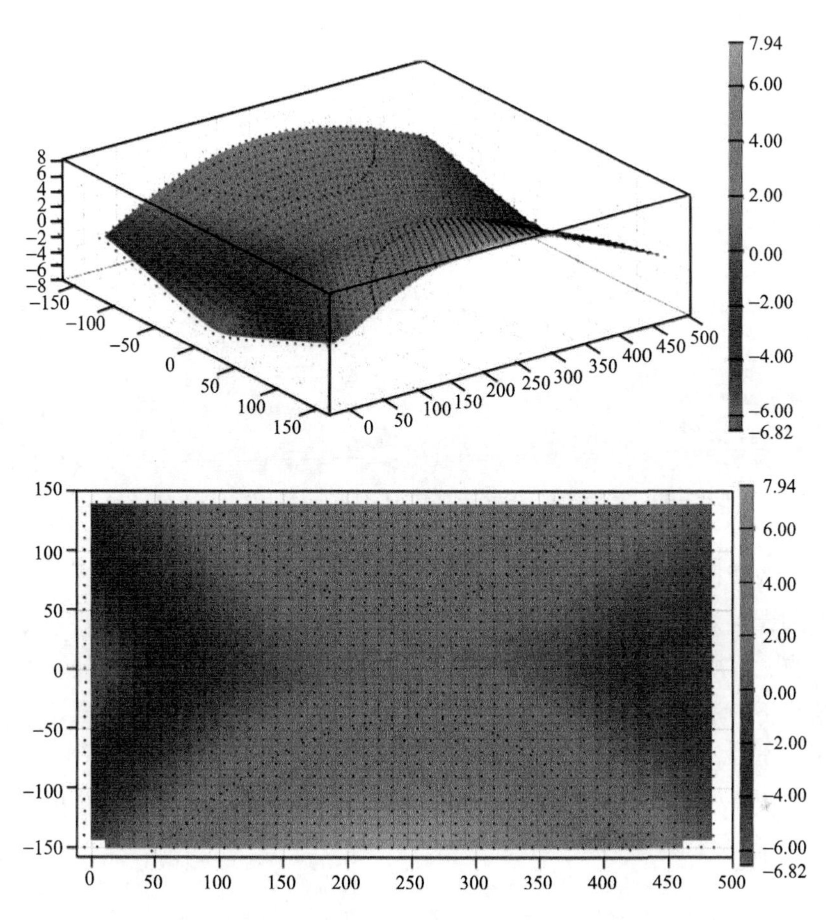

图 5.11　测量得到的点云坐标分布及测量面轮廓的分布云图（单位：mm）

5.2　焊接失稳变形分析的理论基础

当连续体受到外力作用时，物体可能产生两种力学现象：刚体运动和形状（尺寸）改变。欧拉应变是为解决无限小应变理论（infinitesimal strain theory）提出的，在这个理论中物体的变形和变形率都比较小，应变与位移的关系如式（5.1）所示，应变与位移之间可以近似呈线性关系。相应地，当物体受力变形比较大的时候，就需要用到有限应变理论（finite strain theory）或者大变形理论，如式（5.2）所示，也叫格林-拉格朗日应变公式。格林-拉格朗日（Green-Lagrange）应变公式表明当物体变形比较大时，应变与位移之间呈现非线性关系，并且高阶项对非线性响应是必不可少的。

$$e=\frac{1}{2}(\nabla_x \boldsymbol{u}+\nabla_x \boldsymbol{u}^{\mathrm{T}})=\frac{1}{2}(u_{i,j}+u_{j,i})=\begin{bmatrix} \dfrac{\partial u_1}{\partial x_1} & \dfrac{1}{2}\left(\dfrac{\partial u_1}{\partial x_2}+\dfrac{\partial u_2}{\partial x_1}\right) & \dfrac{1}{2}\left(\dfrac{\partial u_1}{\partial x_3}+\dfrac{\partial u_3}{\partial x_1}\right) \\ \dfrac{1}{2}\left(\dfrac{\partial u_2}{\partial x_1}+\dfrac{\partial u_1}{\partial x_2}\right) & \dfrac{\partial u_2}{\partial x_2} & \dfrac{1}{2}\left(\dfrac{\partial u_2}{\partial x_3}+\dfrac{\partial u_3}{\partial x_2}\right) \\ \dfrac{1}{2}\left(\dfrac{\partial u_3}{\partial x_1}+\dfrac{\partial u_1}{\partial x_3}\right) & \dfrac{1}{2}\left(\dfrac{\partial u_3}{\partial x_2}+\dfrac{\partial u_2}{\partial x_3}\right) & \dfrac{\partial u_3}{\partial x_3} \end{bmatrix} \tag{5.1}$$

$$E=\frac{1}{2}[\nabla_x \boldsymbol{u}+\nabla_x \boldsymbol{u}^{\mathrm{T}}+\nabla_x \boldsymbol{u}\cdot(\nabla_x \boldsymbol{u}^{\mathrm{T}})]=\frac{1}{2}(u_{i,j}+u_{j,i}+u_{k,i}u_{k,j}) \tag{5.2}$$

焊接数值模拟计算过程中，对于大（小）变形理论的选择很重要，关系到计算时间和计算效率。焊接失稳变形属于弹性稳定性的研究范畴，是一种力学的非线性响应。其中，应变与位移之间的关系反映弹性体变形的几何特征，也是实现用数值分析方法研究焊接失稳的关键，下面对其进行数学理论公式推导。

当一个焊接接头或者结构的微单元如图 5.12 所示，在焊缝收缩力的作用下，首先会产生一定量的面内收缩，此时在焊缝方向（设为 X 方向）产生的应变为

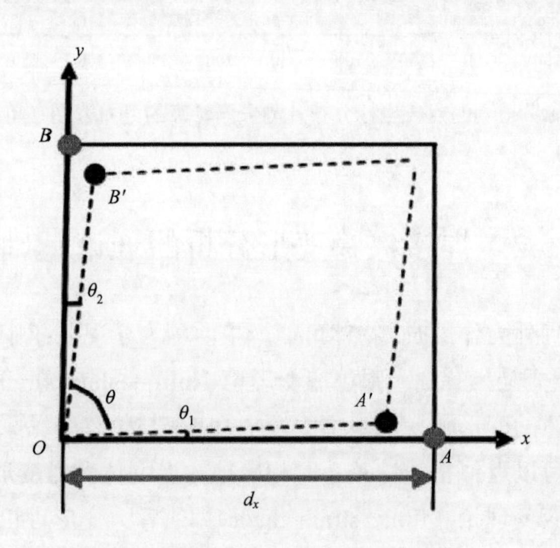

图 5.12 结构微单元在外力作用下的变形

$$\frac{u(x+\mathrm{d}x)-u(x)}{\mathrm{d}x}=\frac{u(x)+\dfrac{\partial u(x)}{\partial x}}{\mathrm{d}x}=\frac{\partial u(x)}{\partial x}=\varepsilon_x \tag{5.3}$$

在继续压缩的情况下，若焊接接头或结构失去稳定性，则会在垂直于焊接方向（Y、Z方向）产生一定量的位移，其失稳后的长度为

$$\mathrm{d}^2 s=\left(\mathrm{d}x+\frac{\partial u}{\partial x}\mathrm{d}x\right)^2+\left(\frac{\partial v}{\partial x}\mathrm{d}x\right)^2+\left(\frac{\partial w}{\partial x}\mathrm{d}x\right)^2 \tag{5.4}$$

相对应的应变为

$$\begin{aligned}\overline{\varepsilon_x}&=\frac{\mathrm{d}s-\mathrm{d}x}{\mathrm{d}x}=\sqrt{1+2\frac{\partial u}{\partial x}+\left(\frac{\partial v}{\partial x}\right)^2+\left(\frac{\partial w}{\partial x}\right)^2}-1\\&=\frac{\partial u}{\partial x}+\frac{1}{2}\left[\left(\frac{\partial u}{\partial x}\right)^2+\left(\frac{\partial v}{\partial x}\right)^2+\left(\frac{\partial w}{\partial x}\right)^2\right]\end{aligned} \tag{5.5}$$

同理，可分析得出其他各方向受到压缩失去稳定性时所产生的应变。

失稳发生时对应的角变形可由式（5.6）计算求得

$$\begin{aligned}\boldsymbol{OA'}&=\left(\mathrm{d}x+\frac{\partial u}{\partial x}\mathrm{d}x\right)\boldsymbol{i}+\left(\frac{\partial v}{\partial x}\mathrm{d}x\right)\boldsymbol{j}+\left(\frac{\partial w}{\partial x}\mathrm{d}x\right)\boldsymbol{k}\\\boldsymbol{OB'}&=\left(\frac{\partial u}{\partial y}\mathrm{d}y\right)\boldsymbol{i}+\left(\mathrm{d}y+\frac{\partial v}{\partial y}\mathrm{d}y\right)\boldsymbol{j}+\left(\frac{\partial w}{\partial y}\mathrm{d}y\right)\boldsymbol{k}\end{aligned} \tag{5.6}$$

由向量点积运算的定义可知

$$\boldsymbol{OA'}\cdot\boldsymbol{OB'}=|\boldsymbol{OA'}|\cdot|\boldsymbol{OB'}|\cdot\cos\theta \tag{5.7}$$

得到

$$\cos\theta=\frac{\boldsymbol{OA'}\cdot\boldsymbol{OB'}}{|\boldsymbol{OA'}|\cdot|\boldsymbol{OB'}|}\approx\frac{\partial u}{\partial y}+\frac{\partial v}{\partial x}+\left(\frac{\partial u}{\partial x}\frac{\partial u}{\partial y}+\frac{\partial v}{\partial x}\frac{\partial v}{\partial y}+\frac{\partial w}{\partial x}\frac{\partial w}{\partial y}\right) \tag{5.8}$$

若设角变形为γ_{xy}，则$\gamma_{xy}=\dfrac{\pi}{2}-\theta$。

由于考虑的角变形比较小，则有

$$\gamma_{xy}=\sin\gamma_{xy}=\sin\left(\frac{\pi}{2}-\theta\right)=\cos\theta \tag{5.9}$$

有限应变理论（大变形理论）给出的位移与应变的关系也称为格林-拉格朗

日应变。在不考虑其中的非线性项时，可简化为弹性力学中常见的柯西应变（小变形理论）。

焊接是一个局部加热的过程，冷却之后会在焊缝一定区域产生压缩塑性应变，继而产生沿焊缝方向的收缩力。在这个收缩力作用下，薄板由于厚度比较小且刚度小，很容易产生失稳，导致面外变形很大。通过实验和理论研究，当焊缝区域收缩力超过焊接结构的临界载荷时，就会产生失稳变形。然而，在对薄板焊接进行基于固有变形理论的弹性有限元的数值计算过程中发现，当薄板上只加载纵向收缩力，而没有横向或者纵向的弯曲变形载荷时，即使纵向收缩力超过临界载荷，薄板也不发生失稳变形，而是继续被压缩。原因在于，当收缩力等于临界载荷时，薄板没有初始扰动，继续处于一个不稳定状态但不发生失稳，如图 5.13 所示，横坐标表示面外变形与板厚的比值，纵坐标表示收缩力与临界载荷的比值。初始扰动的存在才能触发失稳变形的产生，否则即使收缩力超过临界载荷也不一定产生失稳，并且极小的初始扰动就足以产生失稳，这就是分歧理论，如图中 w_0/t=0.00 时，才会出现分歧现象，当收缩力等于临界载荷时，可能产生面外变形，也可能不产生面外变形继续被压缩；而当 w_0/t 的值非零时，无论值多小也不会有分歧现象，面外变形一定会越来越大。当然实际生产过程中薄板不可能是完全没有初始扰动的。上面是从数值计算角度分析薄板失稳产生的相关条件，以及板的初始扰动对面外变形的影响。

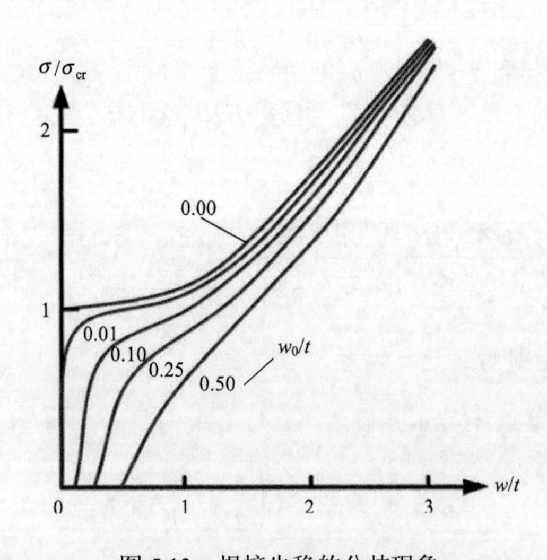

图 5.13　焊接失稳的分歧现象

5.3 薄板焊接失稳变形的预测及对比

薄板焊接失稳的数值模拟主要是进行热-弹-塑性有限元计算，包括有限元实体单元模型、材料非线性和几何非线性、焊接瞬态温度场分析和焊接面外变形计算四部分。

5.3.1 有限元实体单元模型

为了获得熔池大致形状，焊接完成之后将薄板对接接头进行宏观金相处理，如图5.14所示。薄板对接接头焊缝处有一定余高，试板下方也凸出来一部分，根据直尺的刻度，可以确定熔池的大小和形状，在有限元软件PATRAN中，根据获得的数据建立薄板对接焊接头的有限元模型。然后将模型数据导出，使用自己的程序进行读取，在KSWAD软件里面进行后处理，有限元模型如图5.15所示。

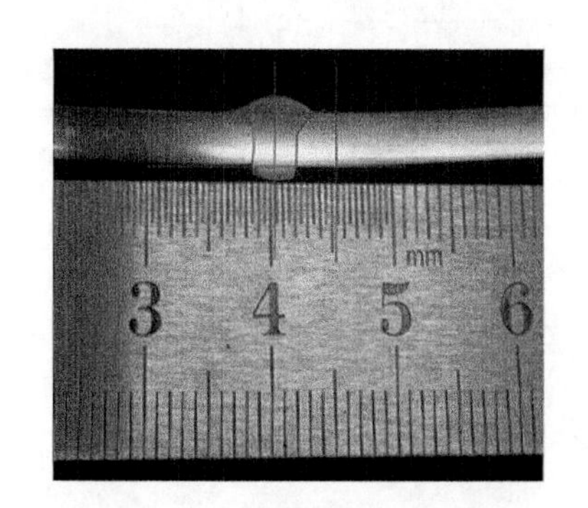

图5.14 接头宏观金相照片

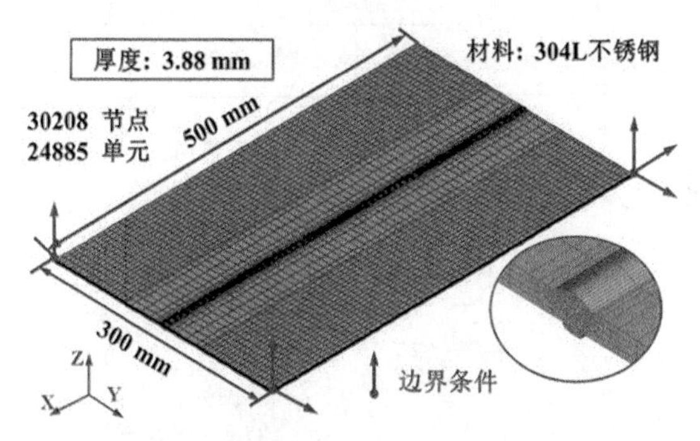

图5.15 薄板对接接头有限元模型

从图5.15可以看到，焊缝区域几何轮廓和宏观金相照片所示基本一致，几何尺寸由实验测量结果取平均值得到，有限元模型长度为500mm，宽度为300mm，厚度为3.88mm；另外，将焊缝区域网格进行细化，远离焊缝处平稳过渡到比较稀疏的网格；因为考虑到后面要在远离焊缝中心线一定距离处增加附加热源来控制薄板焊接失稳变形，因此将此区域网格同样进行加密处理。这样既能保证计算精度，又能提高计算效率。整个有限元模型采用八节点实体单元，模型总共有

30 208 个节点、24 885 个单元；边界条件为约束其刚体位移，去掉三个点的六个自由度。

5.3.2 材料非线性和几何非线性

热-弹-塑性有限元分析主要包括热分析和力学分析两个过程，其中热分析结果对力学分析结果具有决定性的作用，反过来力学分析结果对热分析结果的影响很小，可以基本忽略不计。因此，报告中的数值计算主要采用非耦合的热-力学分析过程，并考虑材料非线性和几何非线性。具体流程如图 5.16 所示，首先使用热传导理论分析计算得到瞬态温度场的分布，随后将热分析结果作为热载荷施加到力学分析过程中，得到整个薄板焊接产生的残余（塑性）应变、残余应力和变形。

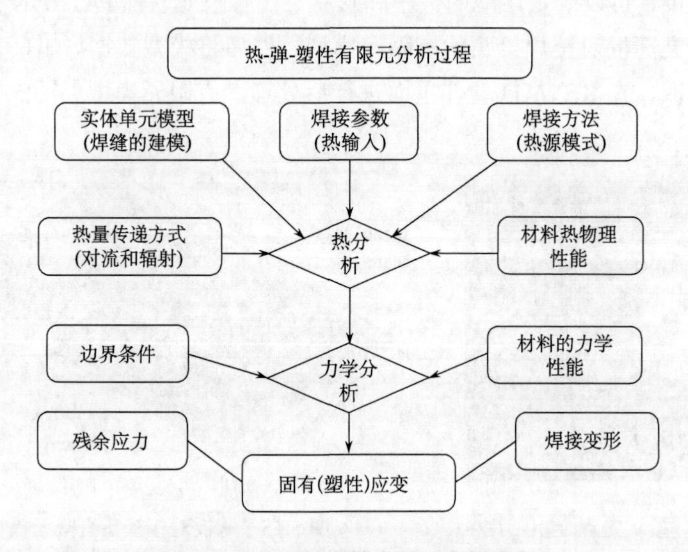

图 5.16 热-弹-塑性有限元分析流程

焊接是一个热输入的过程，而材料的热-力学性能参数是随温度不断变化的。因此，考虑材料的非线性对于热-弹-塑性有限元分析的准确性是至关重要的，包括计算温度场时的材料高温热性能（导热系数、比热和密度），以及计算变形场时的高温力学性能（弹性模量、泊松比、屈服强度和线膨胀系数）；本书中计算采用的船板钢 AH36 的高温热物理性能参数如图 5.17 所示。

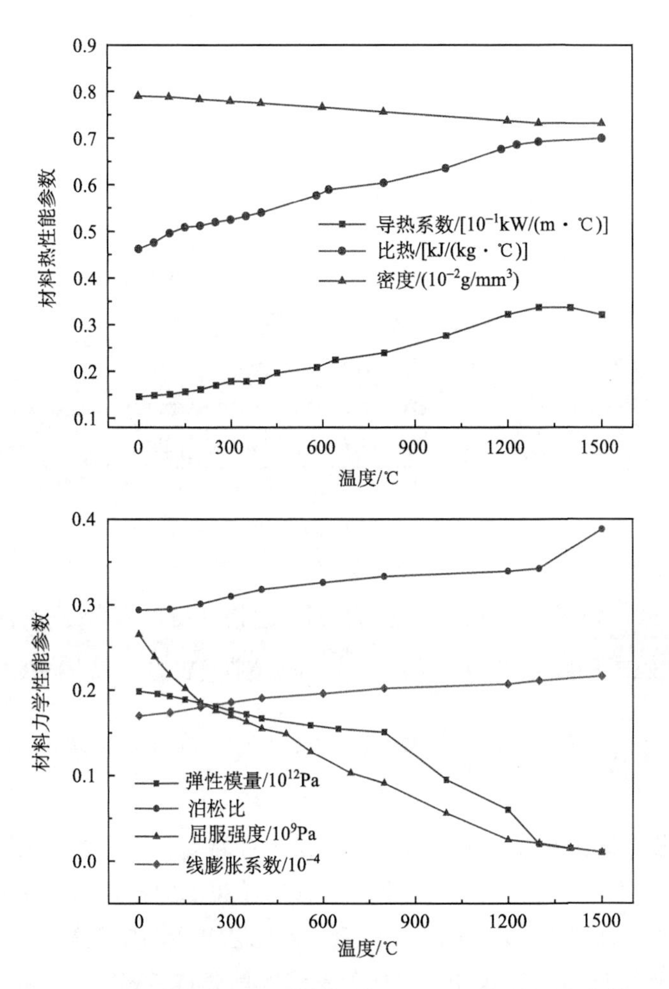

图 5.17　计算采用的船板钢 AH36 的高温热物理性能参数

描述焊接失稳变形的行为必须用到位移和应变关系的方程式，如果假设变形是很小的，则应变作为位移的线性方程给出小变形理论，如式（5.10）前面的一阶项；当变形比较大时，应变必须作为位移的非线性方程给出格林-拉格朗日应变方程，如式（5.10）所示。从位移-应变公式可以看出，一阶项表示的是线性响应，二阶项表示的是高阶响应，非线性项对于大变形理论是必不可少的。对于焊接失稳变形，必须采用大变形理论才能准确地描述位移和应变的关系，也就是需要考虑几何非线性。

$$
\begin{aligned}
\varepsilon_x &= \frac{\partial u}{\partial x} + \frac{1}{2}\left[\left(\frac{\partial u}{\partial x}\right)^2 + \left(\frac{\partial v}{\partial x}\right)^2 + \left(\frac{\partial w}{\partial x}\right)^2\right] \\
\varepsilon_y &= \frac{\partial u}{\partial y} + \frac{1}{2}\left[\left(\frac{\partial u}{\partial y}\right)^2 + \left(\frac{\partial v}{\partial y}\right)^2 + \left(\frac{\partial w}{\partial y}\right)^2\right] \\
\varepsilon_z &= \frac{\partial u}{\partial z} + \frac{1}{2}\left[\left(\frac{\partial u}{\partial z}\right)^2 + \left(\frac{\partial v}{\partial z}\right)^2 + \left(\frac{\partial w}{\partial z}\right)^2\right] \\
\gamma_{xy} &= \frac{\partial u}{\partial y} + \frac{\partial v}{\partial x} + \frac{\partial u}{\partial x}\frac{\partial u}{\partial y} + \frac{\partial v}{\partial x}\frac{\partial v}{\partial y} + \frac{\partial w}{\partial x}\frac{\partial w}{\partial y} \\
\gamma_{yz} &= \frac{\partial v}{\partial z} + \frac{\partial w}{\partial y} + \frac{\partial u}{\partial y}\frac{\partial u}{\partial z} + \frac{\partial v}{\partial y}\frac{\partial v}{\partial z} + \frac{\partial w}{\partial y}\frac{\partial w}{\partial z} \\
\gamma_{xz} &= \frac{\partial u}{\partial z} + \frac{\partial w}{\partial x} + \frac{\partial u}{\partial x}\frac{\partial u}{\partial z} + \frac{\partial v}{\partial x}\frac{\partial v}{\partial z} + \frac{\partial w}{\partial x}\frac{\partial w}{\partial z}
\end{aligned}
\tag{5.10}
$$

式中，ε_x、ε_y、ε_z 是 X、Y、Z 方向的格林-拉格朗日正应变；γ_{xy}、γ_{yz}、γ_{xz} 是 X-Y、Y-Z 和 Z-X 平面的剪应变；u、v、w 分别是 X、Y、Z 方向的位移。

5.3.3 焊接瞬态温度场分析

建好薄板有限元模型之后，接下来就是进行温度场的计算。采用移动的双椭球热源模型来模拟焊接热输入，并考虑 5.3.2 节给出的船板钢 AH36 的高温热物理性能参数，计算时间步长取为 0.1s，其余焊接工艺参数与实验实际情况保持一致。图 5.18 为电弧大致经过试板中心处的瞬态温度场分布云图，可以观察到热源附近温度场分布近似为一个椭圆形，并带有一个很长的“尾巴”，最高温度出现在电

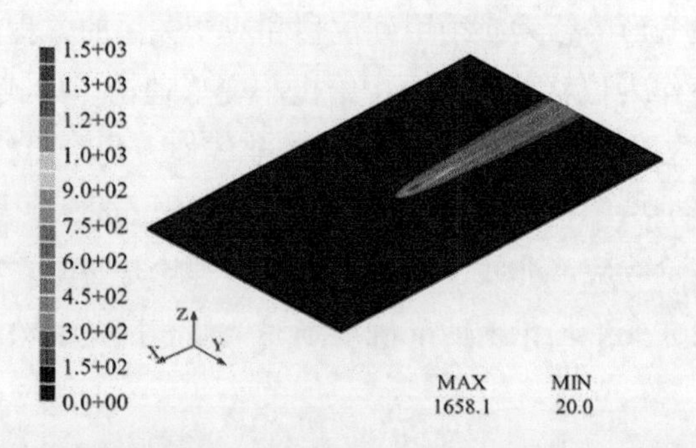

图 5.18 瞬态温度场分布云图（电弧大致经过试板中心处）

弧的正下方位置。取出垂直于焊缝方向某一横截面上表面最高温度分布曲线，如图 5.19 所示，焊缝处温度最高，远离焊缝处温度基本不变化。图 5.20 为在整个焊接过程中，薄板以及焊接稳定阶段垂直于焊缝处横截面最高温度分布云图，可以看到焊缝处金属基本被熔透，最高温度在 1870℃左右。

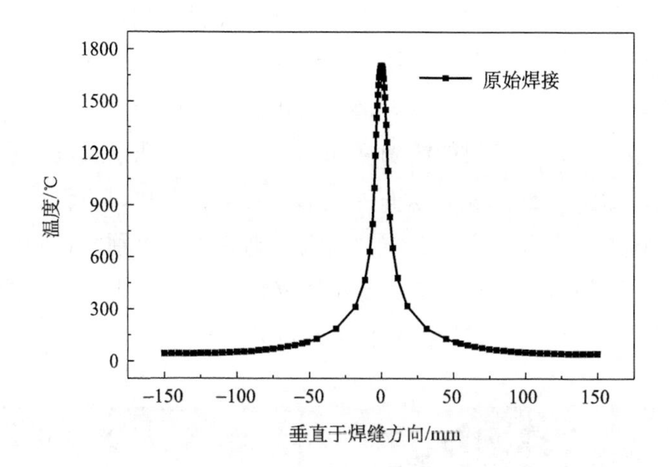

图 5.19　横截面上表面最高温度分布曲线

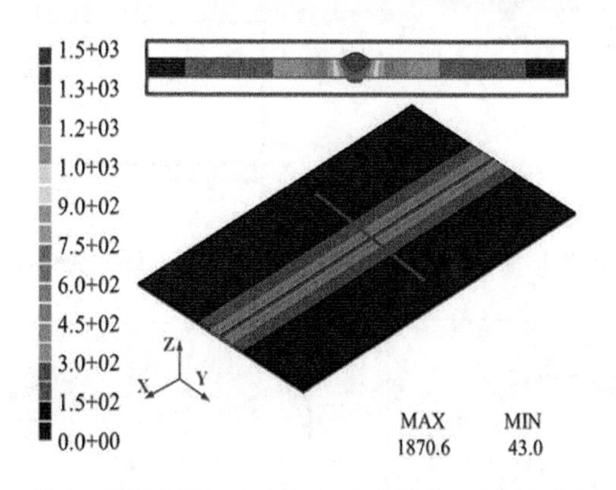

图 5.20　整个焊接过程中垂直于焊缝处横截面最高温度分布云图

5.3.4　焊接面外变形计算

对于焊接失稳变形来说，面外变形比面内收缩变形要大得多，因此面外变形是主要关注的对象。前面已经介绍了薄板焊接变形的测量，通过三维光学面扫描测量系统可以获得试件测量点的变形坐标值，即点云坐标，通过 MATLAB 软件进行后处理，可以得到测量的试板面外变形分布云图，如图 5.11 所示。通过颜色分布以及变形大小，可以更加直观地看到试板是呈现出马鞍形的。

将前面温度场计算结果作为热载荷加载到力学分析过程中，并考虑材料的高温力学性能及几何非线性（大变形理论），薄板焊接产生的面外变形如图 5.21 所示。从图中可以看到面外变形计算结果与测量结果呈现一样的马鞍形，并且在沿焊缝和垂直于焊缝两个方向上的变形趋势也和测量结果一致。

为了进一步对比计算结果的精确度，取图 5.22 所示两条直线上数据点的面外变形进行对比，如图 5.23 所示。从面外变形曲线对比图可以看到，在一部分区域计算结果与测量结果十分吻合，在一部分区域则有一定差别，这和实验误差以及数值计算的一些假设等因素有关；但是整体来说，计算结果还是能够反映薄板焊接失稳变形的过程，表明所采用的数值方法的正确性。

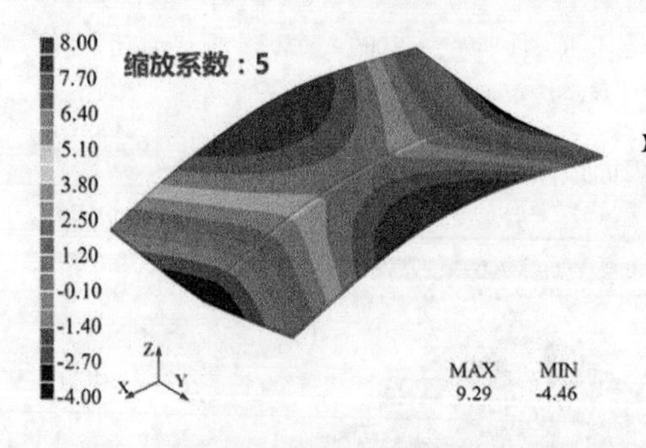

图 5.21 计算得到的焊接面外变形云图

图 5.22 试件上面外变形曲线对比的位置

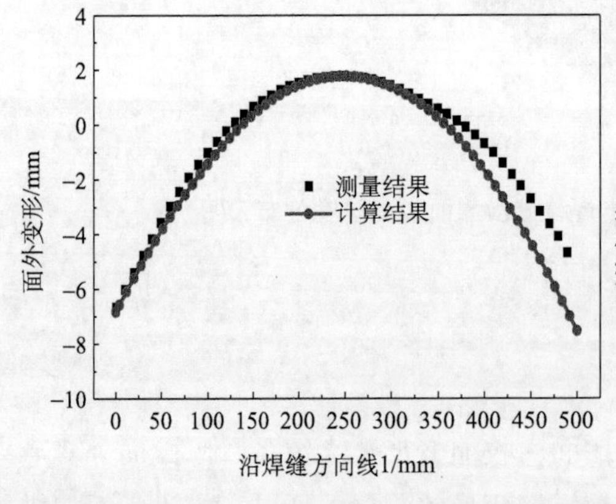

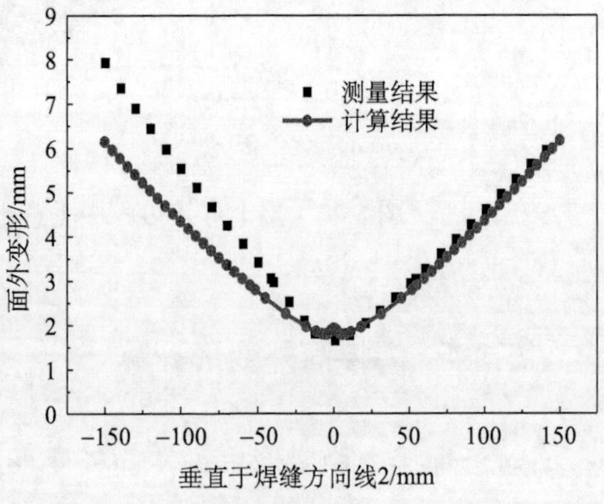

图 5.23 测量和计算的焊接面外变形对比曲线图

5.4　附加热源消除焊接失稳的研究

在远离焊缝的区域施加附加热源，实施热拉伸来控制薄板焊接中的失稳变形，是当前应用最广泛，也是最高效的方法。具体地，焊接进行的同时，在远离焊缝一定距离的区域使用火焰或者电磁感应进行加热，产生瞬态的附加热源，从而控制薄板焊接的失稳变形，这称为瞬态热拉伸方法，如图 5.24 所示。当前，火焰加热实现板材表面加热时，生产效率低下，控制精度差，环境污染严重且操作具有一定的危险性，如图 5.25 所示；而电磁感应加热可利用工件中涡流的焦耳效

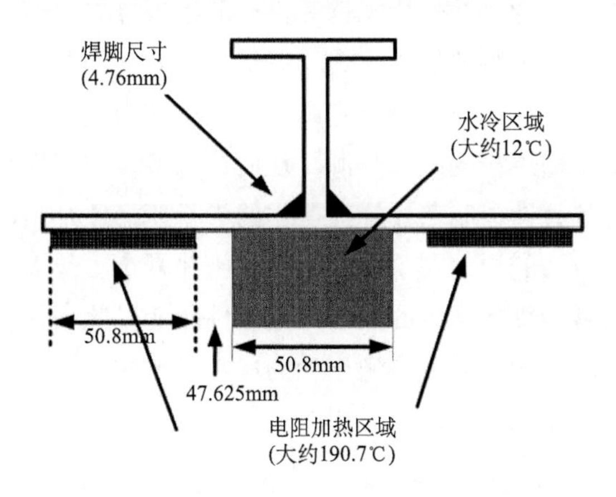

图 5.24　使用电阻加热和水冷实现瞬态热拉伸

图 5.25　基于火焰的瞬态热拉伸设备

应将工件加热，迅速使表面温度上升到 800～1000℃，容易产生穿透薄板的感应加热温度场分布，实现高效且精确的热拉伸效果，为消除薄板焊接产生的失稳变形，提供先进的制造工艺。同时，需要对电磁感应加热产生附加热源的参数：功率、感应频率、电流大小及感应线圈与板材表面的距离，做深入和详细的研究。

5.4.1 附加热源对薄板焊接失稳的影响

在研究如何能消除薄板焊接失稳时，要先能够比较准确地预测出薄板焊接失稳变形；在此基础上，才能够更深入地分析薄板焊接失稳变形的机理和控制措施。因此，本章也是先介绍通过数值模拟计算再现薄板焊接失稳变形的整个过程，然后再通过相应的工艺来消除薄板焊接失稳变形，并对其相关参数进行优化研究。

进行焊接的同时，在远离焊缝一定距离的区域使用火焰或者电磁感应设备加热母材，产生一个跟随焊枪的附加热源，从而控制薄板焊接失稳变形的方法称为瞬态热拉伸。瞬态热拉伸控制薄板焊接产生的失稳变形，是当前应用最广泛且最高效的方法。这种方法的原理在于附加热源的施加减小了薄板焊接过程中母材自身的拘束度，从而减小焊接产生的剩余压缩塑性应变以此来控制或者避免薄板焊接失稳变形的发生。但对于附加热源施加的参数（区域、强度和时间等）需要进一步的分析和优化，才能达到比较理想的效果，否则可能对焊接变形产生负面的影响。

瞬态热拉伸有限元模型和之前预测焊接失稳变形采用的有限元模型是同一个，只是在薄板焊接进行时，在远离焊缝中心线一定距离位置上增加两个跟随焊枪一起移动的附加热源来实现瞬态热拉伸，降低薄板自身的拘束度，附加热源的相关参数如图 5.26 所示。两个附加热源完全一样，并关于焊缝中心线对称分布，距离为 100mm；附加热源长度为 24mm，宽度为 30mm，深度穿透薄板。附加热源起始位置和焊枪保持在同一条直线上面，并和焊枪以相同的速度向前移动直至焊接结束，即附加热源与焊接是完全同步的。

确定好附加热源模型参数后，可以进行瞬态热拉伸消除薄板对接焊失稳变形的热-弹-塑性有限元计算。当给定附加热源不同的热输入强度时，附加加热区域达到的最高温度大小会有差别。图 5.27 为增加附加热源后计算得到的薄板瞬态温度场分布图（电弧大约在薄板中心处）。可以观察到，除了焊缝处温度会升高，在远离焊缝一定距离增加附加热源的地方温度也会升高。为了进一步查看瞬态热拉伸对薄板温度的影响，取出焊接稳定阶段任一横截面上表面的最高温度进行对比，如图5.28所示。从图中可以看到，增加附加热源后，只在附加加热区域温度会升高，存在一个小的峰值，峰值的数值大小与附加热源的强度有关，但并不会明显影响熔池和热影响区的最高温度分布。图5.29为增加附加热源实现瞬态热拉伸后，薄板焊接整个过程最高温度分布云图，同样可以看到附加热源对薄板温度场的影响。

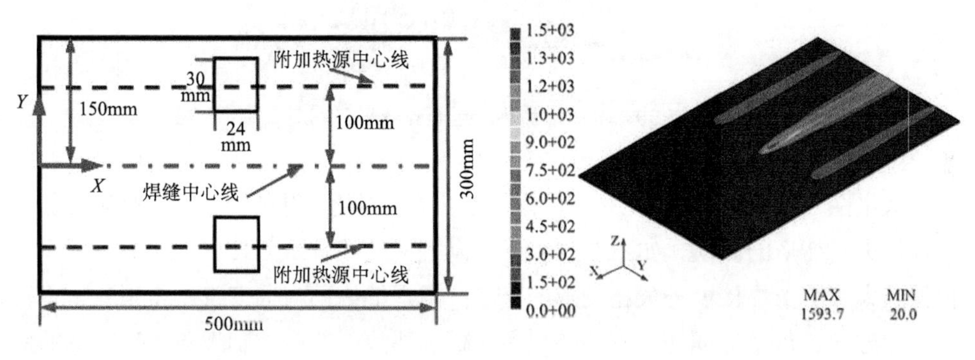

图5.26　附加热源的相关参数图　　图5.27　瞬态热拉伸下瞬态温度场分布云图

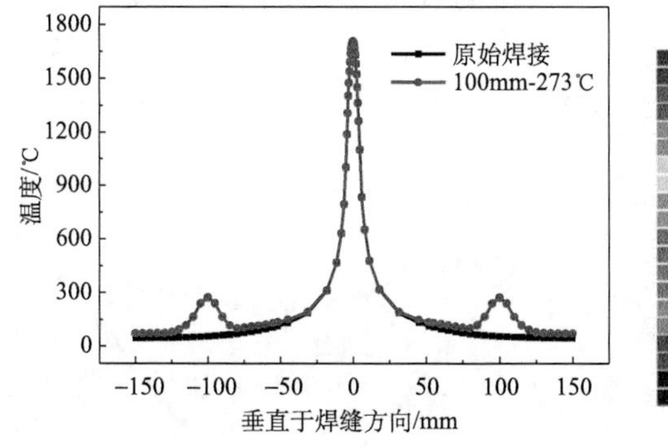

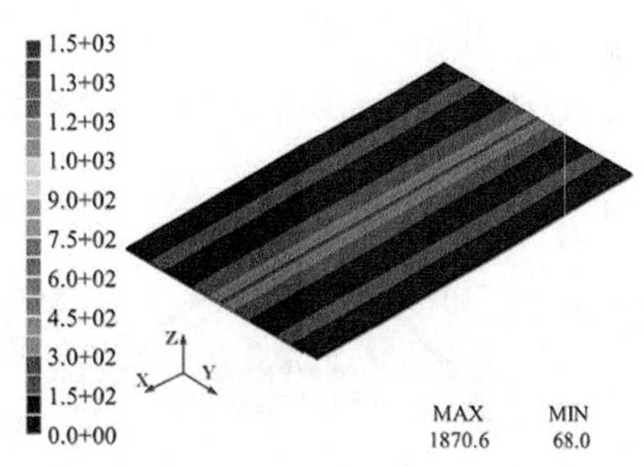

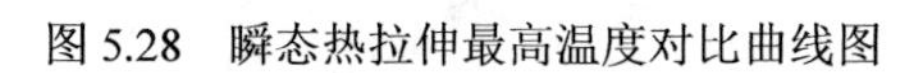

图5.28　瞬态热拉伸最高温度对比曲线图　　图5.29　瞬态热拉伸最高温度分布云图

将温度场作为热载荷进行变形场的计算。图5.30为该附加热源强度下，面外变形云图的对比结果。可以看到增加附加热源之后薄板焊接面外变形有明显的减小。

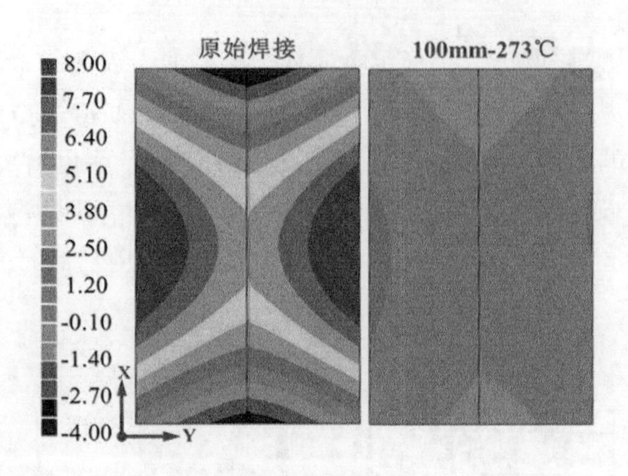

图 5.30 增加附加热源后面外变形云图对比

取出图 5.22 所示两条直线上的面外变形进行对比，得到增加附加热源后对薄板焊接失稳变形的影响，如图 5.31 所示。从面外变形曲线对比结果可知，瞬态热拉伸大大减小了焊接面外失稳变形的大小；沿焊缝纵向弯曲变形基本消除，垂直于焊缝方向的角变形同样也减小了很多。瞬态热拉伸能够控制焊接失稳变形的原因在于，附加热源的施加使远离焊缝一定区域内的母材温度升高，焊接过程中母材对于焊缝的拘束度下降；这将会导致焊接产生的纵向塑性应变减小，而附加热源加热区域塑性应变不会有明显的增加，整体板材剩余压缩塑性应变减小，纵向收缩力减小，从而明显地控制或者消除焊接失稳变形。

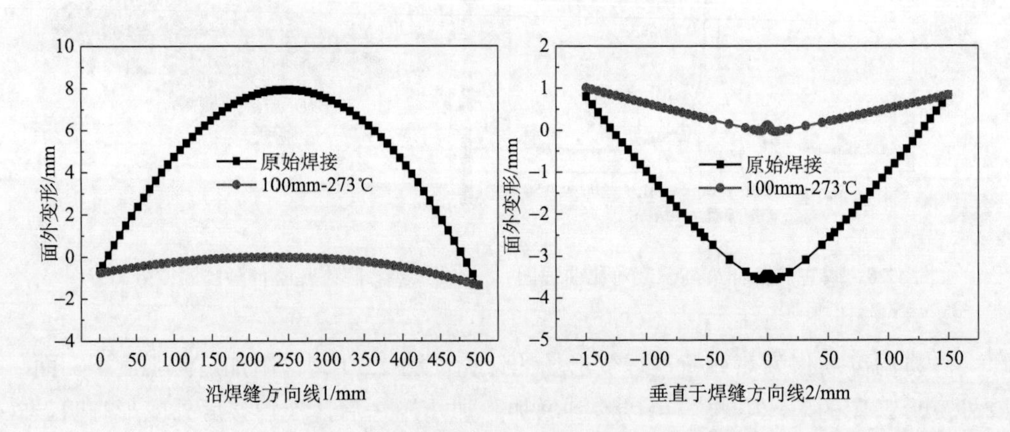

图 5.31 增加附加热源后面外变形曲线对比

5.4.2　瞬态热拉伸参数优化研究

瞬态热拉伸能够有效地消除薄板焊接失稳变形，但消除的效果与附加热源的相关参数有很大的关系，需要进一步研究。

1. 附加热源强度的影响

5.4.1 节介绍了在距焊缝中心线 100mm 处增加附加热源，将附加加热区域最高温度加热到 273℃时，能够有效地减小薄板焊接失稳变形。但消除效果可能受到加热强度的影响，并没有达到相对最优，因此本节主要考虑附加热源强度对瞬态热拉伸消除薄板焊接失稳变形的影响。在附加热源加热位置以及热源模型参数不变的情况下，只改变附加热源强度的大小，研究附加热源强度对控制薄板焊接失稳变形的影响。

图 5.32 为附加加热区域距离焊缝中心线 100mm 处，不同附加热源强度计算得到的横截面上最高温度分布曲线图。通过曲线图发现，只在附加加热区域附近温度有小小的升高，对于焊缝附近最高温度基本没有影响。当给定附加热源不同强度时，附加加热区域可以达到不同的最高温度。在这里研究了三种不同附加热源强度下（附加加热区域最高温度达到 195℃、273℃、376℃），瞬态热拉伸对于薄板焊接失稳变形的影响。图 5.33 为不同加热强度下，面外变形云图对比结果。

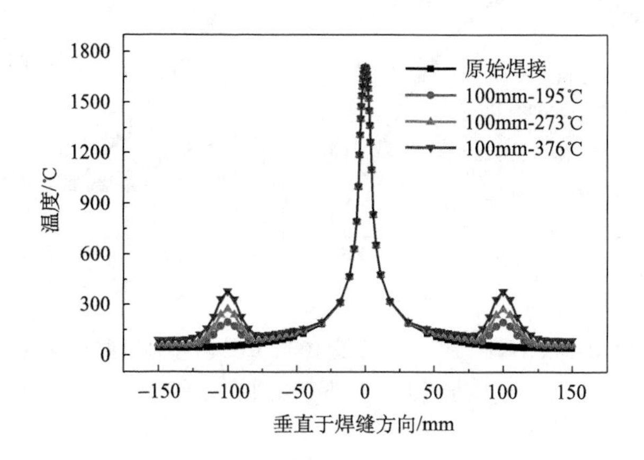

图 5.32　附加热源距离焊缝中心线 100mm 处不同附加热源强度下横截面上最高温度分布曲线图

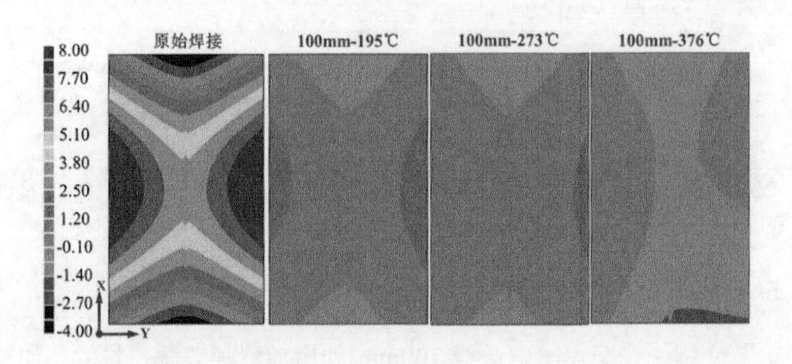

图 5.33　附加热源距离焊缝中心线 100mm 处不同加热强度下面外变形云图对比

从图中颜色分布可以看到三种附加热源强度下，面外变形大小有些许差别，但相对于原始焊接产生的失稳变形，三者都很明显地减小了面外变形，对焊接失稳变形的控制效果都比较好。进一步取出沿焊缝方向和垂直于焊缝方向上的面外变形曲线进行对比，如图 5.34 所示。通过面外变形曲线对比图，更加直观地得到，施加附加热源之后在两个方向上面外变形都减小了很多，效果很明显；并且在这三种附加热源强度下，面外变形结果有一定的差别，但整体差别不是很大，都能很好地控制薄板的焊接失稳变形。

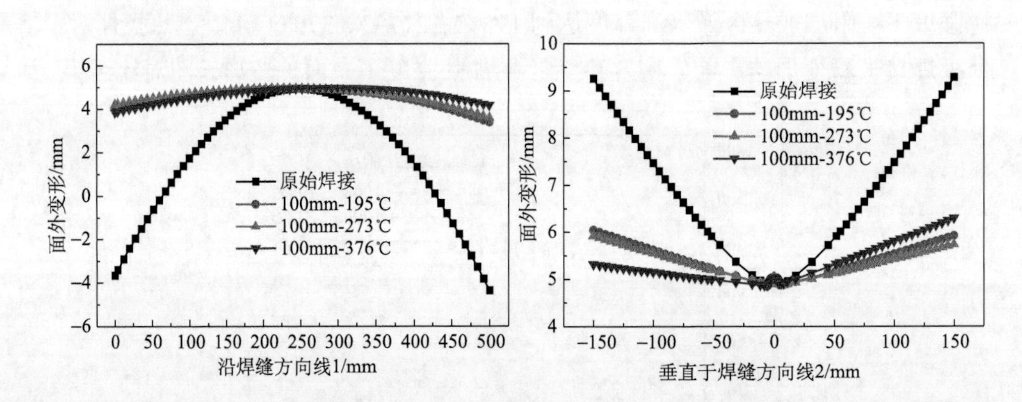

图 5.34　附加热源距离焊缝中心线 100mm 处沿焊缝方向和垂直于焊缝方向上的面外变形曲线对比

将附加热源施加到距离焊缝中心线 110mm 处，同样计算在三种不同附加热源强度下（附加加热区域最高温度达到 195℃、273℃、376℃），瞬态热拉伸对于薄板焊接失稳变形的影响。图 5.35 为不同附加热源强度计算得到的横截面上最高温度分布曲线图。附加热源正下方，即距离焊缝中心线 110mm 处温度比较高，并会增大附近区域的温度，但不会影响到焊缝区域温度的分布。图 5.36 为不同加热强度下，面外变形云图对比结果。通过在同样的尺度条下面外变形云图的颜色分布，可以很清楚地观察到在距离焊缝中心线 110mm 处增加附加热源实现瞬态热拉伸，附加加热区域最高温度达到 195℃和 273℃时，能够很明显地减小薄板焊接产生的面外变形；而当附加加热区域最高温度达到 376℃时，通过瞬态热拉伸方法不能减小薄板焊接产生的面外变形，并且变形模式由原来的马鞍形变成翘起形状，在试板一角产生很大的面外变形并且范围很大。进一步取出沿焊缝方向和垂直于焊缝方向上的面外变形曲线进行对比，如图 5.37 所示。综合面外变形云图和曲线图，附加热源施加在距离焊缝中心线 110mm 处时，将附加加热区域最高温度加热到 195℃和 273℃时，瞬态热拉伸能够消除薄板焊接失稳变形，并且附加加热区域最高温度加热到 195℃时的效果要优于 273℃；但是将附加加热区域最高温度加热到 376℃时，瞬态热拉伸不能消除薄板焊接失稳变形，并且变形模式转变成翘起形，面外变形数值要大于仅原始焊接产生的焊接失稳变形。

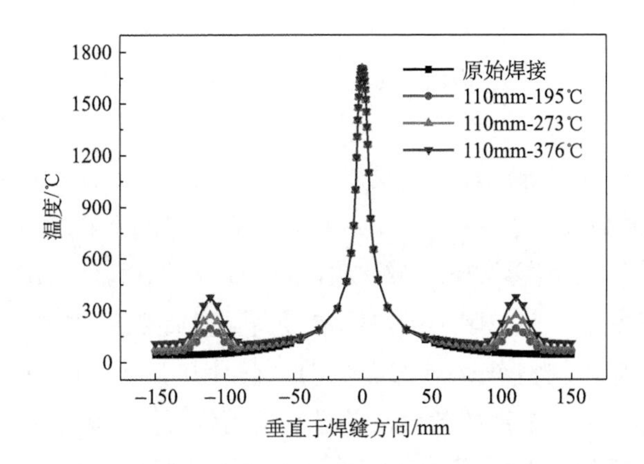

图 5.35　附加热源距离焊缝中心线 110mm 处不同附加热源强度下横截面上最高温度分布曲线图

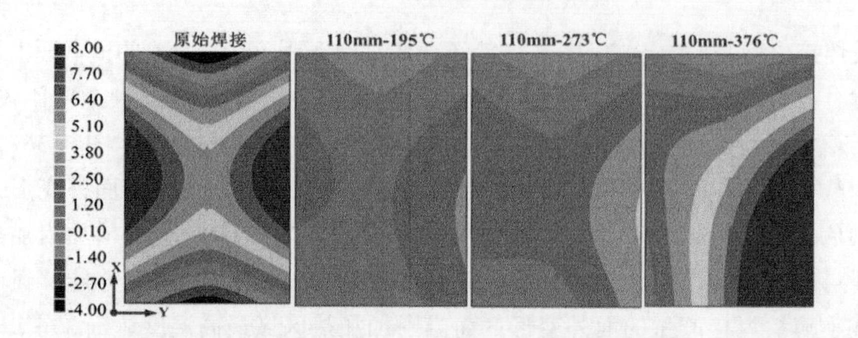

图 5.36 附加热源距离焊缝中心线 110mm 处不同加热强度下面外变形云图对比

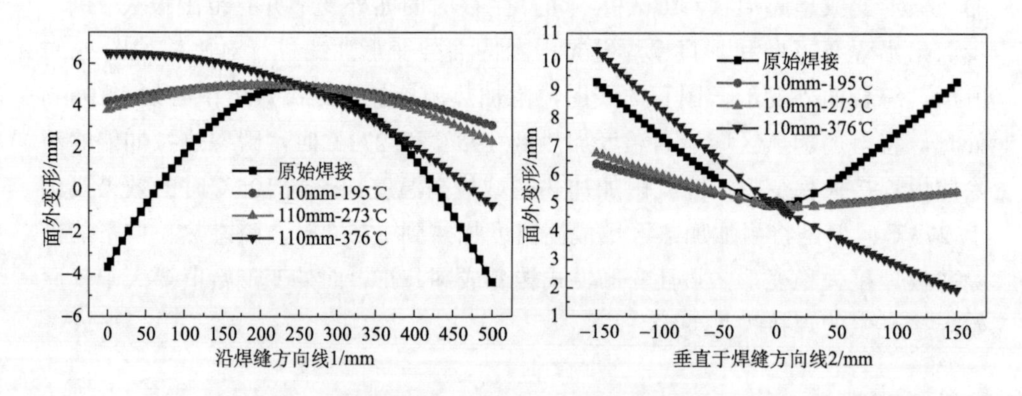

图 5.37 附加热源距离焊缝中心线 110mm 处沿焊缝方向和垂直于焊缝方向上的面外变形曲线对比

总结来说，附加热源施加在距离焊缝中心线 100mm 处，三种附加热源强度（附加加热区域最高温度达到 195℃、273℃、376℃）都能消除薄板焊接失稳变形，而当附加热源施加在距离焊缝中心线 110mm 处，只有前两种附加热源强度能消除薄板焊接失稳变形，而将附加加热区域最高温度加热到 376℃时，反而增大了薄板焊接面外变形，且整个薄板呈现翘起形状。因此，附加热源强度影响瞬态热拉伸消除薄板焊接失稳变形的效果，并且在不同位置同一附加热源强度产生的效果可能是截然相反的，也就是不同位置合适的附加热源强度消除薄板焊接失稳变形的范围是不太一样的。在上面这种情况下，附加热源施加在距离焊缝中心线 100mm 处要优于 110mm 处，因为合适的附加热源强度范围要大一些，选择比较多。

2. 附加热源位置的影响

上一小节中讨论了不同附加热源强度对消除薄板焊接失稳变形的效果有区别，并且不同位置合适的附加热源强度范围也是不一样的，本节主要讨论附加热源施加的位置对瞬态热拉伸工艺消除薄板焊接失稳变形的影响。

当附加热源分别施加到距离焊缝中心线 80mm、100mm、110mm 及 130mm 处，附加加热区域最高温度达到 195℃时，对比相关的计算结果。图 5.38 为距离焊缝中心线不同位置处施加同一强度附加热源时，计算得到的横截面上最高温度分布曲线图。可以看到施加附加热源的区域温度会升高，并且达到的最高温度基本一样。图 5.39、图 5.40 为同一加热强度下附加热源施加到不同位置时，面外变形云图对比结果和面外变形曲线对比结果。从面外变形结果对比可以得到，当附加加热区域最高温度达到 195℃时，附加热源施加到距离焊缝中心线 100mm、110mm 和 130mm 处时，瞬态热拉伸工艺能够有效地消除薄板焊接失稳变形，并且施加到距离焊缝中心线 100mm 和 110mm 处差别不是很大，而这两者的结果要明显优于附加热源施加到距离焊缝中心线 130mm 处。但是，当附加热源施加到距离焊缝中心线 80mm 处时，不能减小面外变形，反而增大了面外变形，特别是横向角变形有明显的增大。

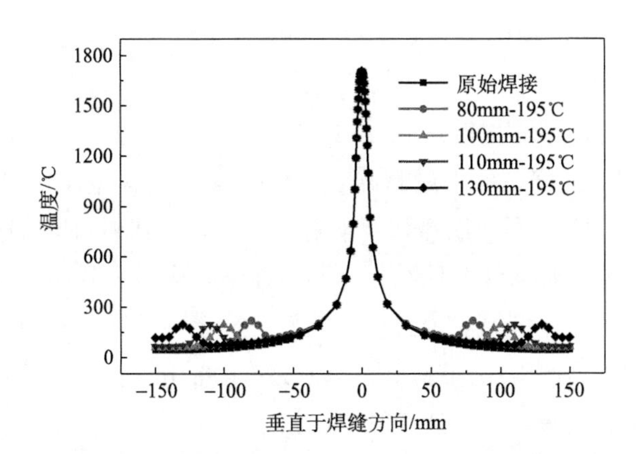

图 5.38 附加热源施加在不同位置处横截面最高温度分布曲线图（附加加热区域最高温度达到 195℃）

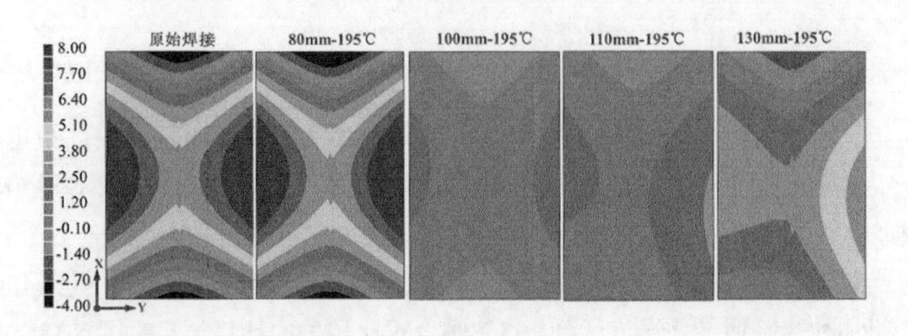

图 5.39 附加热源施加在不同位置处面外变形云图对比（附加加热区域最高温度达到 195℃）

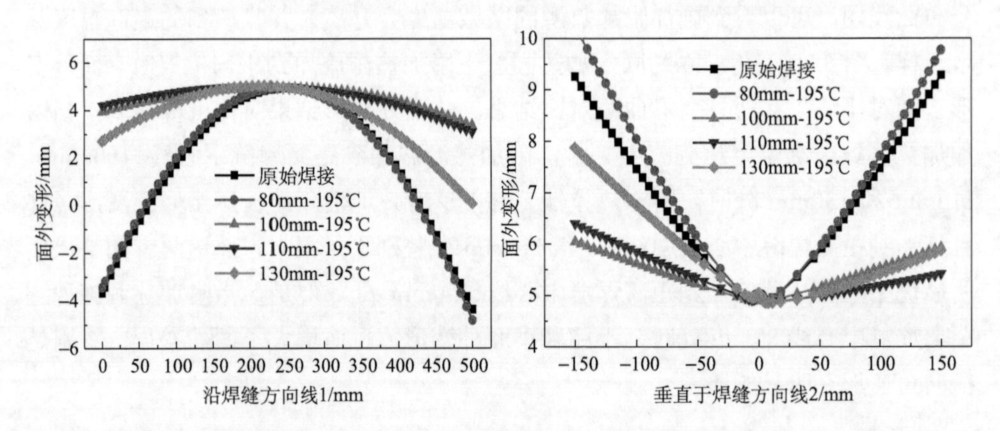

图 5.40 附加热源施加在不同位置处面外变形曲线对比（附加加热区域最高温度达到 195℃）

当附加加热区域最高温度达到 273℃时，附加热源施加到前面四个位置处，图 5.41 为计算得到的横截面上最高温度分布曲线图，同样附加加热区域温度会升高。图 5.42、图 5.43 为同一加热强度下附加热源施加到不同位置时，面外变形云图对比结果和面外变形曲线对比结果。与前面结果类似，附加热源施加在距离焊缝中心线 80mm 处时不能减小面外变形，而在其余三个地方施加热源都能减小面外变形，并且附加热源施加到距离焊缝中心线 100mm 处及 110mm 处时的结果要明显优于施加到距离焊缝中心线 130mm 处。

当附加加热区域最高温度达到 376℃时，附加热源施加到前面四个位置处，图 5.44 为计算得到的横截面上最高温度分布曲线图，同样附加加热区域有温度的升高。当附加热源施加的位置越靠近试板边缘时，边缘的最高温度会越来越大。

图 5.45、图 5.46 为同一加热强度下附加热源施加到不同位置时，面外变形云

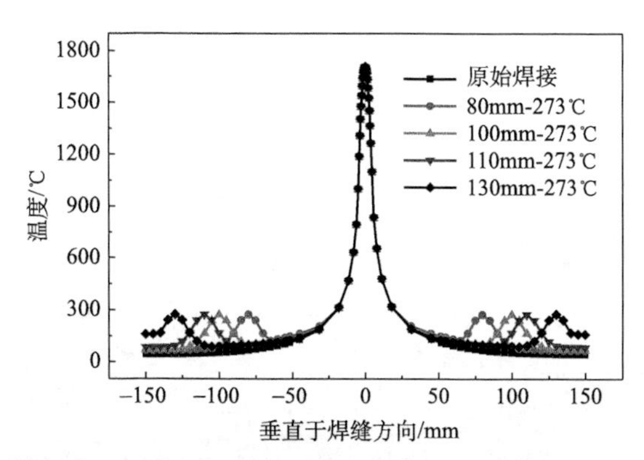

图 5.41　附加热源施加在不同位置处横截面最高温度分布曲线图（附加加热区域最高温度达到 273℃）

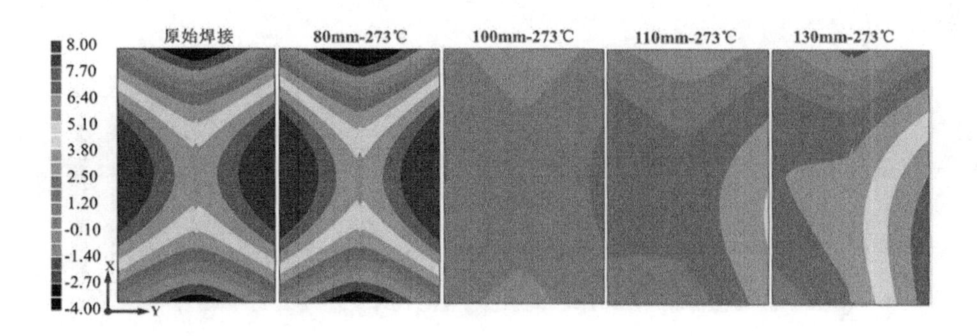

图 5.42　附加热源施加在不同位置处面外变形云图对比（附加加热区域最高温度达到 273℃）

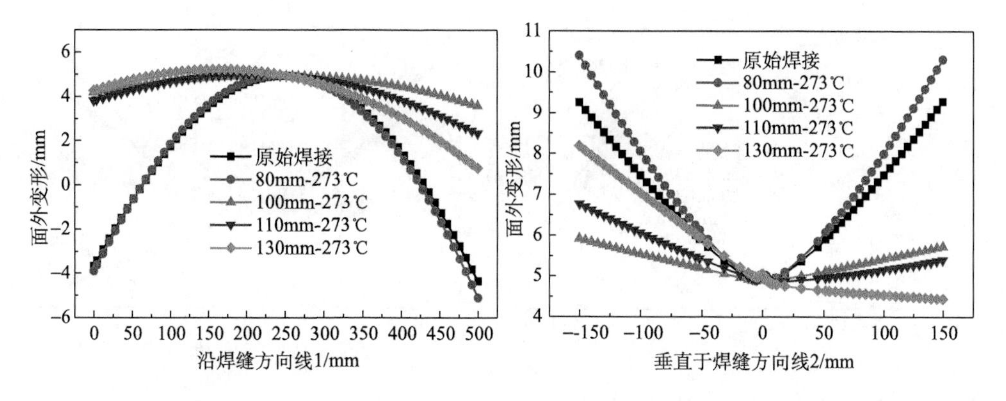

图 5.43　附加热源施加在不同位置处面外变形曲线对比（附加加热区域最高温度达到 273℃）

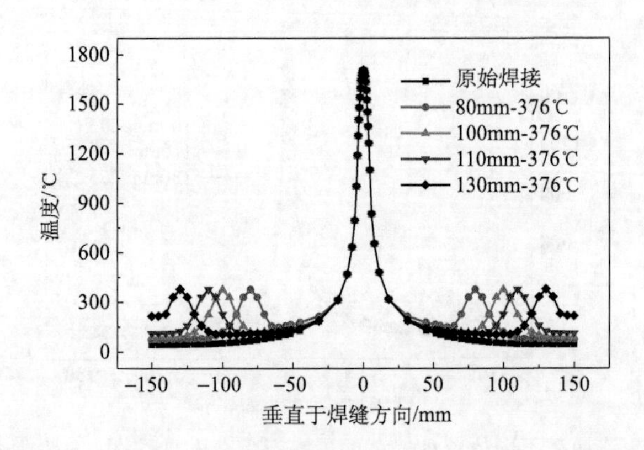

图 5.44 附加热源施加在不同位置处横截面最高温度分布曲线图（附加加热区域最高温度达到 376℃）

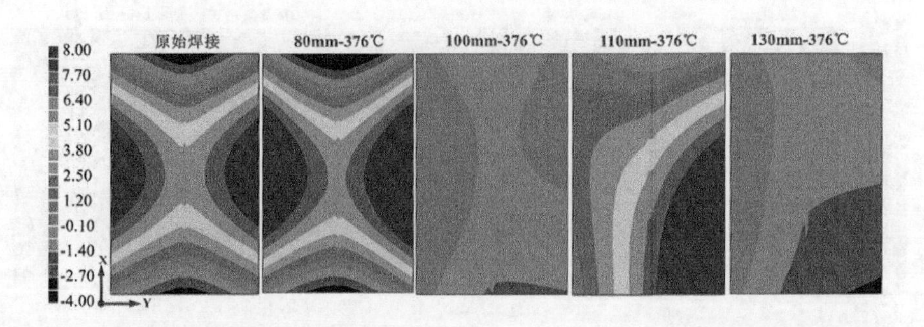

图 5.45 附加热源施加在不同位置处面外变形云图对比（附加加热区域最高温度达到 376℃）

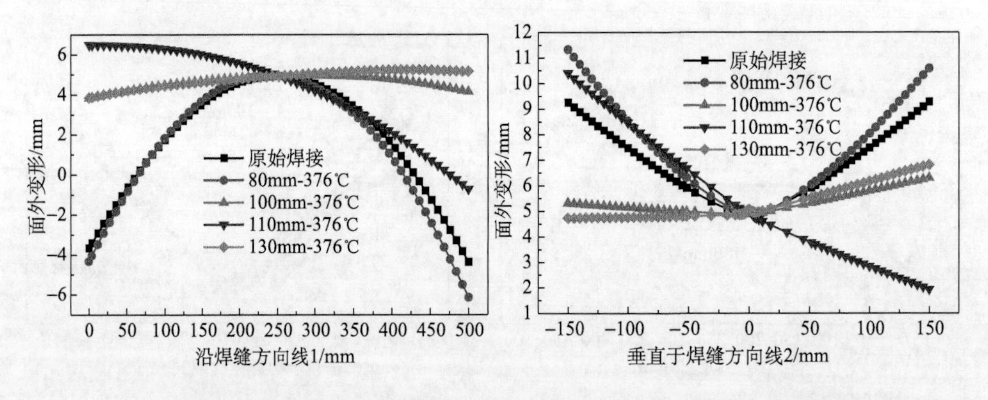

图 5.46 附加热源施加在不同位置处面外变形曲线对比（附加加热区域最高温度达到 376℃）

图对比结果和面外变形曲线对比结果。当附加加热区域最高温度达到 376℃时，附加热源施加到距离焊缝中心线 80mm 和 110mm 处，瞬态热拉伸工艺不能消除薄板焊接失稳变形，而附加热源施加到距离焊缝中心线 100mm 处和 130mm 处能够减小焊接产生的面外变形，但是 130mm 处的效果不是很理想，在薄板边缘一角处产生比较大的变形。

通过对上面三组结果的分析，附加热源施加的位置对于瞬态热拉伸控制薄板焊接失稳变形的效果有着决定性的影响。如果附加热源施加的位置离焊缝太近，不管附加热源的强度是多少都不能减小薄板焊接失稳产生的面外变形，反而会产生负面的影响。如果附加热源施加的位置离焊缝太远，通过调整附加热源强度，可能在一定程度上能够减小薄板焊接产生的面外变形，但整体的效果十分有限，不能很好地消除薄板焊接失稳变形。因此，瞬态热拉伸消除薄板焊接失稳变形应当选择离焊缝中心合适的距离施加附加热源，才能够最大化地减小焊接失稳变形。

总体来说，瞬态热拉伸消除薄板焊接失稳变形的效果受附加热源强度与施加位置的双重影响，可能存在几种不同的强度和位置的组合使控制失稳变形的效果达到最佳。这在工程上也是比较有益的，能够根据具体情况来选择比较合适或者性价比比较高的参数，以此获得最大的价值。

5.5 本章小结

拆解平台的舱室等特殊部位，多采用薄板轻量化设计和建造。通过薄板焊接实验及其面外变形测量，再现了薄板焊接失稳变形现象，严重影响结构的建造精度；在介绍了稳定性研究的相关理论之后，使用高效的热-弹-塑性有限元计算，考虑材料和几何双非线性，再现了薄板焊接失稳，且计算结果与实际测量高度吻合。最后，提出附加热源降低焊缝的自约束，进而减小焊接固有变形，避免焊接失稳的发生；同时，基于高效的热-弹-塑性有限元计算，分析了附加热源强度及其位置对焊接固有变形及焊接失稳的影响。

（1）针对薄板对接接头的焊接失稳现象，在详细介绍了焊接工艺和过程的基础上，基于三维光学面扫描测量技术，对面外焊接变形进行了详细的测量，并给出了该先进测量方法的测量原理及其数据处理流程。

（2）为了研究非线性的失稳问题，推导了大变形理论即有限应变理论的应变-位移关系，其是预测焊接失稳变形的必要条件；同时，介绍了焊接失稳的内在力学机理及失稳的分歧理论。

（3）应用高效的瞬态热-弹-塑性有限元分析，考虑材料和几何双非线性，分别预测得到瞬态温度场分布，以及焊后的失稳变形现象；且计算的失稳面外变形数值与测量结果基本吻合。

（4）为了控制和消除焊接失稳变形引起的建造误差，提出了附加热源实现瞬态热拉伸，调控温度场、降低焊接接头的自约束强度，进而得到较小焊接固有变形；特别地，瞬态的热-弹-塑性有限元分析再现了附加热源对焊接失稳变形的影响。

（5）基于高通量的瞬态热-弹-塑性有限元分析，依次研究了附加热源位置、附加热源强度等工艺参数，对计算的瞬态温度场、焊后塑性应变及面外焊接变形的趋势和数值的影响。

参考文献

[1] 王江超, 牛业兴, 易斌, 等. 基于固有变形的船用钢薄板对接焊失稳变形的数值分析[J]. 船舶工程, 2018, 40(12): 47-52.

[2] 闫德俊, 王赛, 郑文健, 等. 1561 铝合金薄板随焊干冰激冷变形控制[J]. 机械工程学报, 2019, 55(6): 67-73.

[3] Wang J C, Rashed S, Murakawa H, et al. Numerical prediction and mitigation of out-of-plane welding distortion in ship panel structure by elastic FE analysis[J]. Marine Structures, 2013, 34: 135-155.

[4] Michaleris P, Sun X. Finite element analysis of thermal tensioning techniques mitigating weld buckling distortion[J]. Welding Journal, 1997, 76(11): S451-S457.

[5] Deo M V, Michaleris P. Mitigation of welding induced buckling distortion using transient thermal tensioning[J]. Science and Technology of Welding and Joining, 2003, 8(1): 49-54.

[6] Song J, Shanghvi J Y, Michaleris P. Sensitivity analysis and optimization of thermo-elasto-plastic processes with applications to welding side heater design[J]. Computer Methods in Applied Mechanics and Engineering, 2004, 193(42-44): 4541-4566.

[7] Yang Y, Dull R, Conrardy C, et al. Transient thermal tensioning and numerical modeling of thin steel ship panel structures[J]. Journal of Ship Production, 2008, 24(24): 37-49.

[8] Huang T D, Conrardy C, Dong P, et al. Engineering and production technology for lightweight ship structures, Part II: Distortion mitigation technique and implementation[J]. Journal of Ship Production, 2007, 23(23): 82-93.

[9] Huang T D, Dull R, Conrardy C, et al. Transient thermal tensioning and prototype system testing of thin steel ship panel structures[J]. Journal of Ship Production, 2008, 24: 25-36.

[10] Souto J, Ares E, Alegre P. Procedure in reduction of distortion in welding process by high temperature thermal transient tensioning[J]. Procedia Engineering, 2015, 132(26): 732-739.
[11] 李军, 张文锋. 整体加热减少薄板焊件失稳变形试验研究[J]. 焊接, 2012, (7): 43-45.
[12] Wang J, Shibahara M, Zhang X, et al. Investigation on twisting distortion of thin plate stiffened structure under welding[J]. Journal of Materials Processing Technology, 2012, 212(8): 1705-1715.
[13] Wang J, Yin X, Murakawa H. Experimental and computational analysis of residual buckling distortion of bead-on-plate welded joint[J]. Journal of Materials Processing Technology, 2013, 213(8): 1447-1458.
[14] 王树勇. 采用数字图像相关法对平板堆焊变形的瞬态测量与研究[D]. 西安: 西安交通大学, 2015.
[15] 上田幸雄, 村川英一, 麻宁绪. 焊接变形和残余应力的数值计算方法与程序[M]. 罗宇, 王江超, 译. 成都: 四川大学出版社, 2008.
[16] Ma N, Wang J, Okumoto Y. Out-of-plane welding distortion prediction and mitigation in stiffened welded structures[J]. International Journal of Advanced Manufacturing Technology, 2016, 84: 1371-1389.

第6章　平台重吊安装工艺研究

平台重吊是平台上的关键设备之一，其自重大、吊臂长、整体安装要求高。平台重吊形状结构特殊，重量中心难以计算；平台的安装须在保证水深和有大型起重能力的专用场地进行；平台安装的经济性非常关键，平台分段吊周期长、费用支出较高，整体吊周期短但吊车选择和吊装风险较高，如何选择才能安全可靠、安装成本较低需要比较分析。

该安装工艺的研究要细致考虑整个平台重吊安装工艺流程（从平台离开系泊试验码头到吊装区域、完成安装工作），对其梳理；要对工艺流程中的各关键点、风险点进行认真仔细的分析、研究、计算；还需要做好相关应急预案；既要保证重吊安装的一次性成功，又要保证安装的经济性。

6.1　吊装基本条件分析研究

6.1.1　吊机安装地点分析

本书所研究对象为OOS半潜平台，平台上层需要安装2台2200t全回转桅杆吊。两台2200t重吊均安装于平台右舷。

该半潜平台是一座半潜式起重、生活平台。平台主体包含2个浮筒，每个浮筒上分别有2个立柱，立柱上方为3层连续甲板包，甲板包里有机械处所、储藏间、船员和船东生活区。主甲板上方配备 2 台 2200t 吊机。平台模型示意图如图 6.1 所示。

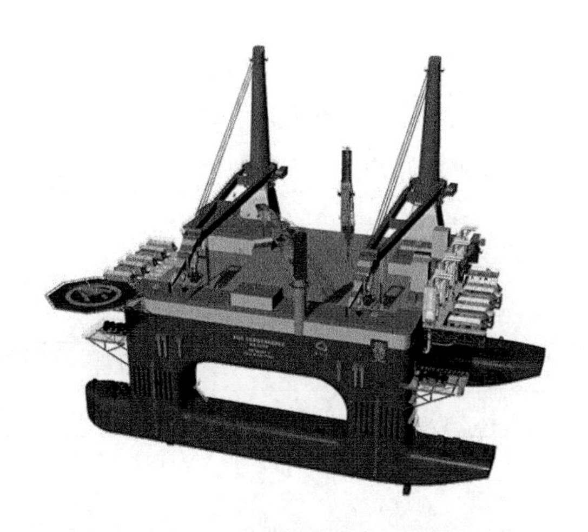

图 6.1　平台模型示意图

平台安装吊机时其动力定位系统及锚机均未安装，因此无法在海上定位。同时，海上环境载荷较大，平台受风浪流作业运动响应偏大，不适合进行吊机的安装作业。因此应选择靠泊在码头处，尽量在无风无浪的情况下进行安装。

本书所研究吊机在“豪氏威马（漳州）”码头进行建造，平台则在“招商重工（海门）”基地建造。针对拖航、靠泊及防台三个风险综合评估在拆解平台建造码头和在漳州码头安装吊机的可行性开展研究。

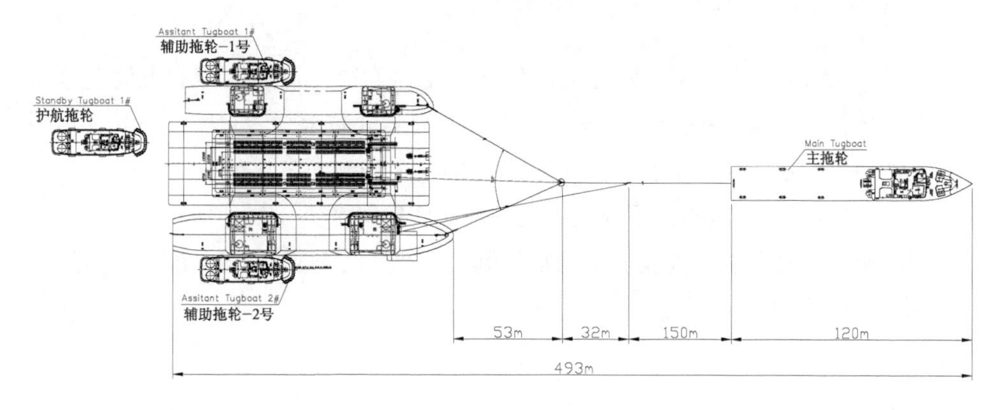

图 6.2　拖航示意图

1. 拖航评估

如图 6.2 所示，所研究平台从“招商重工（海门）”基地起拖，穿过长江北槽航道到达东海，沿着东海海岸线一直向南拖航到达厦门港，穿过厦门港主航道和招银航道，最终到达“豪氏威马（漳州）”码头，总拖航距离约 605n mile。

据表 6.1 计算，拖航航道宽度要求在 310m 以上，途经航道宽度和水深如表 6.2 所示。

表 6.1 拖航航道宽度计算表

风力	横风≤7 级			
横流 V/（m/s）	V≤0.25	0.25＜V≤0.5	0.5＜V≤0.75	0.75＜V≤1.00
漂移系数 N	1.81	1.69	1.59	1.45
风、流压偏角 γ/°	3	7	10	14
航迹带宽度 A/m	203	205	205	200
单向航道宽度 W/m	308	310	310	305

表 6.2 途经航道宽度和水深表

序号	途经航道	航道底宽/m	航道水深/m	存在困难
1	长江北槽航道	350	12.5	需要封航方可通过
2	厦门港主航道	490	15	
3	招银航道	190	11	航道宽度不满足，水深需要借助潮位方可满足

注：拖航最大吃水约 11.3m（包含底部突出结构）。

长江北槽航道是长江区域最繁忙的水上交通要道，途经江苏和上海两个省市，考虑到平台拖航编队宽度和拖航水深，需要将此航道全线封航，在长江航道实施这种拖航尚属首次，封航长江北槽航道需要上升到国家部委审批通过。另外，根据多次与漳州方面沟通，招银航道过往通航船舶最宽为 46m，而平台拖航编队总宽为 105m，此段航道宽度少于正常拖航要求宽度的 2/3，拖航具有一定风险，且拖航评估较为困难。

2. 靠泊评估

“豪氏威马（漳州）”码头潮汐数据显示，每个月都有一两天潮位超过 6m，如图 6.3 所示，此时浮球有被挤出码头的可能，因此，需要在码头浮球区域增加工装。经与豪氏威马漳州公司沟通，暂未确认实施。

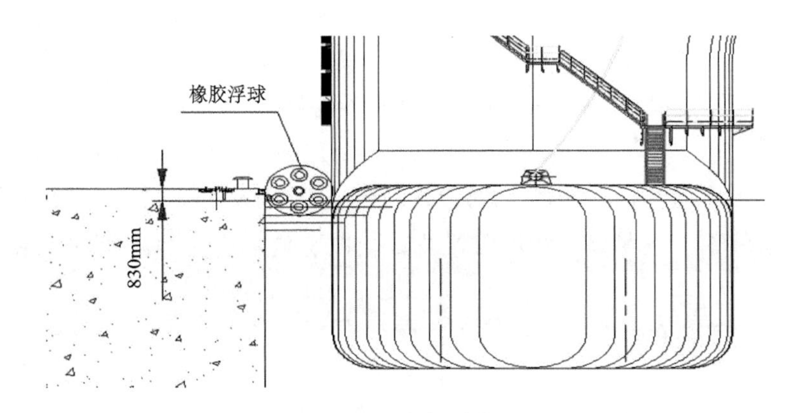

图 6.3　橡胶浮球示意图

若按建造企业码头靠泊方案，“豪氏威马（漳州）”码头无合适方驳供平台靠泊，此方案需要另租赁 2 个 45m 方驳，但考虑到其码头擎天吊的作业半径，增加方驳靠泊后，平台在安装完大吊机后需要将平台转向才可吊装另外一侧小吊机，吊机安装周期将增加。

根据分工界面，船厂需负责平台靠泊漳州码头所有事宜和物资准备（包含缆绳），由于缺乏对当地水文信息的了解，如有一些应急情况，无有效应对措施和应急物资，存在一定的潜在风险。

3. 防台评估

依据“豪氏威马（漳州）”码头提供的码头气象、水文资料，根据计算风、浪、流对平台作用力可见：

（1）缆桩强度不足。码头缆桩（SWL:150t）只能抵抗 10 级（28.4m/s）以下的风，如果需要防台，码头缆桩需要升级到 250t。

（2）码头设计强度不足。根据码头设计单位要求，风速大于 7 级，拆解起重平台（标号：163）不能停靠码头，需要拖出去抛锚防台。由于本拆解平台自身没有锚，且受风面积大，主拖需要达到 20 000 马力[①]才可满足拖带要求，目前国内

① 功率单位，1 马力＝745.7W。

能调遣的拖轮屈指可数。因此，遇到台风拉出去防台在时间上和可行性方面都基本行不通。

过往防台经验：当地海事部门明确要求不允许在码头防台，漳州码头也从未有过船舶防台经验，之前在漳州码头安装吊机的船舶遭遇台风时，都拉出码头防台，且对于无动力船舶停靠在其码头，需要有足够马力拖轮守候。

经拖航分析、靠泊评估及防台评估等一系列风险分析，综合工期和成本因素，经与“豪氏威马（漳州）”码头沟通最终确认施工方案：将平台 2 台 2200t 吊机在漳州组装成整体并预调试，然后运到“招商重工（海门）”基地码头安装。

6.1.2 吊装方式条件分析

吊机安装时主要有整体吊装及分段吊装两种形式。整体吊装即将吊机整体采用浮吊进行起吊及安装。分段吊装将吊机分为底座、立柱、吊臂三部分，分别进行起吊及安装作业。

针对本项目具体分析可知：

（1）由于吊机在安装前需进行调试试验，吊机已组装完成。若采用分段吊装，需将其拆解后重新组装，费时费力，不可取。

（2）本项目吊机安装时采用 3000t 浮吊进行吊装作业，吊机自重 1517t，起吊能力满足吊机的整体安装需求。

（3）分段吊装时，首先将立柱底部安装于平台基座上，接着安装吊臂，并将吊臂一端放置于休息臂处，最后进行将军柱的安装。分段吊装不仅增加了安装工序，同时也增加了安装的成本，在拆解安装时也可能会对重吊造成损伤。

综上所述，本项目采用整体吊装较为合理。对于其他项目的吊机安装，若船厂起吊能力不足，则可以采用分段吊装的方法进行。

6.2 吊点的优化布置及计算

6.2.1 吊点布置

大跨度钢结构在施工过程中表现出了较多的力学问题和关键技术问题，吊装过程中保持结构及构件的稳定性是最基础的问题，为了满足整体安装过程中结构的稳定性，需要在安装过程中设置多个吊点。当吊机起吊能力不足时，可能需要多个吊机协同作业，此时就需要布置更多的吊点[1]。吊点的布置是吊机吊装方案的关键所在，《重型设备吊装手册》中给出了吊点布置的一般要求：

（1）吊点作用点位于吊物重心以上；

（2）选取的吊点位置应能保证吊物的稳定和平衡；

（3）吊点位置应确保不会因为吊件的自重而引起塑性变形；

（4）选择吊点应尽量避开设备的精加工表面；

（5）在起吊过程中，受力变化的吊点，应按其最大受力进行设计；

（6）细长吊物多点吊装时，各吊点间应设有平衡滑轮等装置，使吊点之间自动平衡。

针对本拆解平台重吊，在吊装过程中吊点的选择主要需考虑以下几方面。

1. 吊点位置

本书所研究吊机为左右对称结构，为使钢丝绳受力均匀，吊点的布置应尽量相对船中对称。吊点位置往往设置在主梁上，便于结构传力，保证结构整体强度。吊点也应该布置在被吊物强结构的位置。同时，也应考虑到吊装的立正过程，选择合适的吊点位置，方便安装时的立正。

2. 吊点数量

吊点的数量需要根据工程实际具体分析。一方面，吊点数量越多，结构发生变形越小，单根绳索所受拉力越小，单个构件越趋于稳定；另一方面，针对整体吊装分析，由于索具制造长度的误差，起重机同时与多条吊索相连时，索具不能同时受力，吊装过程中具有不确定性。一般吊机最多与 3 或 4 条吊索连接，当吊索多于 4 条时，需要多台吊机协同作业，增加了施工控制难度和成本。

对于普通的分段，吊点一般情况下设置 4 个。这种情况下结构受力简单，布置形式也较为简单。针对本书的重吊，其自重大、吊臂长、整体安装要求高。平台重吊形状结构特殊，重量中心难以计算。常规的吊装方案可能会出现较为严重的应力集中区域，对控制变形也非常不利，需要更多的吊点平衡自重。不过，重吊的吊装过程中需要将其立正，过多的吊点布置不利于控制，同时也增加了索具的重量和费用。吊点数量的选择需要综合考虑吊装过程的平衡性及立正过程的可操控性。

3. 吊点重心

在单吊机起吊作业中，被吊物结构通过索具和起重设备的吊钩相连，吊索和吊钩之间的连接类似于铰接，若吊具布置不合理，整个结构会在起升平面绕吊钩转动，最终达到平衡位置。

结构的匀速起吊过程中的力学问题属于慢速时变力学问题，结构随时间缓慢变化，根据力平衡知识可知，在平衡位置，吊钩合力作用点在水平面的投影和被吊物重心在同一水平面的投影应该是重合的，即吊钩作用点和被吊物重心在同一竖直方向上。

对于细长柱结构，吊装过程中一般只需要布置两个吊点，合理选择吊点位置和吊索长度，保证结构重心和吊点连线在竖直方向相交便可使吊物达到基本平衡状态。而对于平面结构和空间结构，要使结构物保持精确的平衡状态，需借助一些工具，常见的有利用手拉葫芦为平衡工具的吊装方法以及利用横梁和索具螺旋扣为平衡工具的吊装方法。

4. 船厂的起吊能力评估

船厂的起吊能力也是制约重吊吊装方案有效开展的重要因素。部分企业因起吊能力不足无法进行大型海工设备的建造安装。船厂常见的起吊设备有龙门吊和浮吊，浮吊的起吊能力一般要强于龙门吊。本项目采用浮吊进行吊装作业。

设备的起吊能力参数主要包括以下几个方面：吊机的额定载荷、吊排自重和额定载荷、起吊钢丝绳的长度及额定载荷等。只有在选择了吊机、合理布置了吊点、确定了钢丝绳的长度和角度之后，设备的吊装可靠性才能得到保障。在整个吊装过程中，必须保证结构的稳定及安全，吊耳及吊索所受载荷应小于其安全载荷。

6.2.2 吊点布局合理性评价准则

在对承重结构的设计中，应考虑以下两种极限状态：承载能力极限状态——结构构件达到最大承载能力或达到不适于继续承载的变形时的极限状态；正常使用极限状态——结构构件达到正常使用的某项规定的限值时的极限状态。例如，在受弯构件设计时，限制其挠度在正常使用情况下不能超过某一限值。

按照承载能力极限状态计算是为了保证结构的安全性，而按照正常使用极限状态计算是为了保证结构的适用性和耐久性。

当被吊物的吊点布局方案确定后，可对结构施加位移约束和载荷约束。进而计算出结构在当前工况下的构件内力、变形及整体结构应变能、稳定性等信息。强度设计指标比较常见的表现形式有最小弯矩准则、最小应变能准则、挠度准则等。

1. 最小弯矩准则

对于细长构件，其在吊装过程中由于自重等载荷影响通常处于弯曲状态，在不同截面上受到不同大小的弯矩作用。倘若吊点布置不合理，构件会因受到较大的弯矩造成失效破坏。最小弯矩准则表述为：构件在吊装过程中，在不同约束方式下形成不同的弯矩分布，其中使构件弯矩绝对值取最小值的约束方案为最佳吊点布局方案。

2. 最小应变能准则

应变能是指弹性体在外载荷作用下发生变形的过程中，以应变和应力的形式储存在物体内部的势能。对于轴力 N 作用下的等截面杆，在线弹性范围内，杆件应变能 U 为

$$U = \frac{N^2 l}{2EA} \tag{6.1}$$

梁在纯弯曲时应变能为

$$U = \int_0^l \frac{M^2(x)}{2EI} \mathrm{d}x \tag{6.2}$$

应变能极小原理可以描述为：弹性体在给定的一组位移下的应变能由于安置或放松不做功的约束而增加或减少。自然过程中总是向着能量降低的方向，沿着阻力最小的路线进行，因此，使结构获得最小应变能的约束布局就是最合理的布局方案，即最小应变能准则。

3. 挠度准则

受弯挠度在载荷作用下产生挠曲变形，在正常的使用过程中如果挠度过大，会影响结构功能，在安装过程中挠度过大，则会影响安装的精确性。受弯构件的

刚度要求即挠度准则，指结构或构件在载荷标准的作用下挠度不超过容许值。设计规范对各类受弯构件给出了挠度的容许值，对无轨道的工作平台、桁架结构，要求挠度容许值为构件跨度的1/400。

综合以上三个准则，在吊装过程中使构件产生的弯矩绝对值最小则满足最小弯矩准则；使结构获得最小应变能的约束布置方式满足最小应变能准则；使结构产生的挠度小于容许值则满足挠度准则。

6.2.3 吊物计算重量

由于吊装过程中各种外界因素及设计误差等因素，起吊重量与吊物自重之间存在误差。根据 DNV-OS-H205 吊装规范，计算起吊重量需要将吊物自重乘以整体放大系数。

1. 重心误差系数 f_1

由于吊物重心位置理论值和实际值之间有一定偏差，需要乘以重心误差系数，规范推荐取值 1.05。

2. 动态放大系数 f_2

在吊装过程中，由于吊机、船舶的运动，吊装过程是一个动态过程。影响动态载荷的主要因素有：环境载荷、索具布置、吊机种类、吊物类型、吊物重量、起吊方式等。所引起的动态载荷需通过动态放大系数体现。

针对非导管架结构物吊装，DNV 根据吊物重量及吊装环境，给出了在不同情况下的动态放大系数取值，具体数值如表 6.3 所示。

表 6.3 动态放大系数取值

吊物重量 W/t	岸上	岸边码头	海上
$3<W\leqslant 100$	1.10	$1.07+0.05\sqrt{100/W}$	$1.0+0.25\sqrt{100/W}$
$100<W\leqslant 300$	1.05	1.12	1.25
$300<W\leqslant 1000$	1.05	1.10	1.20
$1000<W\leqslant 2500$	1.03	1.08	1.15
$W>2500$	1.03	1.05	1.10

本章节所研究重吊重量为 1517t，通过浮吊在岸边码头进行吊装作业，因此动态放大系数取 1.08。

3. 不平衡系数 f_3

吊装过程中由于吊索建造精度、索具布置、吊点建造精度等各种误差，起吊时产生了不平衡载荷。不平衡系数主要根据吊装形式取值。当吊装系统为单个吊钩时，不平衡系数取 1.10；当吊钩数大于等于 2，且每个吊钩与吊梁连接时，不平衡系数取 1.10；对使用 4 根成对吊索的起吊形式，不平衡系数取 1.25。本书浮吊有 2 个吊钩，吊索与吊梁连接。根据工程实际情况，取值为 1.10。

4. 横摇系数 f_4

由于构件在起吊过程中受到外部载荷、吊臂运动等影响，构件自身会发生横摇，横摇系数按照规范取值为 1.05。

本章节重吊重量为 1517t，计算时根据 DNVGL-ST-N001，重心误差系数 f_1 取 1.05，动态放大系数 f_2 取 1.08，不平衡系数 f_3 取 1.10，横摇系数 f_4 取 1.05。整体放大系数为

$$F = f_1 \times f_2 \times f_3 \times f_4 = 1.30977$$

计算重吊总重量取 $1517 \times 1.30977 = 1986.9\ \text{t}$。

6.2.4　吊点优化计算

1. 重吊介绍

本书所研究的重吊为 2200mt OMC，主体结构主要由将军柱、吊臂、驾驶室组成，自重 1517t，如图 6.4 所示。

吊物重心的位置对吊装吊点的选择有很大影响，一般要求重物重心和吊点作用点位于同一竖直线上。重吊一般具有良好的对称性，因此重吊的重心位于重吊中心线上。

重吊重心会随着吊臂角度的变化而变化，在吊装过程中，吊臂和将军柱夹角固定为 9°。经计算，此时重吊重心位于（3.3, 0, 36.7），如图 6.5 所示。

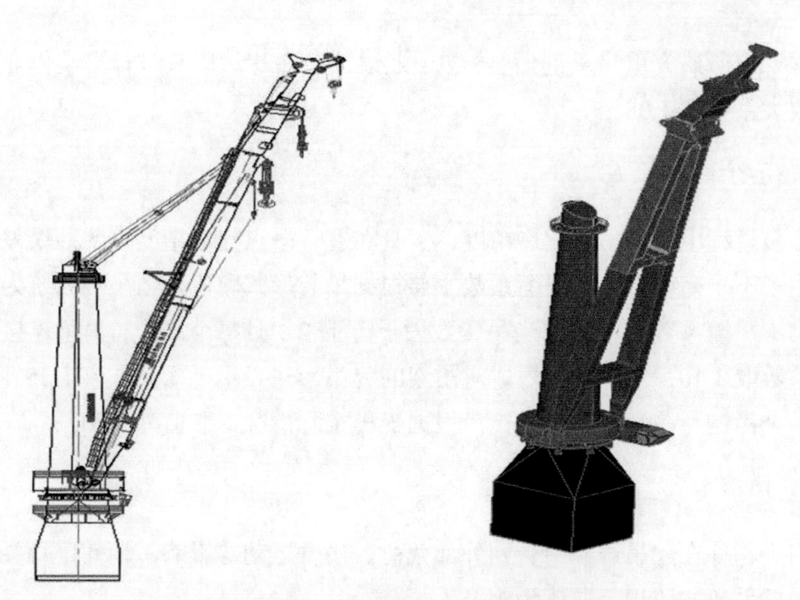

图 6.4 吊机图纸及三维模型

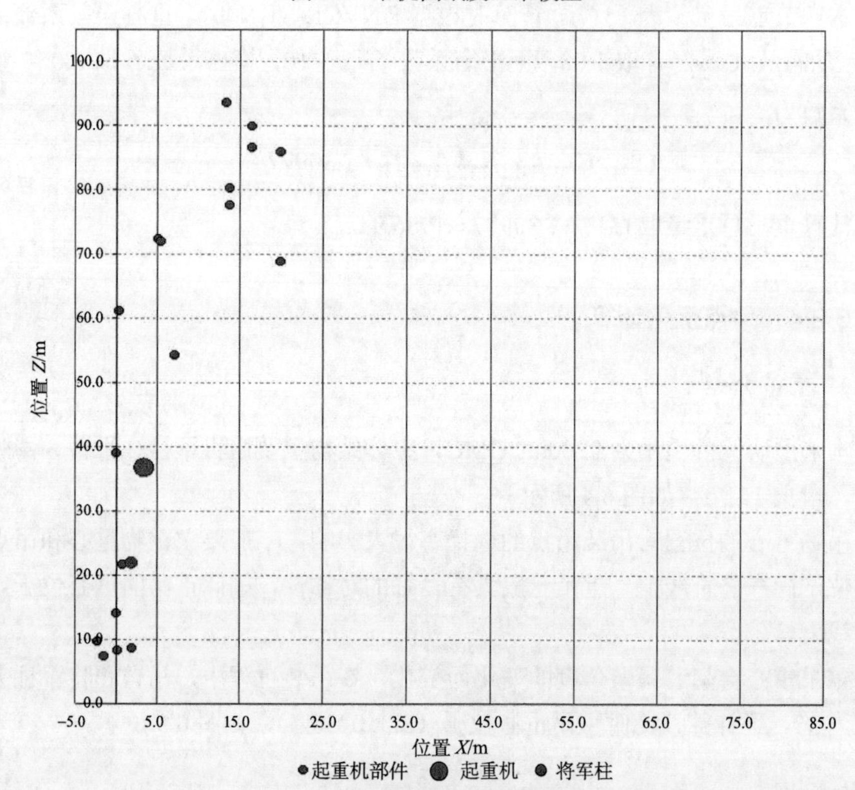

图 6.5 2200mt OMC 重心位置

注：计算吊机重心时吊机竖直放置于主甲板面上，吊臂与水平面之间夹角为81°，在吊机起吊过程中，保证吊臂不转动，X 方向为吊臂朝向，Y 方向为朝向吊臂左侧，Z 方向为竖直向上。坐标原点位于主甲板面将军柱底部中心。

2. 浮吊介绍

吊装作业中所选用的吊机为招商重工海门基地自建的 3000t 浮吊，如图 6.6 所示。船长 127.5m，船宽 50m，型深 9m，起吊能力为 3000t，其吊钩主要参数如表 6.4 所示。

图 6.6　3000t 浮吊

表 6.4　3000t 浮吊吊钩主要参数

项目		主钩	副钩
起重量/t		2×750	2×750
臂架高度/(°)		37.36～69.66	37.36～69.66
起升高度/m		115/15	165/15
机钩速度/（m/min）	带载	0～1.75	0～1.75
	空载	0～3.5	0～3.5
电机功率/kW		4×160	4×160

浮吊共有 1 对主钩及 1 对副钩，每个钩子起重量为 750t。浮吊的作业半径与作业能力曲线如图 6.7 所示。浮吊作业半径扩大，吊臂与平面之间的夹角逐渐变小，起吊能力逐渐减小。因此在起吊作业时，应注意吊机作业半径的变化，当吊

物尺寸较大、自重较大时，应注意吊机作业半径的作业要求，所使用的索具主要参数如表 6.5 所示。

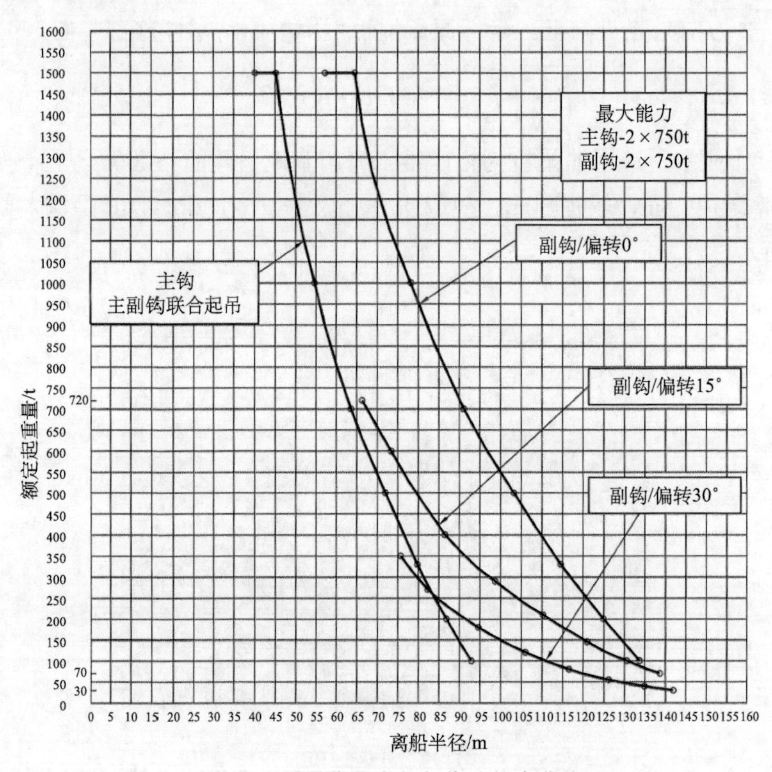

图 6.7　浮吊作业半径与作业能力曲线

表 6.5　索具主要参数

序号	名称	规格	重量/kg
1	钢丝圈绳	ϕ132mm×20m　SWL=434t　MBL=1418t	5280
2	钢丝圈绳	ϕ157.5mm×30m　SWL=700t　MBL=2117t	22320
3	钢丝圈绳	ϕ132mm×7m　SWL=250t	1866
4	钢丝圈绳	ϕ132mm×20m　SWL=250t	5328
5	卸扣	SWL=500t	1400
6	卸扣	SWL=250t	2400
7	卸扣	SWL=600t	2808
8	吊梁	SWL=1000t　L=12.1m	22372
	汇总		63774

3. 吊点布局及计算

吊点优化布置需确定吊点数量及位置。本次吊机安装采用整体吊装，吊装过程需要将重吊立正（图 6.8），吊点数不宜过多，过多的吊点不易控制，需多台吊机联合作业，不易操作，且吊点应对称布置，以保证吊装过程中的平衡性。

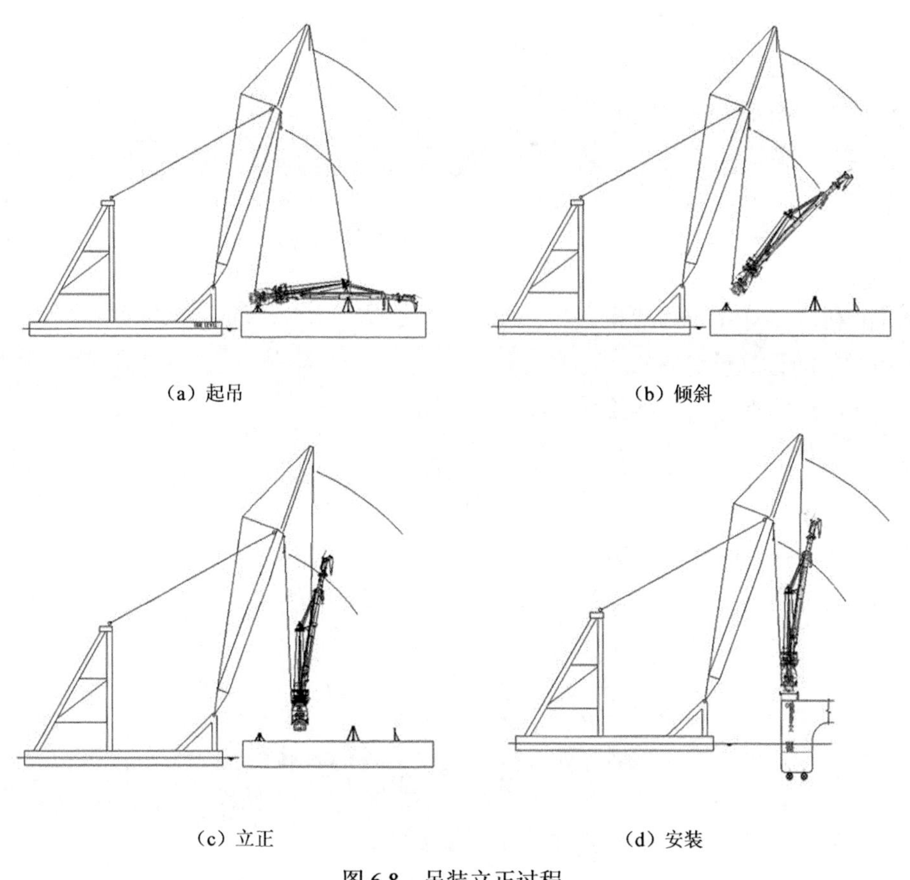

（a）起吊　（b）倾斜　（c）立正　（d）安装

图 6.8　吊装立正过程

综合考虑，取 4 个吊点为宜，重吊的 4 个吊点对称分布，如图 6.9 所示。

记 A/C 两吊点靠近尾部处，B/D 两吊点靠近吊梁端部处。A/C 吊点所受垂向合力为 $F_{A/C}$，B/D 吊点所受垂向合力为 $F_{B/D}$。根据力平衡及力矩平衡条件可知：

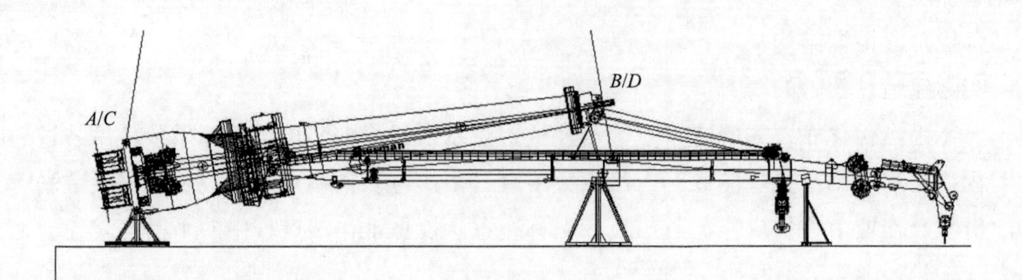

图 6.9 吊点布置

$$F_{A/C}=\frac{L_4}{L_2+L_4}W \tag{6.3}$$

$$F_{B/D}=\frac{L_2}{L_2+L_4}W \tag{6.4}$$

式中，L_2 为 A/C 吊点与重心的纵向距离；L_4 为 B/D 吊点与重心的纵向距离；W 为所吊构件的计算重量。

A 吊点的垂向力可按式（6.5）计算得出：

$$F_A=\frac{L_5}{L_1+L_5}F_{A/C} \tag{6.5}$$

式中，L_1 为 A 吊点与重心的横向距离；L_5 为 C 吊点与重心的横向距离。由于吊点的对称布置，L_1 与 L_5 相等，因此式（6.5）可简化为

$$F_A=F_C=\frac{1}{2}F_{A/C}=\frac{L_4}{2(L_2+L_4)}W \tag{6.6}$$

$$F_B=F_D=\frac{1}{2}F_{B/D}=\frac{L_2}{2(L_2+L_4)}W \tag{6.7}$$

A 吊索所受的拉力可按式（6.8）计算得出：

$$F_{LA}=\frac{F_A}{\sin\alpha} \tag{6.8}$$

式中，α 为 A 吊索与水平面的夹角。同理也可得到其他三吊点吊索上拉力。

A/C 吊点位于将军柱底部，B/D 吊点位于吊臂中部位置。在起吊初期，重吊平置于支架上，此时 A/C 吊点与重心的纵向距离为 18.05m，B/D 吊点与重心的纵向距离为 19.08m，A/C 吊索与水平面夹角为 82°，B/D 吊索与水平面夹角为 81°，

经计算，此时 A/C 吊索拉力为 515.62t，B/D 吊索拉力为 489.06t。

在重吊的立正过程中，B/D 吊点逐渐靠近重吊重心，B/D 吊索拉力逐渐增大，A/C 吊索拉力逐渐减小。当重吊处于立正状态时，A/C 吊点与重心的纵向距离为 4.5m，B/D 吊点与重心的纵向距离为 2.42m，A/C 吊索与水平面夹角为 87°，B/D 吊索与水平面夹角为 89°，经计算，此时 A/C 吊索拉力为 347.96t，B/D 吊索拉力为 646.25t。

由于 A/C 吊点位于将军柱底部，重吊自身布置有吊耳。现调整 B/D 吊点位置，计算在不同的吊点位置吊索拉力。在水平位置初始 B/D 吊点与重心的纵向距离为 19m，现 B/D 吊点与重心的纵向距离分别取 11m、15m、19m、23m、27m 共 5 组。分别计算在水平状态及立正状态各吊点处吊索拉力，计算结果如图 6.10、图 6.11 所示。

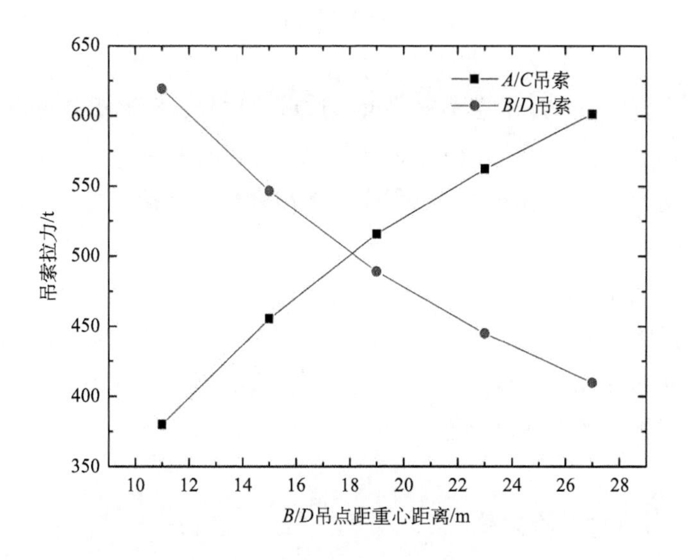

图 6.10　水平状态各吊点吊索拉力

由图 6.10、图 6.11 可见，随着 B/D 吊点逐渐远离重心，A/C 吊索拉力逐渐增大，B/D 吊索拉力逐渐减小。对此可以分析得出：在水平状态下，由于吊点远离重心，力臂增大，在 B/D 处垂向力相应减小。由于浮吊吊点较高，吊索与水平面夹角变化较小。在立正状态下，B/D 处吊索与水平面夹角接近 90°，吊点逐渐远离重心，也同样导致 A/C 吊索拉力逐渐增大，B/D 吊索拉力逐渐减小。

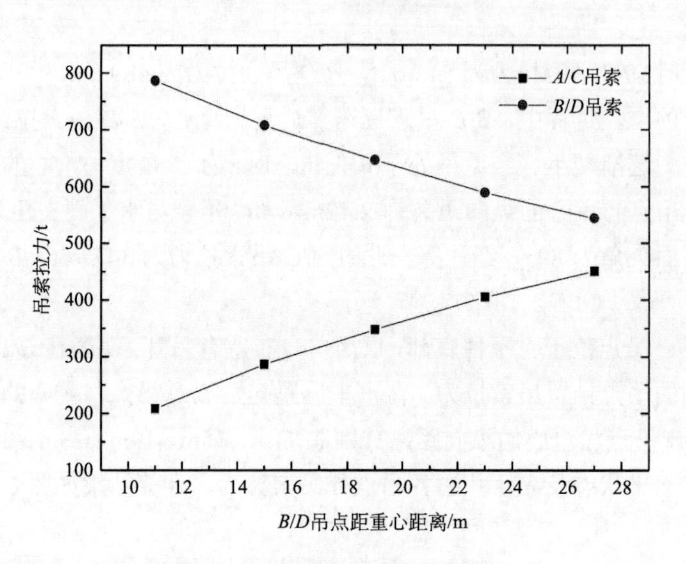

图 6.11　立正状态各吊点吊索拉力

在吊点布置时，B/D 吊点不宜离重心过近或过长。距离重心过近会使 B/D 吊点力臂变短，吊索拉力增大。过长则会使 A/C 吊点处吊索拉力增大。同时，也要考虑吊索夹角要求，在整个吊装过程中，各吊索尽量保持竖直状态，否则会加大吊索的承载负担。

在选择吊点布局时，要综合考虑起吊能力、吊物重量、吊运过程等各个方面。对于对称型吊物，吊点一般对称分布；吊点布局要合理，既要保证吊装的安全性，即保证吊索和吊耳载荷小于安全载荷，又要保证在吊运过程中的可操纵性，若有翻身或立正过程需考虑其可行性。

6.2.5　有限元计算分析

采用 FEMAP 软件对不同吊点布局的吊索拉力进行有限元计算分析，主要分析在水平及立正状态下的吊索拉力。

对重吊模型进行相应简化，主要搭建重吊的将军柱及吊臂，忽略驾驶室等小部件。网格大小为 1m×1m，分别在水平及立正状态取 5 组不同的吊点位置，计算不同布置下吊索上的拉力，如图 6.12、图 6.13 所示。

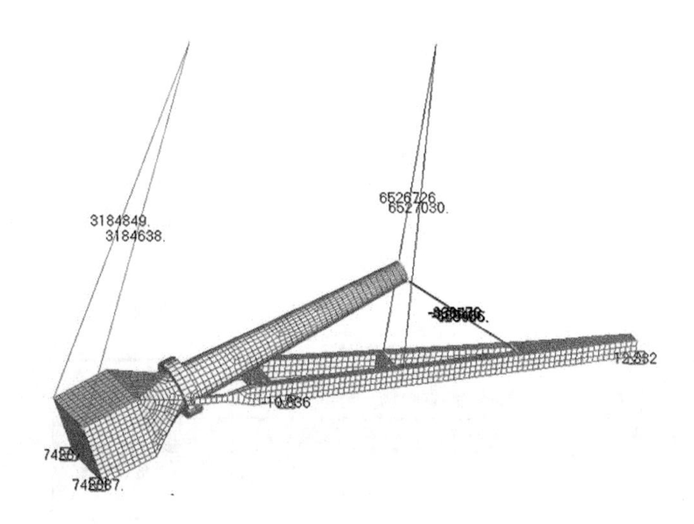

图 6.12　模型水平状态

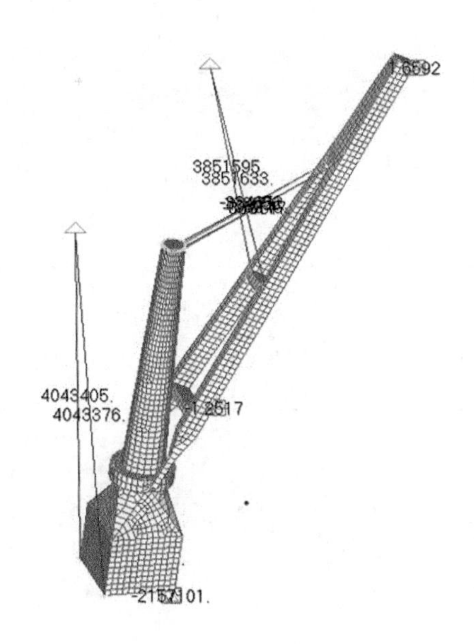

图 6.13　模型立正状态

吊索在不同工况及不同布置下的拉力值统计如表 6.6 所示。

图 6.14 及图 6.15 分别为不同吊点布置下吊索拉力变化趋势图，由图 6.14、图 6.15 可见，吊索拉力变化趋势与计算结果保持一致，验证了仿真计算的可信性。

表 6.6 吊索在不同工况及不同布置下的拉力值统计

吊点位置/m	水平状态		立正状态	
	A/*C* 吊索拉力/t	*B*/*D* 吊索拉力/t	*A*/*C* 吊索拉力/t	*B*/*D* 吊索拉力/t
11	281.3	559.3	187.4	789.8
15	350.1	461.1	258.8	713.4
19	404.3	385.1	318.4	652.6
23	448.1	325.1	369.0	603.8
27	482.2	277.2	412.4	564.4

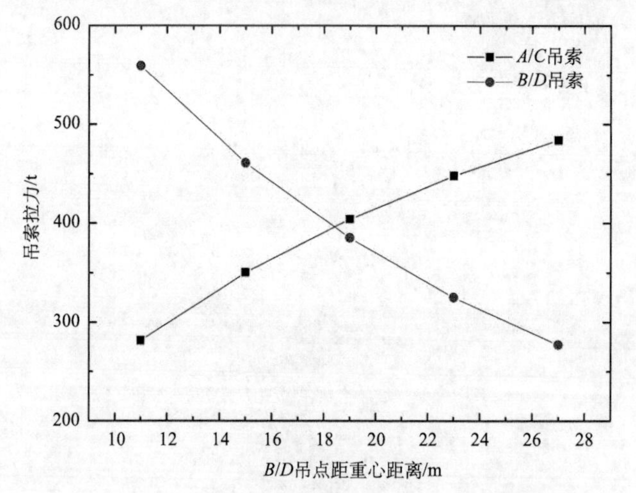

图 6.14 水平状态不同吊点布置下吊索拉力变化趋势图

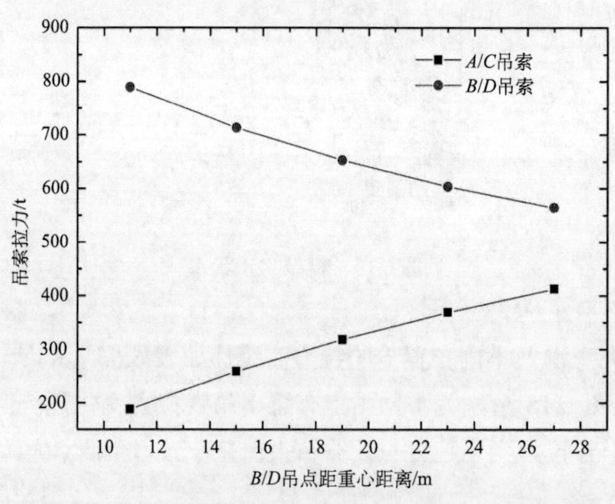

图 6.15 立正状态不同吊点布置下吊索拉力变化趋势图

图 6.16、图 6.17 为重吊在吊装过程中所承受的应力分布图。从图 6.16、图 6.17 可见，在水平状态下，最大应力出现在吊臂与将军柱连接处，在立正状态下，最大应力出现在吊耳附近。根据 DNV 规范，极限状态系数取 0.75，普通钢（Q235）的许用应力为 176MPa，高强钢（AH36）的许用应力为 266MPa。在各工况下最大应力均小于许用值。吊装布置方案合理。吊装时高应力区域主要集中在吊点及吊点附近区域，在设计时应特别注意此处区域和周边结构的应力和变形，吊点布置尽量选择在强结构处。

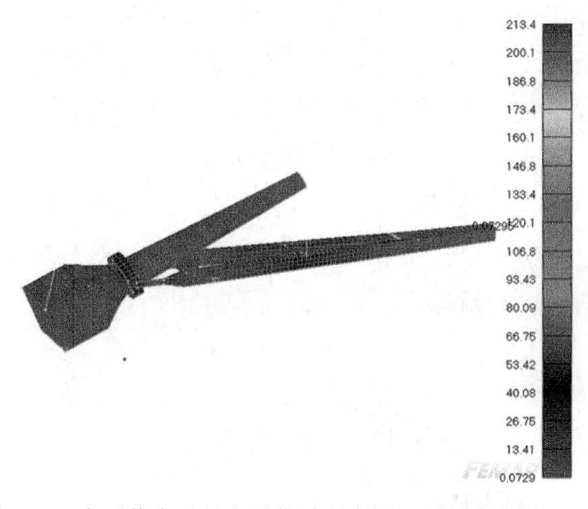

图 6.16　水平状态重吊在吊装过程中所承受的应力分布

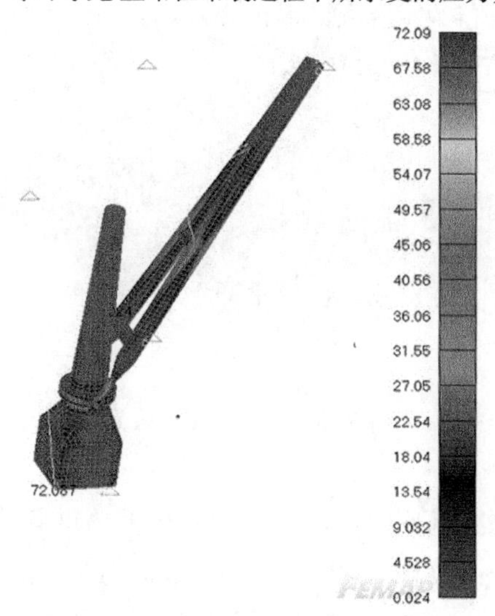

图 6.17　立正状态重吊在吊装过程中所承受的应力分布

6.3　吊装过程中重吊对基座冲击力的分析和计算

吊机安装过程中，吊机与基座接触时会对基座产生一个冲击力。此冲击力主要是重吊和基座之间的相互运动引起的。为了减小冲击力，就需要尽量减小在安装时两者之间的相互运动。一方面要减小平台的运动；另一方面要减小重吊安装时的下降速度。

重吊可选择在海上或码头进行安装作业，综合考虑各方面因素，选择在招商重工（海门）基地码头进行安装，待安装完之后再进行拖航作业。在码头安装，平台所受环境载荷较小，水动力响应较小，安装便于控制。在进行安装时，选择无风无浪天气，以便进一步减小平台的运动响应。

通过 FEMAP 建立吊机基座模型（图 6.18）。范围：*X* 方向 FR13～FR27，*Y* 方向 S7～S18，*Z* 方向 DECK23.25～MAIN DECK。对基座区域网格进行局部细化，以使计算结果更为精确。

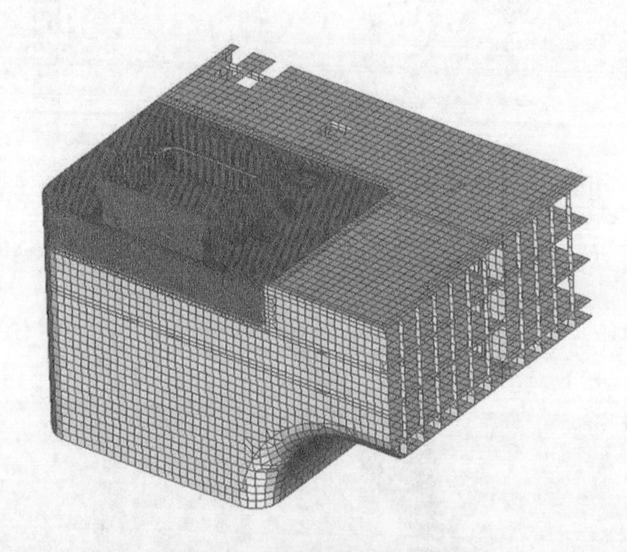

图 6.18　吊机基座有限元模型

在吊机底部接触到基座时，基座约承受吊机总重量的 10%（151.7t），此时基座最大变形量为 3.5mm（图 6.19），最大等效应力为 34.7MPa（图 6.20），此时基座变形量很小。

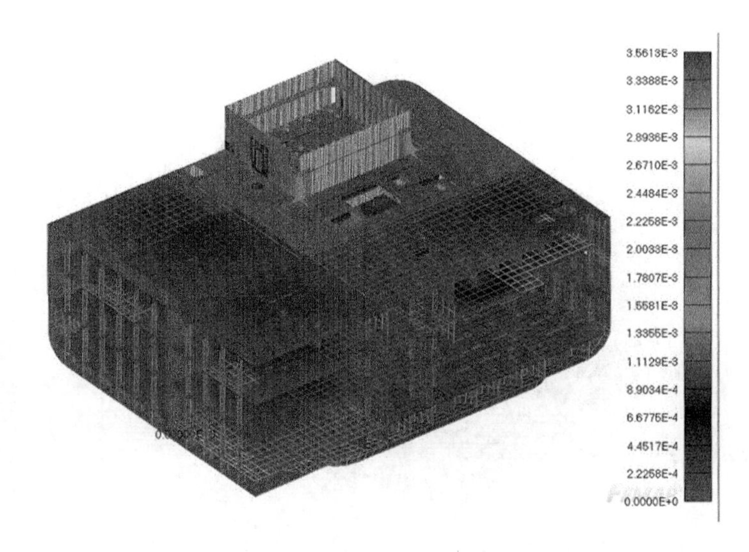

图 6.19　吊机底部接触到基座时吊机基座变形云图

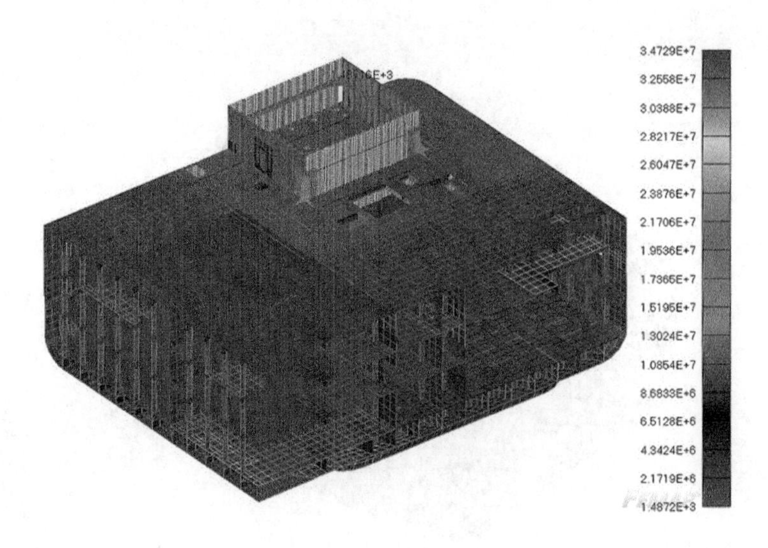

图 6.20　吊机底部接触到基座时吊机基座应力云图

随着浮吊吊钩逐渐卸力，最终吊索拉力为 0，基座承受整个吊机的重量。此时基座最大变形量为 4.0mm（图 6.21），最大等效应力为 87.3MPa（图 6.22）。

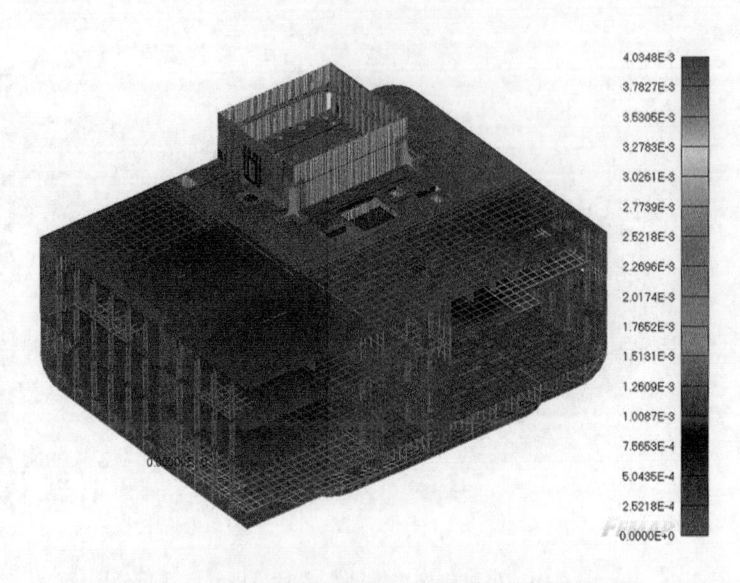

图 6.21 基座承受整个吊机重量时吊机基座变形云图

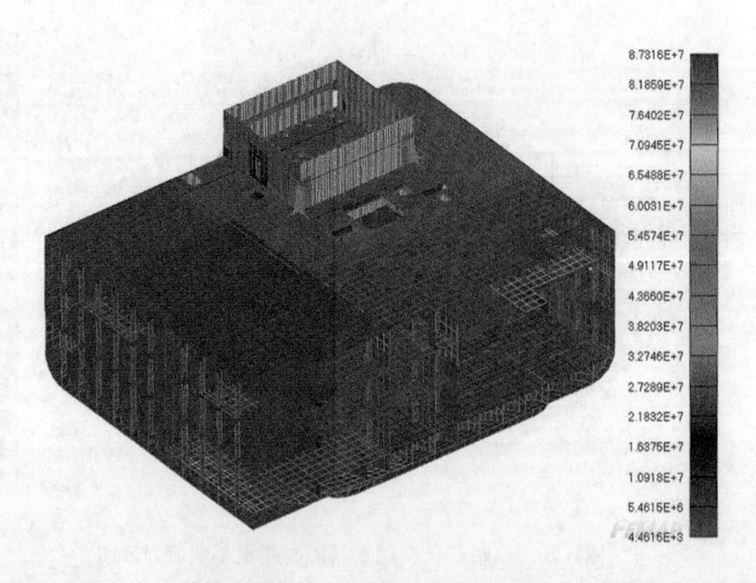

图 6.22 基座承受整个吊机重量时吊机基座应力云图

在实际施工安装过程中，选择在风平浪静的工况下进行安装。精确控制吊钩的位置和下降速度。由于吊钩速度极为缓慢，当吊机底部接触到基座时，基座约承受吊机总重量的 10%（151.7t），同时由于两台吊机均安装于平台右舷，在安装吊机时需调整压载水，保证平台稳性。接着吊索逐渐卸力，在基座承受吊机重量30%（452.1t）左右时，工人开始进行焊接定位，基座底部8个角各先封焊1m焊缝，吊机开始进行安装，接着把剩余载荷逐步放下。在整个安装过程中，重吊对基座的冲击力相比于重吊自重为小量，可以忽略。

6.4　重吊和基座的装焊工艺及无损检测的研究

6.4.1　装焊工艺

焊接是通过加压加热的方式，使异性或者同性的两个工作原件发生原子间结合的连接方式与加工工艺。金属的焊接方法有几十种，一般分为熔焊、压焊和钎焊三大类。工程实际中常用的焊接有二氧化碳保护焊、电弧焊、氩弧焊、激光焊、氧气-乙炔焊等多种焊接形式。焊接也可以应用在塑料等非金属材料上。

1. 焊前准备

在焊接前，母材的焊接坡口及两侧30～50mm必须彻底清除气割氧化皮、熔渣、锈、油、涂料、灰尘、水分等影响焊接质量的杂质。焊工需复查工件的焊接坡口，接头的组装质量及焊接区域的清理情况需符合图样和技术文件的要求。相对湿度较大致使待焊工件表面出现水汽时，应对待焊区域进行烘干处理。当有雨水落到焊缝区域时禁止施焊，采取挡雨措施方可施焊。

2. 焊接工艺

1）焊接顺序

（1）应考虑起始焊接时，不能对其他焊接形成强大的刚性约束。

（2）每条焊缝焊接时，尽量保持其一端能自由收缩。

（3）整体建造时，对平面分段与立体分段，应从结构的中央部位开始焊接，然后向左右及前后分散对称焊接，以减小结构变形和内应力。

（4）凡是对称于中心线的构件，采用对称焊接法，双数焊工同时工作。

（5）结构中若同时存在对接焊缝与角接焊缝，则先焊对接焊缝后焊角接焊缝。

（6）长度大于2m的焊缝，如果采用药芯焊丝气体保护焊或手工电弧焊，就要采用分段退焊法或从中间向两端分段退焊法进行焊接。采用分段退焊法时，每段焊缝长度约为500mm。

（7）多层焊时，各层的接头要相互错开30mm以上。在下道焊接之前，应将前道焊渣清除。

（8）焊缝表面不得有裂纹、夹渣、未熔合、烧穿等缺陷，焊缝表面成形均匀，并平缓地向两侧过渡。

（9）在去除临时焊缝、定位焊缝、焊缝缺陷、焊疤和清根时，不应损伤母材。

2）工艺规范

（1）焊接时，要按照相关工艺规范进行。

（2）角焊缝的尺寸等要按照施工图及《焊接规格表》进行焊接。

（3）禁止在焊缝之外的钢板表面随便打弧，如有打弧痕迹，要用砂轮磨光。

（4）不同厚度的钢板对接，其厚度差大于3mm，应将厚板的边缘削斜，削斜的宽度应不小于厚度差的4倍；若其厚度差小于3mm，可不将厚板的边缘削斜，在焊缝宽度范围内使焊缝外形均匀过渡。

（5）焊缝末端收口处应填满弧坑，以防止产生弧坑裂纹和缩孔。

（6）构件切口、切角、开孔及构件末端，均应有良好的包角焊。

3）后热处理

当材料碳当量较大、结构刚性过大、构件板厚较厚时，要进行适当后热缓冷措施，必要时编制焊接专用工艺，并严格按要求执行。

4）焊接检测

焊接结束后，焊工必须对自己所焊的焊缝，敲清焊渣及焊缝周围的飞溅，去除陶瓷衬垫，并检查焊缝外表质量符合要求后报检。当焊缝外表存在焊接缺陷时，焊工必须先剔除焊接缺陷，并修补完整。焊缝外观质量应根据有关施工图或检验文件中的要求进行检测。

进行外观检验之后还需进行无损探伤。由检验员根据焊缝无损检验检查要求按比例进行抽查。当无损检验检查后，焊缝存在超标的焊接缺陷，焊工必须进行返修。焊缝返修按相关规范要求施工。

6.4.2 大吊机焊接工艺

吊机的安装有其特殊的要求，根据ABS MODU（2015）、AWS结构焊接标准

-钢、国际船级社协会（IACS）47号推荐规范、ASME锅炉及压力容器规范。编制适合此吊机安装的焊接工艺。本吊机焊接时采用的焊接材料等如表6.7所示。

表6.7　焊接材料及焊接方法

指标	备注
母材	ST52-3N
焊接方法	药芯焊丝气体保护焊（FCAW）
焊接材料型号	AWS A5.20 E71T-1C
厂家牌号	京群 GFL-71

当基座定位准确后需进行焊接工作，施焊过程要保证施焊环境及施焊条件，当相对湿度较大，致使待焊工件表面出现水汽时应对待焊区域进行烘干处理。本项目搭设雨棚（图6.23）以达到焊接所需温度、湿度和防风防雨的要求，焊接前要先进行预热处理，加热片布置在焊缝周围，预热温度要至少达到110℃才能进行现场施焊。

图6.23　雨棚搭建

由于所需焊缝很长且受力状况简单，为减少焊接变形量、预留焊接变形空间及减少焊件重量，采用交错断续的方式进行焊接，安排双数焊工从中间向两边同时对称施焊。对于焊缝修补，一般预热温度要比通常焊接高约2℃，修补结束后，对修补焊缝重新报检。

焊接时，要按照工艺规范进行，焊接的过程中持续进行定位调整，随着焊接工作的进行逐渐卸载负荷。当材料碳当量较大或结构刚性过大、构件板厚较厚时，要进行适当后热缓冷措施，必要时编制焊接专用工艺，并严格按要求执行。焊接完成外观检验合格后根据施工图或检验文件的要求进行探伤，对焊缝存在超标的焊接缺陷，焊工必须进行返修。对缺陷进行定位和清除后，一般选用与原焊缝同样的焊材及焊接规范进行补焊，对于结构约束较大的“十字接头”“丁字接头”的高强钢的焊缝返修，要特别注意再次产生裂纹，必要时对焊缝修补范围进行局部预热，预热并保持焊接过程的层间温度达到预热温度以上，焊接需连续一次完成。

6.5 吊装过程动态仿真技术研究

6.5.1 吊装方案

根据上述研究，确定本书吊机具体的吊装方案：将吊机从漳州码头整体拖航至海门基地，在海门基地采用3000t浮吊进行整体吊装作业。吊点位置进行优选，4个吊点两两对称，一组布置于底座处，一组布置于吊臂处，距离吊机重心约19m。对此种布置方案进行有限元仿真计算，吊索拉力及吊机强度满足所需要求，吊装方案合理安全。

吊机安装时需注意定位导向板、焊接工艺合理选取及平台调载。大吊机的焊接注意其工艺的特殊性。对整个吊装过程还需进行风险评估。

6.5.2 平台调载

吊机安装过程中，为调节平台的重量、重心和平台的吃水需进行平台调载。根据本项目计划，主吊机安装的时候，首先安装艏部大吊机，然后再安装艉部大吊机。

1. 重量重心信息

1）主吊安装前平台重量重心信息

安装主吊机前的重量重心通过现场建造部门反馈的吃水数据及装载状态进

行反推，相应的装载计算参见：163 艏部大吊机准备安装前的压载状态。装载计算结果与现场反馈数据基本一致。

2）主吊安装时的重量重心信息

主吊安装时主吊机的重量重心参数，如表 6.8 所示。

表 6.8　主吊安装时主吊机的重量重心参数

大吊名称	重量/t	纵向坐标/m	横向坐标/m	垂向坐标/m
OMC1（FWD）艏部大吊	1517	88.875	–32.48	79.023
OMC2（AFT）艉部大吊	1517	32.625	–32.48	79.023

3）主吊完全安装结束后的重量重心信息

主吊完全安装结束后的重量重心信息，如表 6.9 所示。

表 6.9　主吊完全安装结束后的重量重心信息

大吊名称	重量/t	纵向坐标/m	横向坐标/m	垂向坐标/m
OMC1（FWD）艏部大吊	1541.684	86.800	–19.552	63.402
OMC2（AFT）艉部大吊	1541.684	32.662	–19.418	63.402

4）浮吊船卸载要求

在浮吊船卸载至吊机底座上的过程中，吊机座四周的压力应当满足吊机厂家要求。在吊机安装过程中，吊机重心偏向左舷。为防止在焊接作业过程中，焊缝受到拉力，如表 6.10 所示，压力数值可用作参照。假定吊机安装过程中平台正浮，风速为 20m/s，加速度为 0m/s^2。吊机座左侧边、艏侧边、艉侧边压力载荷大于右侧边，此处不予显示。

表 6.10　载荷数据

浮吊上的载荷	吊机座上载荷	吊机座最右侧边载荷/t
80%OMC 自重=1250t	20%OMC 自重=–310t	–25
70%OMC 自重=1100t	30%OMC 自重=–460t	–50
50%OMC 自重=775t	50%OMC 自重=–775t	–100

2. 平台调载的仿真计算

在浮吊船卸载，平台吊机座支反力 N 值增加过程中，浮吊两个钩子载荷卸载量不仅会影响 N 值的大小，也会对支反力 N 作用点产生影响。本书中浮吊船两个钩子以相同的百分比 10%进行卸载，这样浮吊两钩合力作用线仍与 OMC 重力反向且通过重心，这样平台吊机座合成的支反力 N 作用线也与 OMC 重力反向且过重心，最后将艏部和艉部大吊的安装情况和浮吊船每卸载 10%的状态综合起来，本书共设置了 23 个压载工况状态，如表 6.11 所示。

表 6.11 平台压载状态的描述

工况	描述
状态 0	163 艏部大吊准备安装前压载状态
状态 1	163 在浮吊船卸载 10%时压载状态（OMC1）
状态 2	163 在浮吊船卸载 20%时压载状态（OMC1）
状态 3	163 在浮吊船卸载 30%时压载状态（OMC1）
状态 4	163 在浮吊船卸载 40%时压载状态（OMC1）
状态 5	163 在浮吊船卸载 50%时压载状态（OMC1）
状态 6	163 在浮吊船卸载 60%时压载状态（OMC1）
状态 7	163 在浮吊船卸载 70%时压载状态（OMC1）
状态 8	163 在浮吊船卸载 80%时压载状态（OMC1）
状态 9	163 在浮吊船卸载 90%时压载状态（OMC1）
状态 10	163 在浮吊船卸载 100%时压载状态（OMC1）
状态 11	163 艉部大吊准备安装前压载状态
状态 12	163 在浮吊船卸载 10%时压载状态（OMC2）
状态 13	163 在浮吊船卸载 20%时压载状态（OMC2）
状态 14	163 在浮吊船卸载 30%时压载状态（OMC2）
状态 15	163 在浮吊船卸载 40%时压载状态（OMC2）
状态 16	163 在浮吊船卸载 50%时压载状态（OMC2）
状态 17	163 在浮吊船卸载 60%时压载状态（OMC2）
状态 18	163 在浮吊船卸载 70%时压载状态（OMC2）
状态 19	163 在浮吊船卸载 80%时压载状态（OMC2）
状态 20	163 在浮吊船卸载 90%时压载状态（OMC2）
状态 21	163 在浮吊船卸载 100%时压载状态（OMC2）
状态 22	163 艉部大吊完全安装（含吊钩），且吊臂放于休息臂压载状态

平台各浮筒压载舱的布置情况，如图6.24～图6.26所示。

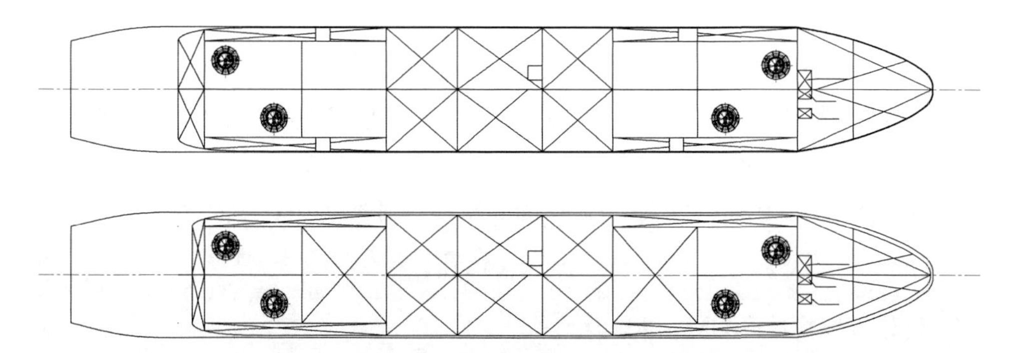

图6.24　平台各浮筒压载舱布置图（俯视图）

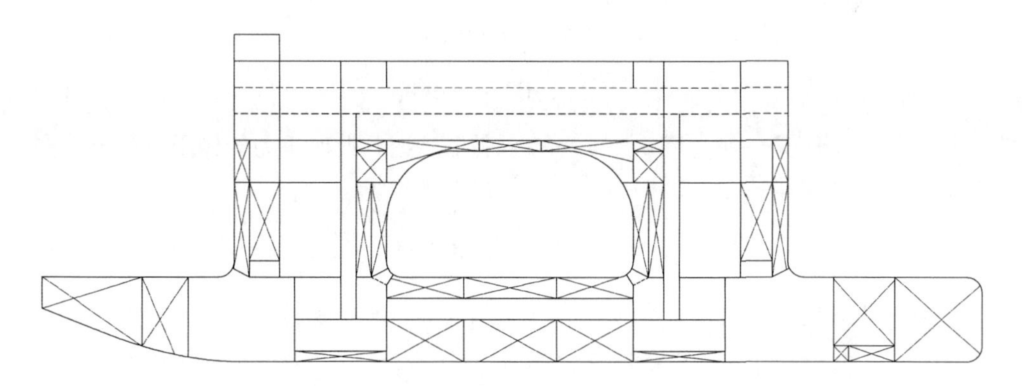

图6.25　平台各浮筒压载舱布置图（纵视图）

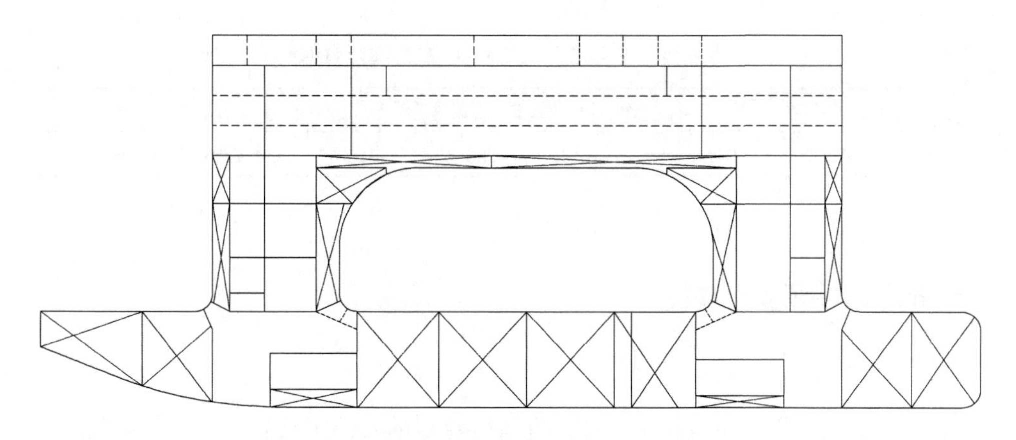

图6.26　平台各浮筒压载舱布置图（侧视图）

平台的初稳性最重要的问题是，弄清楚浮心 B、重心 G 和稳心 M 的位置以及三者之间的关系，初稳性 $\overline{\mathrm{GM}}$ 是衡量初稳性的重要指标[2]，可写成：

$$\overline{\mathrm{GM}}=\overline{\mathrm{KB}}+\overline{\mathrm{BM}}-\overline{\mathrm{KG}} \tag{6.9}$$

式中，$\overline{\mathrm{KB}}$ 为浮心高度（或以浮心垂向坐标 Z_B 表示）；$\overline{\mathrm{BM}}$ 为初稳心半径（或称横稳心半径）；$\overline{\mathrm{KG}}$ 为重心高度（或以重心垂向坐标 Z_G 表示）。

令 $\overline{\mathrm{BG}}=\overline{\mathrm{KG}}-\overline{\mathrm{KB}}$ 为浮心和重心之间的距离，则式（6.9）也可写成：

$$\overline{\mathrm{GM}}=\overline{\mathrm{BM}}-\overline{\mathrm{BG}} \tag{6.10}$$

同样，纵稳性高 $\overline{\mathrm{GM_L}}$ 可写成：

$$\overline{\mathrm{GM_L}}=\overline{\mathrm{KB}}+\overline{\mathrm{BM_L}}-\overline{\mathrm{KG}} \tag{6.11}$$

式中，$\overline{\mathrm{BM_L}}$ 为纵稳心半径。式（6.11）又可写成：

$$\overline{\mathrm{GM_L}}=\overline{\mathrm{BM_L}}-\overline{\mathrm{BG}} \tag{6.12}$$

当平台横倾某一小角度 ϕ，重心 G 保持不变时，此时重力的作用点和浮力作用点不在同一铅垂线上，因而产生了一个复原力矩 M_{R}，即

$$M_{\mathrm{R}}=\Delta\overline{\mathrm{GM}}\sin\phi \tag{6.13}$$

通过上述的仿真计算，为使平台在大吊安装过程中保持平衡，不出现侧翻的状态，对平台浮筒压载舱的各舱进行调载，其中表 6.12 中各舱浮筒压载舱不进行调载保持空舱状态，剩下的浮筒压载舱各舱依次在 22 个状态下进行调载。

表 6.12　平台不进行调载的浮筒压载舱型号

平台浮筒压载舱不调载的舱型号							
BTOP 7S	BTOP 8S	BTMP 2P	BTMP 3P	BTMP 4P	QBTOP 2	QBTOP 3	QBTMP 2P

6.5.3　主吊安装流程

1. 准备

熟悉掌握安装的所有技术文件；准备好特定的安装工具和设备，设备到厂后需检查逐一核对；测量检查基座与休息臂定位，相关的报告需要得到厂商的认可；

甲板下方的所有设备都需安装好；检查基座的尺寸、基座的接口和每个骨材的位置，确定最大的偏差是否可以接受；检查基座的平面度；基座上的导向板应该装好，骨材的填充板需要准备足够的长度；检查新增的界面是否准备好，需要根据厂商图纸板材加工好；吊机安装后需完成相应的舾装工作；安装及焊接工具需准备好，包括加热、切割、焊接设备等；安装过程中需测量吊机的垂直度；检查用于安装和焊接作业的基座周边的通道和脚手架是否建好。

2. 安装

安装前需要开安装会议，安装和舾装过程中，安装工程师需现场检查；拆除吊机和运输船的固定；连接索具使用浮吊从运输船均匀吊起吊机，将被吊物立正到安装状态移至“安装船位”；完成定位后降低吊机，安装到基座上并检查安全状态；检查偏差，必要时使用千斤顶调整，定位后基座每边需要预焊接，预焊后解钩；检查焊接间隙，启动加热单元；搭建脚手架和雨棚，完成所有的焊接使吊机完全连接到基座上；去除导向板，焊接好所有的补充板，完成主板焊接，在焊接过程中，检查吊机的垂直度；焊接完成后进行无损检查，报告分享给厂商，合格后开始油漆作业；安装剩余的铁舾件，去除桅杆和吊臂之间的脚手架，回装吊臂吊点周边的通道和桅杆顶部的通道；安装完成后逐项检查，船厂和厂商确认。解钩时将浮吊移动到副钩处于被吊物体吊点正上方，进行副吊点解钩，大臂趴到主钩处于吊点正上方，进行主吊点解钩，解钩过程中使用麻绳或其他措施保住吊索具，防止其摆动碰撞被吊物体。

6.5.4 风险评估

风险评估是指在风险发生之前或之后（但还没有结束），对该事件给人们的生活、生命、财产等各个方面造成的影响和损失的可能性进行量化评估的工作。为了保证平台吊机的顺利安装，保障设备的正常运行和人员的生命安全，本项目除了对吊机安装过程做了技术分析，还对安装过程中的潜在风险做了评估，并制定了相应的预防措施，如表6.13所示。

表 6.13 安装平台重吊的工作安全分析示例

类别	危险	行动/措施
运输船上临边作业	落水	穿好救生衣
沟通	沟通不畅、失去联系	协定好通信（通道、报告间隔、语言等） 进行测试工作，在通道上是否无干扰 使用正确的通信（公告-确认） 备份通信（如果视线足够，发出手势） 如果对通信有疑问，停止行动
起吊	负载掉落伤人	符合最大的负载量，检查设备 遇险时通知人们 使用多个吊索时，弯曲角度不要大于 90° 吊起前锁死吊钩 吊装路线中无人员 使用个人防护设备 在开始起重前检查遗漏的条款 使用侧线支撑负载，防止负载摆动 检查索具是否损坏和污染，检查合格证明
	因索具故障断裂而使物体掉落	检查索具是否损坏和污染，严格按照吊装工艺选择匹配且检验合格的吊索具 检查合格认证是否仍然有效 检查安装索具时是否未越过尖锐边缘，如果越过，则需要进行保护
	高空坠物砸伤人员	认真检查，排查吊运过程中可能高坠的物体
	吊机意外动作、空中摆动	附近可紧急制动 工作前测试吊机 直立过程中浮吊不得移动，整个直立过程平稳缓慢进行
	使用错误吊装点导致事故	严格按照吊装工艺中规定的悬挂点挂钩
	吊机和运输船碰撞	缓慢起升吊机至距离底座 0.05m，然后停止 5min 观察无异常继续起吊。起吊过程中保证运输船缆绳处于松弛状态，主吊和运输船作为一个整体运动
	由于不可预见而发生的起重问题	起吊前，确保已获得批准的起吊计划
浮吊卸力和焊接	过早进行浮吊卸力导致事故	按照现场服务工程师的指导进行浮吊卸力
解钩	索具撞击人或吊机	按照现场服务工程师的指导进行浮吊卸力

续表

类别	危险	行动/措施
体力劳动	手动起重时，物体卡住	起重前检查路线 最大起重 25kg 尽可能使用起重设备或多人协作
	设备挤伤施工人员	在设备就位的过程中防止被撞伤
	疲劳导致丧失状况认知和注意力	到船上休息良好 安排好休息时间 每 24h 至少睡眠 8h 饮食规律，合理进餐 记录休息时间
高空作业	坠落	参加高空作业培训 获得许可证（如适用） 如有可能，放置脚手架，吊装前安全员验收脚手架的搭设 佩戴防坠器 工作场所检查 与主管沟通
	设备掉落在下面的人身上	使用工具系索 零件的安全绳 确保工作区域下方的安全
工地风险	照明不足，看不到危险	提供额外光源
	跌倒、滑倒、绊倒	合适的防护设备 工作地点有序 工作前要保持健康

6.6　本章小结

本章针对拆解起重平台的吊装基本条件进行分析研究，对吊运航线、吊运方法、吊点布置、焊接工艺进行对比，得出较为经济可靠的吊装方案；对吊点的布置进行进一步优化，采用有限元软件计算分析方案的可行性；建立吊机基座有限元模型，分析吊机安装至基座后基座的变形情况，保证安装的安全性；对吊机和基座的装焊工艺及无损检测进行研究，根据船厂自身条件，选择出经济可靠的安装工艺及检测方法；最后采用 3DMax 软件进行动画仿真，更为直观地展示了整个安装过程。通过计算和分析，得到如下结论：

（1）吊装方案的选择需要综合考虑吊机安装地点、拖航条件、靠泊防台条件、码头强度、成本控制等各方面因素。最终确定了整体吊装的方案。

（2）吊点的布置主要需确定吊点的位置及数量，最终结合船厂自身情况确定 4 个吊点的吊装方案。并通过有限元软件计算分析可知所选方案的吊点最大应力在各工况下均小于许用值。验证了此方案的安全性。

（3）建立吊机基座有限元模型，计算当吊机安装于吊机基座上后，基座最大变形量为 4.0mm，最大等效应力为 87.3MPa，满足规范要求。验证了结构强度的可靠性。

（4）吊机安装后需进行无损检测，超声检测和磁粉检测费用低，检测灵敏度较高，具有较好的经济性。

参考文献

[1] 刘靖峤, 刘荣忠, 刘健. 700 吨重型吊机安装工艺[J]. 机电设备, 2015, (S1): 64-70.
[2] 盛振邦, 刘应中. 船舶原理(上册)[M]. 上海: 上海交通大学出版社, 2003: 46-54.

第7章　平台特殊板材双曲面冷加工工艺研究

为避免结构应力集中，半潜式起重拆解平台立柱与上船体、立柱与下浮体的连接采用双曲面大弧板结构进行过渡。双曲面板材成形通常有两种基本方法：冷加工成形和热加工成形。而本书中拆解平台所使用的板材，在加热作用下，会因温度升高而改变材料的微观组织和力学性能，且线加热弯曲成形效率较低，因此需要使用冷弯来实现板材的双曲面成形加工。

作为拆解平台中特殊连接结构的双曲面大弧板，其压制冷弯成形工艺，首先在平台特殊板材力学性能研究的基础上，辅以双曲面板材形状的描述，考虑冷加工的回弹问题，解决压模及胎架工装等的制备工艺和技术难点；其次，采用压制冷弯成形的精度检测，实时控制及二次再加工等工艺，确保复杂曲率板材的精准成形；同时，将压制冷弯成形与线加热弯曲成形的成本及精度进行对比，分析其优劣性和提升空间，并对各工艺参数进行优化分析，保障冷弯成形精度的同时，提高加工效率。

钢料回弹是整个成形历史的累积效应，与众多因素息息相关，只采用纯理论解析方法难以对板材回弹问题进行精确有效的研究，如今钢料成形件的形状越来越复杂，研究更是越加困难。随着弹塑性理论和有限元理论的不断深入发展、计算机技术持续进步，通过数值模拟技术对板材成形回弹问题进行研究也不断走向成熟，逐渐成为研究钢料回弹和成形优化的重要手段。

精确预测复杂成形件的回弹一直以来都是相关各界关注的热点，在国内外钢料塑性成形研究中回弹模拟技术研究也一直占据着非常重要的位置。深化发展钢料成形数值模拟技术，精益回弹预测精度对提高钢料成形件的质量具有重要意义。钢料成形的数值模拟技术开端于 20 世纪 60 年代。1967 年 Marcal 和 King[1]拉开了有限元方法应用于塑性成形领域的序幕，他们首次采用有限元方法分析了平面应力问题、平面应变问题和轴对称问题，提出了 Prandtl-Reuss 方程和 Mises 屈服准则的增量应力-应变关系的推导。1970 年，美国布朗大学学者 Hibbitt 等[2]应用全增量法和多线性应力-应变关系对金属弹塑性变形中的大变形问题进行了分析，建立了全 Lagrange 格式的大变形弹塑性有限元方法，奠定了板材冲压成形分析的基础。1973 年，Lee 和 Kobayashi[3]提出了刚塑性有限元方法，并在同年 Mehta 和 Kobayashi[4]将该方法应用于金属板材拉伸成形模拟中。1978 年，Wang 和 Budiansky[5]采用流动坐标系的有限变形公式推导出针对板材成形的薄壳有限元方程式，使有限元数值模拟方法板材的塑形成形研究得以广泛运用。Lee 和 Yang[6]以 U 形件的冲压成形为例，研究了模拟模型的多组参数对回弹模拟结果的影响。

钢料回弹数值模拟研究在国内的起步相对较晚，但也不乏许多优秀的研究成果。上海交通大学的汪晨和张质良[7]建立二维有限元模型对板料 U 形弯曲回弹进行了分析。刘艳等[8]分析了屈服准则、硬化模型、单元技术及有限元算法对板料成形回弹模拟精度的影响。田继红和刘岩[9]以 Numisheet’93 U 形板条弯曲为例分析了单元网格尺寸对回弹精度的影响，并得到了单元尺寸与圆角半径间比值对回弹预估值的影响规律。湖南大学的刘迪辉[10]通过数值模拟发现圆底 U 形件板料在弯曲成形过程中存在“应力松弛效应”。华中科技大学的许江平等[11]针对板材成形开发了一种可以克服零能模式并能获得板材厚向应力应变分布的新实体壳单元，并验证了其有效性。北京航空航天大学的张彬等[12]以蒙皮拉形为例，通过人工神经网络技术建立了拉形回弹预测的人工神经网络模型。吉林大学的蔡中义等[13]于 2000 年开发了拥有自主产权的数值模拟软件，专门应用于多点成形的数值模拟。2005 年，陈炜等[14]在板料多步冲压数值模拟的中间过程中加入回弹计算，使板料多步冲压回弹模拟的精度得到了极大的提高。2017 年石丽霞[15]以 SKWB-400 型数控弯板样机为原型，利用量纲分析法对有限元模拟结果进行分析得到了最大回弹量的计算公式，用于对回弹进行控制。

综上所述，国内外学者对板材、型材成形及回弹的数值模拟问题做了大量的研究，研究结果表明，数值模拟回弹预测精度还有待进一步提高，而如何提高数值模拟回弹预测精度依然是钢料冲压成形研究领域的重要问题。

7.1　冷加工成形的力学理论

用于有限元计算的金属塑料理论主要有两种，一种是 1973 年由小林史郎和 C. H. 李共同提出的刚塑性有限元法，该方法主要忽略在金属变形过程中的弹性变形量，简化了有限元列式和计算过程；而另一种则是 20 世纪 60 年代末提出的弹塑性有限元法，是构造有限元方法的基础，利用速度场求解场变量。

7.1.1　材料屈服准则

屈服准则又称塑性条件或屈服判据，是变形体从弹性变形状态向塑性变形状态过渡的力学条件，主要取决于变形体的材质和状态。目前，较为认可的屈服准则主要有两种：Tresca 屈服准则和 Mises 屈服准则。

1. Tresca 屈服准则（最大切应力准则）

Tresca 根据自己的实验结果认为，最大剪应力达到某个特定值的时候，材料就会发生塑性变形，也就是

$$\tau_{\max} = C\sigma_{s} \tag{7.1}$$

式中，C 只与材料本身有关系，和应力状态无关。

σ_1、σ_2、σ_3 是一点的 3 个主应力，那么最大剪切力是主剪切力绝对值最大的一个。由于屈服界限值 C 和材料的应力状态无关，所以，通过单轴均匀拉伸可以确定材料的最大剪切力。当单轴均匀拉伸时，$\sigma_2 = \sigma_3 = 0$，屈服时，$\sigma_1 = \sigma_s$，因此，最大剪切力为

$$\tau_{13} = \frac{\sigma_1 - \sigma_3}{2} = \frac{\sigma_1}{2} = \frac{\sigma_s}{2} \tag{7.2}$$

该剪应力也就是纯屈服状态的剪切力 k。所以式（7.1）的 $C = 0.5$、$\sigma_s = k$。将 C 代回式（7.1）中，可得 Tresca 的屈服条件表达式：

$$\begin{aligned} |\sigma_1 - \sigma_2| = \sigma_s = 2k \\ |\sigma_2 - \sigma_3| = \sigma_s = 2k \\ |\sigma_3 - \sigma_1| = \sigma_s = 2k \end{aligned} \tag{7.3}$$

式（7.3）中，σ_1、σ_2、σ_3为代数值。3 个公式中只要 1 个满足了条件，那么该点就会达到屈服。因此，Tresca 条件要求预先知道最大和最小主应力。假定$\sigma_1 \geqslant \sigma_2 \geqslant \sigma_3$，则屈服条件就可以表示为

$$|\sigma_1 - \sigma_3| = \sigma_s = 2k \tag{7.4}$$

对于平面问题，由于$\tau_{12} = \sqrt{\left(\frac{\sigma_x - \sigma_y}{2}\right)^2 + \tau_{xy}^2} = \frac{\sigma_s}{2}$，因此，Tresca 条件可以表示为

$$\left(\sigma_x - \sigma_y\right)^2 + 4\tau_{xy}^2 = \sigma_s \tag{7.5}$$

2. Mises 屈服准则（能量准则）

由 Mises 提出的塑性条件称为 Mises 屈服准则，可以表述为：当σ等效应力达到某个特定值时，材料就会达到屈服状态，该值也与应力状态无关。因此，Mises 屈服准则可以写成：

$$\sigma = \sqrt{\frac{1}{2}\left[(\sigma_x - \sigma_y)^2 + (\sigma_y - \sigma_z)^2 + (\sigma_z - \sigma_x)^2 + 6(\tau_{xy}^2 + \tau_{zy}^2 + \tau_{zx}^2)\right]} = C \tag{7.6}$$

由于常数C与应力状态无关，所以也可由单向均匀拉伸或剪切实验确定，即 Mises 的屈服条件表达式可以表达成：

$$\left(\sigma_1 - \sigma_2\right)^2 + \left(\sigma_2 - \sigma_3\right)^2 + \left(\sigma_3 - \sigma_1\right)^2 = 2\sigma_2^2 = 6k^2 \tag{7.7}$$

根据有关公式也可以导出 Mises 屈服准则的物理意义，即当材料中单位体积的弹性变形能达到某定值时，材料就会达到屈服，并且该定值与材料应力状态的种类无关。

对于平面应力状态，由于$\sigma_z = \tau_{yz} = \tau_{rz} = 0$，所以 Mises 条件为

$$\sigma_x^2 + \sigma_y^2 + 3\tau_{xy}^2 - \sigma_x\sigma_y = \sigma_s^2 \tag{7.8}$$

由于平面应力呈现轴对称状态，所以 Mises 条件可以简化为

$$|\sigma_3 - \sigma_1| = \sigma_s \tag{7.9}$$

7.1.2　弹塑性有限元法的本构方程

应力应变的关系会有各种不一样的近似表达式和简化式。根据 Prandtl-Reuss 假设和 Mises 屈服准则，当作用力较小时，变形体内某点的等效应力小于屈服极限，该点的状态为弹性状态。当外力逐步增加，达到某一个值时，等效应力的值就会达到屈服应力状态，该点就会过渡到塑性状态，此时的变形就包括了弹性变形和塑性变形这两个部分，即

$$d_{\varepsilon}=d_{\varepsilon_{\mathrm{e}}}+d_{\varepsilon_{\mathrm{p}}} \tag{7.10}$$

式中，e、p 分别表示弹性、塑性状态。

1. 弹性阶段

在弹性阶段，应力和应变的关系是线性的，最后的应力状态决定了应变值的大小，而与材料的变形过程没有关系，并且是线性一一对应的，其全量形式为

$$\sigma=\boldsymbol{D}_{\mathrm{e}}\varepsilon \tag{7.11}$$

式中，$\boldsymbol{D}_{\mathrm{e}}$ 为弹性矩阵（e 表示该点处于弹性状态）。

2. 弹塑性阶段

当材料承受的等效应力逐步增加达到材料的屈服极限时，应力和应变之间的关系就由弹塑性矩阵来表示，其等效应力为

$$\sigma=\sqrt{\frac{1}{2}\left[(\sigma_x-\sigma_y)^2+(\sigma_y-\sigma_z)^2+(\sigma_z-\sigma_x)^2+6(\tau_{xy}^2+\tau_{zy}^2+\tau_{zx}^2)\right]} \tag{7.12}$$

当材料处于平面应变状态时，

$$\boldsymbol{D}_{\mathrm{e}}=\frac{E}{1+\gamma}\begin{bmatrix}\frac{1-\gamma}{1-2\gamma} & \frac{\gamma}{1-2\gamma} & 0\\ \frac{1-\gamma}{1-2\gamma} & \frac{1-\gamma}{1-2\gamma} & 0\\ 0 & 0 & \frac{1}{2}\end{bmatrix} \tag{7.13}$$

$$\boldsymbol{D}_{\mathrm{p}}=\frac{9G^2}{(H+3G)\sigma^2}\begin{bmatrix} S_x^2 & S_xS_y & S_x\tau_{xy} \\ S_xS_y & S_y^2 & S_x\tau_{xy} \\ S_x\tau_{xy} & S_x\tau_{xy} & \tau_{xy}^2 \end{bmatrix} \tag{7.14}$$

$$\overline{\sigma}=\sqrt{\frac{3}{4}\left(\sigma_x-\sigma_y\right)^2+3\tau_{xy}^2} \tag{7.15}$$

式中，S 表示应力偏量；$\boldsymbol{D}_{\mathrm{e}}$ 为弹性矩阵；$\boldsymbol{D}_{\mathrm{p}}$ 为塑性矩阵；H 表示硬化曲线上的斜率；G 为剪切模量。

7.1.3 冷加工成形的力学方程

在进行力学方程推导之前，做出如下假设：

（1）平面假设。成形板材的横截面，在板材发生冷弯变形过程中以及在卸去外部载荷发生回弹的阶段，都保持平面状态，不会发生扭曲变形。

（2）成形板材在冷弯变形过程中，其横截面受到的剪应力大小忽略不计，不会对板材的曲率半径产生影响。

（3）假定板材中性层为梁结构，并且板材在冷弯变形过程中，其中性层、中面层、无伸长层始终处于重合。

基于平面假设理论，取板材发生弯曲变形的微单元作理论分析，如图 7.1 所示。

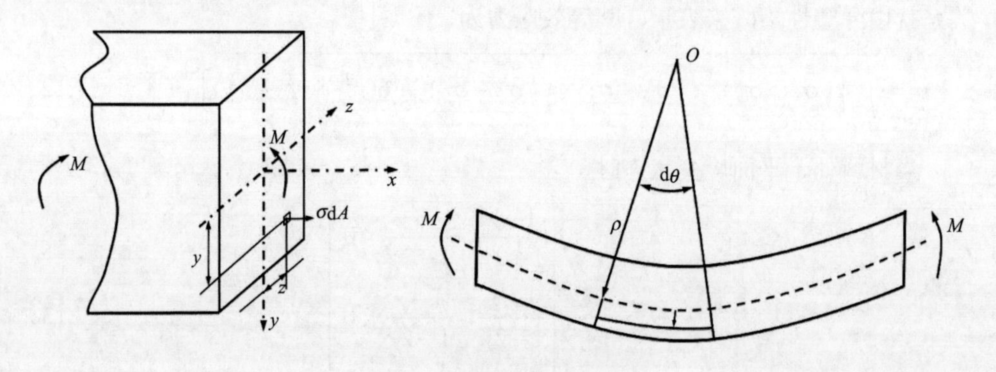

图 7.1 板材弯曲变形部分

弯矩 M 作用于板材横截面 x-y 平面内，其中截面上坐标为 y、z 的微面积为 $\sigma \mathrm{d}A$。横截面上的这些力组成了板材弯曲变形的轴力 N 以及对 y、z 轴的力矩 M_y 和 M_z：

$$N=\int_A \sigma \mathrm{d}A \tag{7.16}$$

$$M_y=\int_A z\sigma \mathrm{d}A \tag{7.17}$$

$$M_z=\int_A y\sigma \mathrm{d}A \tag{7.18}$$

由于之前假设，板材只发生弯曲变形，不考虑剪切力，因此，界面上的弯矩 $M=M_z$，而轴向力 N 以及 M_y 均为 0。

在不考虑剪切力的情况下，梁结构的横截面各点都只有正应力，由于纵向层之间互不挤压，所以纯弯曲梁各点都处于单向应力状态，对于线弹性材料，根据胡克定律：

$$\sigma=\varepsilon E \tag{7.19}$$

所以

$$\sigma=\frac{E}{\rho}\times y \tag{7.20}$$

式中，E 为杨氏模量；ρ 为中性层的曲率半径。

将式（7.20）代入式（7.18）中，可得

$$M_z=\int_A \frac{E}{\rho}y^2 \mathrm{d}A=\frac{E}{\rho}\int_A y^2 \mathrm{d}A=\frac{E}{\rho}I_z=M \tag{7.21}$$

可得

$$\frac{1}{\rho}=\frac{M}{EI_z} \tag{7.22}$$

式中，$I_z=\frac{1}{12}bd^3$（b 为成形板材的宽度）。

考虑加工硬化的条件时，如图 7.2 所示，用此条件表示板材冷弯成形后的弯曲情况，可得回弹半径为

$$\rho-\rho_{\mathrm{u}}=\frac{M}{EI_z} \tag{7.23}$$

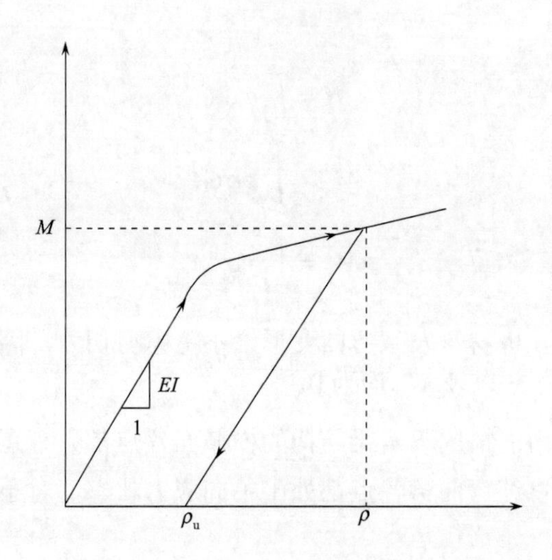

图 7.2 弯矩与冷弯工件曲率半径关系图

本章节的压模压制成形通过三点拟合圆弧来实现压模的曲率；用板材中点的 Z 向坐标来改变曲线的最大挠度，从而达到改变压模曲率的目的。因此，在后期进行实验验证的过程中，主要通过改变压模的最大挠度进行实验，在建立压制冷弯成形板材曲率半径数据库的过程中，同样优先考虑这个因素。

7.2 双曲率板材的曲面数学表征

双曲率板的曲面形式分为帆形、鞍形及不规则的扭曲形状。

复杂曲率板可以用高斯曲率进行数学表征。给出一个参数 Q 代表曲率板的高斯曲率，$Q=Q_1\times Q_2$，式中，Q_1、Q_2 分别表示曲率板横纵向的曲率。可以得到，单曲率板的高斯曲率 $Q=0$，双曲率板的高斯曲率 $Q\neq0$。在双曲率板中，又可以进一步区分，鞍形双曲率板的高斯曲率 $Q<0$，帆形双曲率板的高斯曲率 $Q>0$。由高斯曲率直观地给出复杂曲面的数学表征，可以很方便地找到不同形状曲率板之间的规律。如图 7.3 所示。

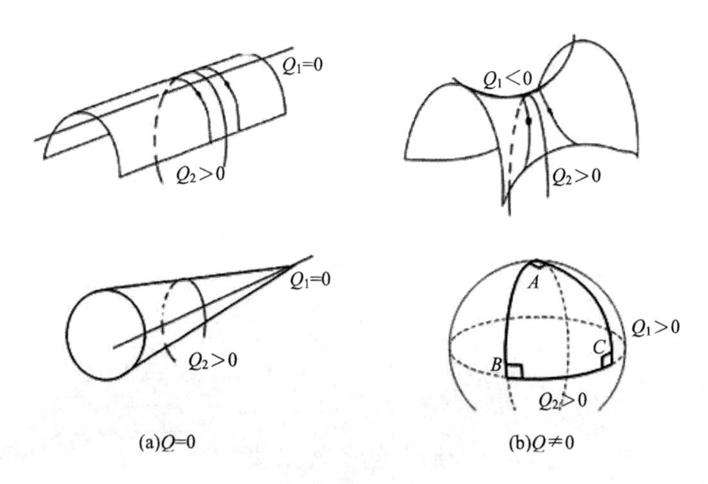

图 7.3　复杂曲面数学表征合图

形象地说，拟合就是把平面上一系列的点，用一条光滑的曲线连接起来。因为这条曲线有无数种可能，从而有各种拟合方法。拟合的曲线一般可以用函数表示，根据这个函数的不同，有不同的拟合名字。给出一组曲面上的坐标进行曲面拟合的方法主要有插值拟合、多项式拟合和傅里叶拟合。分别用这些方法对帆形双曲率板和鞍形双曲率板进行曲面拟合并对比拟合的效果。

有两个参数可用于拟合效果评价。一个是和方差 $\mathrm{SSE}=\sum_{i=1}^{m} w_i(y_i-\overline{y_i})^2$，式中，$y_i$ 是真实数据；$\overline{y_i}$ 是拟合数据；$w_i>0$；所以 SSE 越接近零，拟合越好。另一个是均方根误差 $\mathrm{RMSE}=\sqrt{\frac{\mathrm{SSE}}{n}}=\sqrt{\frac{1}{n}\sum_{i=1}^{m} w_i(y_i-\overline{y_i})^2}$，式中，$n$ 为样本的个数。两个参数代表的都是数据拟合的好坏，只是标准不一样。

7.2.1　插值拟合

插值拟合法又称“内插法”，是利用函数 $f(x)$ 在某区间中已知的若干点的函数值，作出适当的特定函数，在区间的其他点上用这个特定函数的值作为函数 $f(x)$ 的近似值。

首先用线性插值的方法进行曲面拟合，得到帆形板和鞍形板的拟合如图 7.4 和图 7.5 所示，图中 X 表示横向坐标，Y 表示纵向坐标，Z 表示成形方向。线性插值的方法是无法得到拟合公式的，经过拟合得到帆形板的和方差 SSE=9.681×10^{-32}，均方根误差 RMSE=0；鞍形板的和方差 SSE=1.602×10^{-31}，均方根误差 RMSE=0。

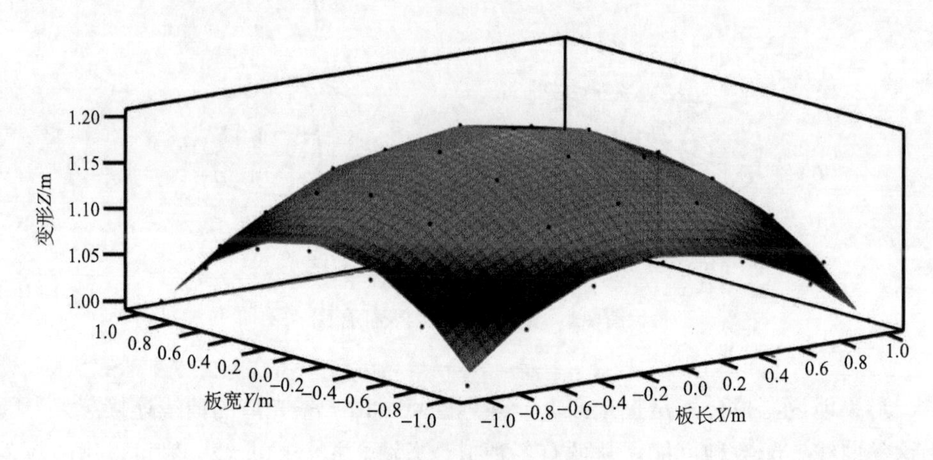

图 7.4 帆形板线性插值拟合

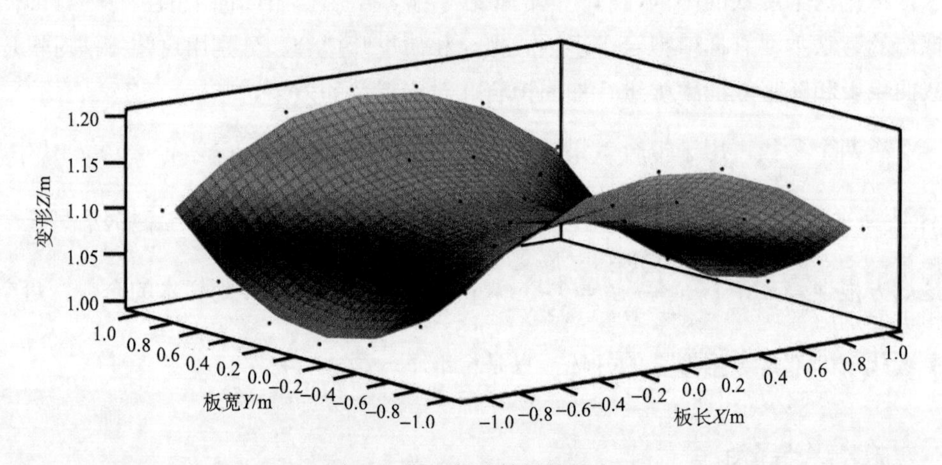

图 7.5 鞍形板线性插值拟合

插值拟合还有 Cubic 插值拟合法，对帆形板和鞍形板分别进行 Cubic 插值拟合，得到拟合如图 7.6 和图 7.7 所示，图中 X 表示横向坐标，Y 表示纵向坐标，Z 表示弯曲方向，帆形板的和方差 SSE=2.465×10^{-31}，均方根误差 RMSE=0；鞍形板的和方差 SSE=2.95×10^{-31}，均方根误差 RMSE=0。

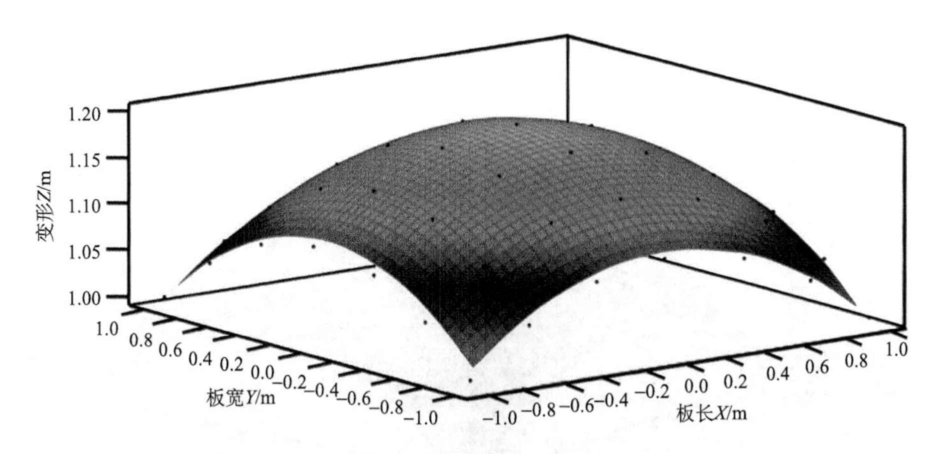

图 7.6　帆形板 Cubic 插值拟合

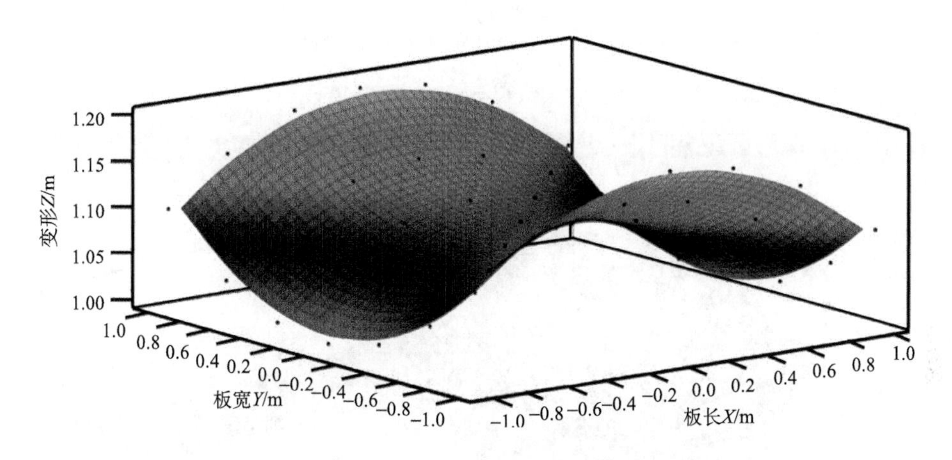

图 7.7　鞍形板 Cubic 插值拟合

7.2.2　多项式拟合

多项式拟合是用一个多项式展开去拟合包含数个分析格点的一小块分析区域中的所有观测点，得到观测数据的客观分析场。展开系数用最小二乘拟合确定。多项式拟合可以得到双曲率板的拟合公式，一般来说，随着拟合多项式的次数递增，拟合的结果也越好。本书对双曲率板的二次多项式拟合进行了研究，得到的拟合结果如图 7.8 和图 7.9 所示。

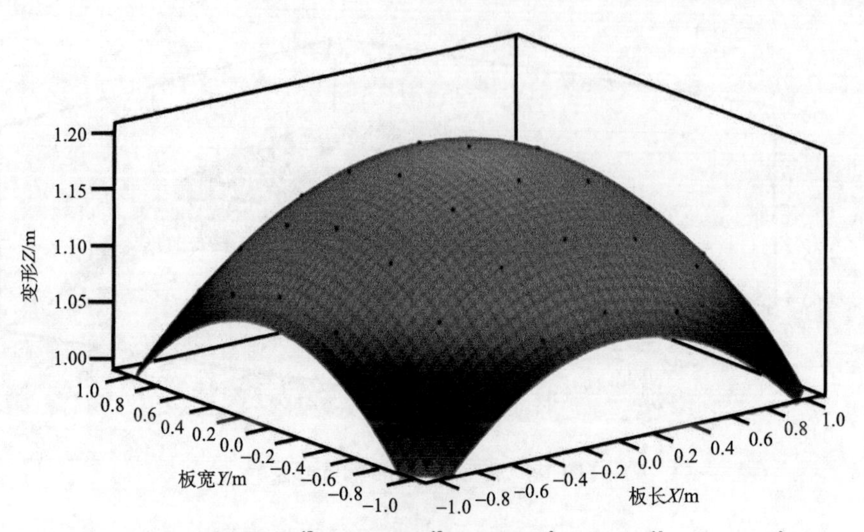

$$z = f(x, y) = 1.2 + 3.82\times10^{-17}x + 4.648\times10^{-18}y - 0.09995x^2 - 2.64\times10^{-16}xy - 0.09995y^2$$

$$\text{SSE} = 8.938\times10^{-8} \quad \text{RMSE} = 4.559\times10^{-5}$$

图 7.8 帆形板二次多项式拟合

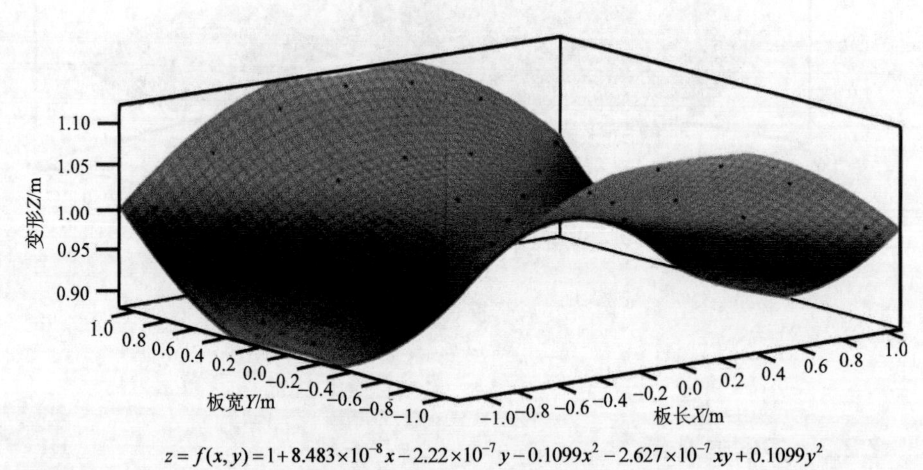

$$z = f(x, y) = 1 + 8.483\times10^{-8}x - 2.22\times10^{-7}y - 0.1099x^2 - 2.627\times10^{-7}xy + 0.1099y^2$$

$$\text{SSE} = 8.938\times10^{-8} \quad \text{RMSE} = 4.559\times10^{-5}$$

图 7.9 鞍形板二次多项式拟合

7.2.3 傅里叶拟合

除 7.2.1 节和 7.2.2 节提到的插值拟合和多项式拟合，常用的拟合方法还有傅里叶拟合，用傅里叶拟合法对曲率板进行拟合，得到图 7.10 和图 7.11 的拟合结果。

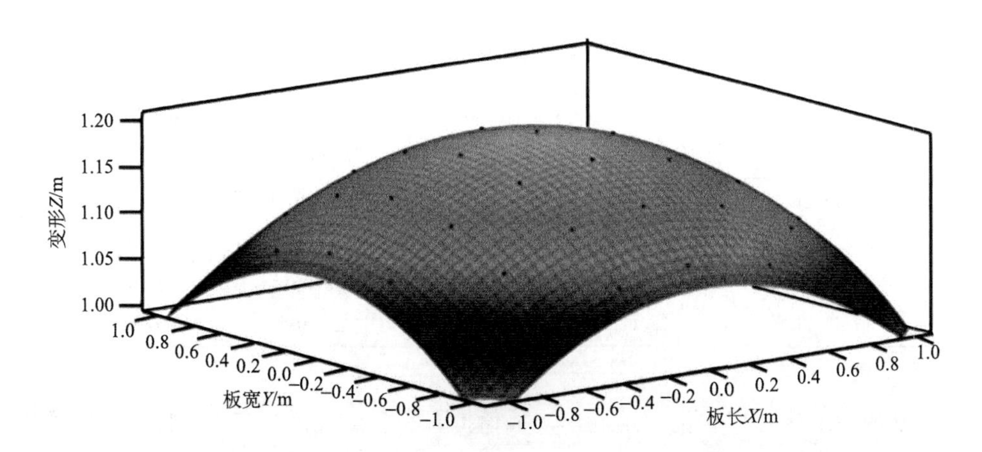

$$z = f(x, y) = 6.319 + 2.341\cos(x/3.42) - 2.104\times10^{-10}\sin(x/3.42) + 5.177\cos(y/5.092) + 1.969\times10^{-7}\sin(y/5.092)$$

$$\text{SSE} = 4.368\times10^{-6}\quad \text{RMSE} = 0.0003225$$

图 7.10　帆形板傅里叶拟合

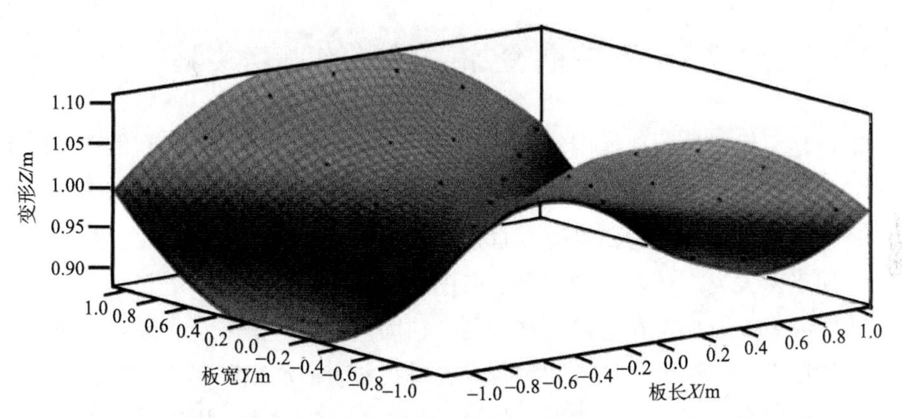

$$z = f(x, y) = 0.7537 + 1.506\cos(x/2.608) - 1.057\times10^{-5}\sin(x/2.608) - 1.259\cos(y/2.381) + 2.236\times10^{-5}\sin(y/2.381)$$

$$\text{SSE} = 7.25\times10^{-6}\quad \text{RMSE} = 0.0004155$$

图 7.11　鞍形板傅里叶拟合

对于提到的三类曲面拟合类型共 4 种拟合方法，可以采用两个参数和方差 SSE 及均方根误差 RMSE 来对不同拟合方法的拟合结果进行比较。从上面提到的公式中可以得到两个参数都是越小代表拟合效果越好。

将得到的 4 组数据汇总，得到如表 7.1 所示的数据对比。

表 7.1 曲面拟合效果表

拟合方法	帆形板曲面拟合		鞍形板曲面拟合	
	SSE	RMSE	SSE	RMSE
线性插值拟合	9.681×10^{-32}	0	1.602×10^{-31}	0
Cubic 插值拟合	2.465×10^{-31}	0	2.95×10^{-31}	0
二次多项式拟合	8.938×10^{-8}	4.559×10^{-5}	8.938×10^{-8}	4.559×10^{-5}
傅里叶拟合	4.368×10^{-6}	0.0003225	7.25×10^{-6}	0.0004155

从表 7.1 中可以很清楚地看出，插值拟合和多项式拟合在本次拟合中的效果是最好的，其中线性插值拟合法又优于 Cubic 插值拟合法。在多项式拟合中，使用了二次多项式的曲面拟合方法。采用傅里叶拟合方法得到的结果是三种类型中最差的；可见在本书中讨论的情况下，傅里叶拟合法不是最佳选择。

7.3 双曲面冷加工成形的工艺实验

钢材是现代船体建造使用的主要材料，在船舶制造中钢料占到了建造成本的35%左右。船体结构用钢主要分为板材和型材。板材的成形是船体建造中十分重要的环节，对造船生产的精度有着直接的影响。对于板材的成形，一般分为热加工和冷加工两大类，在传统的船舶生产中主要依靠热加工成形工艺。

传统的火工成形存在着温度难控制、辅助人员多等诸多不利因素，并且因其对材料的微观组织和力学性能影响较大、对材料表面漆膜破坏较大使得一些有特殊要求的钢料需使用冷加工成形。相较于冷加工卷制成形，压制成形方法具有过程简单、生产效率高、便于机械化大规模生产等特点。在使用压制工艺实现复杂双曲率板的冷弯成形时，压模的形式和精度是影响板材弯曲成形质量的关键；同时，在钢材压制弯曲成形过程中，不可避免地会遇到回弹问题。

利用有限元数值仿真方法求解回弹问题是目前使用比较普遍的方法，可以比较方便地得到比实验和理论更为全面、深入、易于理解以及实验和理论分析很难获得的结果。利用有限元数值仿真的方法不但可以计算不同下压位移时钢料的回弹量并依此得到加工工艺参数，解决压模及胎架工装等的制备工艺和技术难点，而且还可以有效地节约大量的实验成本和时间，从而缩短研究和开发板材成形工艺的周期。

对于三维曲面板材，先使用油压机逐点冷压，实现横向曲度的弯曲变形，再通过辊弯机上、下辊轮的碾压，使板材纵向产生不同伸长变形，从而引起纵向弯曲，实现船体外板的三维曲面成形。该方法在欧洲船厂较为多见，板材纵、横两个方向上的弯曲分别进行，成形件的形状也是通过样板或样箱进行测量，主要工作都是依赖于人工分操作、机械分多步工序完成，实现自动化控制很困难。

对于板材冷压成形，回弹是影响板材成形精度最主要的因素，研究回弹预估方法、探讨回弹规律进而寻求合适的回弹控制技术是提高成形件形状精度的重要途径。已经有人对不同形状船体板的冷压成形回弹数值进行了模拟，研究了回弹的影响因素。武汉理工大学王呈方教授提出了一种应用于船体外板三维曲面成形加工的新方法——方形压头可调活络模具板材曲面成形方法，改水火弯板为自动机械冷弯加工[16]。该成形方法是将传统的整体模具离散化，由规则排列的方形压头群组成模面，构成形状可变的“可重构模具”，实现一机多用。

然而，方形压头可调活络模具板材曲面成形方法属于无压边冷压柔性成形技术，板材回弹会对成形精度造成严重影响，且多个压头同时压板受力和压头连接缝隙处的成形很难控制。本书使用的是一种厚度一致双曲板一次成形压模方法，采用机械式冷压技术，不改变板件的力学性能，提高加工精度，使用范围广泛。采用一次成形的方法，可以使板材受力均匀，成形也非常简单便捷，可以有效地提高生产效率。

在对 163 平台的曲板加工建造过程中，对双曲面的冷加工工艺优化也进行了大量的实验研究。

7.3.1　冷加工成形中的弯曲精度控制研究

在冷加工成形过程中进行精度检测以及采用实时控制技术可以显著地提高双曲率板冷弯成形的工作效率，改善板材的成形形状。目前船厂普遍采用的是样箱的实时测量控制板材成形的形状精度，样箱就是根据需要成形板材的真实形状进行 1∶1 的制作，从而达到真实对比实现精度检测作用，如图 7.12 所示。根据板材所需成形的形状制作相同形状的样箱，在板材成形的过程中不断与样箱进行比较直到完全吻合。样箱的使用可以实现在板材成形过程中边压边测，达到对板材成形过程进行实时控制的目的。

图 7.12 样箱实物图

样箱虽然在使用上非常便捷，但是需要根据不同的板材形状制造不同的木质样箱，一次性使用较为浪费，所以也有船厂会制作许多较窄的样板，这样一块曲率比较复杂的板成形就需要使用多块样板进行精度测量，但是对于相同曲率的部分可以对样板进行重复使用，如图 7.13 所示。同时还有可以调节尺寸形状的活络样板，就是指一种可以调节曲率的精度测量样板，活络样板的使用更加减少了制作样板的成本，如图 7.14 所示。样箱、样板和活络样板可以在板材成形时做到便捷且有效的精度控制，并且让工人在对板进行冷弯压制时，可以有一个成形形状的对照标准，从而达到对板材冷弯成形的实时控制，提高板材冷弯成形的效率及成形精度。

图 7.13 板材成形精度检测样板图

图 7.14 活络样板图

实际板材冷弯成形时，采用如图 7.15～图 7.17 所示的钢结构样箱进行曲面精度的检测。

图7.15　钢结构样箱检测曲板成形精度

图7.16　曲板加工精度与样箱吻合度良好

图7.17　马鞍板曲板与样箱吻合度良好

对船体曲率板冷弯成形精度的实时控制，往往采用三角样板进行实时检测和调整冷弯成形工艺，具体如图7.18～图7.22所示。由于冷弯过程中不可避免地产生回弹现象，因此多采用逐次逼近的方式实现曲率板的冷弯成形；每次弯曲成形之后，通过三角样板的比对，获得实时的弯曲变形数值，并给出后续的弯曲工艺，直到弯曲精度满足目标曲率板的形状要求。

图7.18　三角样板进行曲率板精度的实时监控

图7.19　曲率板加工中的样板数据检查

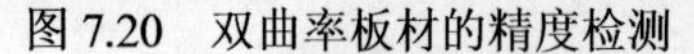

图 7.20 双曲率板材的精度检测

图 7.21 船体曲率板的精度检测和控制

图 7.22 双曲率板的横纵向弯曲精度检测

7.3.2 压制成形模具的制备

经过不断地试验改进，现有的马鞍形外板加工工艺是先冷加工后部分热加工使外板成形，达到马鞍形曲度要求。冷加工是指在低于结晶温度下使金属产生塑性变形的加工工艺，如冷轧、冷拔、冷锻、冲压冷挤压等。冷加工变形抗力大，在金属成形的同时，可以利用加工硬化提高金属的硬度和强度，通过制作马鞍形模具用油压机锻压，使外板达到马鞍形双曲的效果。

在模具的制作上，根据加工曲率的变化每隔 500mm 间距制作一套与外板弧度一致的上模，根据不同的曲率制作不同的上模，如图 7.23 所示。根据外板曲率的变化，通过建模，制作与外板宽度方向和长度方向曲率都相同的马鞍形下胎模，如图 7.24 所示。并根据双曲板的曲率数据，制作 1∶1 的木样箱，以便验证。

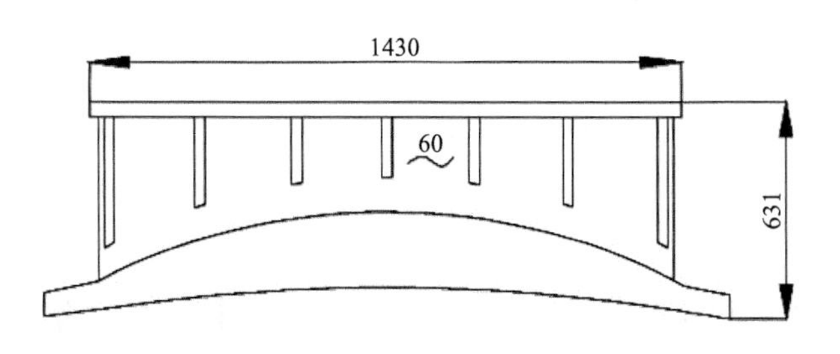

图 7.23　上模图（单位：mm）

图 7.24　下胎模图

具体加工步骤：

（1）钢板下好后，首先对需要加工的外板进行划线，包括中线、检验线、加工线、余量线。

（2）先用平模，沿钢板长度方向压成一个方向的曲率，需增加 15mm 的反弹余量。

（3）使用制作好的马鞍形下胎模，配合不同弧度的上模用分步压法，多次碾压，使钢板长度方向成形，宽度方向弧度不变。

（4）冷加工成形后要求钢板与样箱的贴合度在±15mm 以内。

对于外板部分曲率加工不够的，进行火工收边，火工收边的要求如下：

（1）冷加工成形过程中不允许用火工，待现场安装时对个别成形不到位的区域进行火工调整，但是火工温度需控制在 650℃以下，并用测温枪实时监控，做好记录。

（2）根据 IACS 要求，火工矫正符合规定要求。

（3）热加工结束后，与样箱的贴合度在±5mm 以内。

成形后的外板要符合以下检验标准：

（1）根据造船质量标准，钢板 $d_0<0.07t$，$d_0\leqslant 3\text{mm}$，磨平；$0.07t\leqslant d_0\leqslant 0.2t$，焊后磨平。$d_0$ 为缺陷深度的数据，单位为 mm；t 为钢板厚度的数据，单位为 mm。

（2）如果缺陷大于板厚的 20%，面积超过钢板的 2%，则这块钢板需进行更换。

（3）曲板加工成形后需进行外观检查和 100%磁粉探伤检测。

上面做的都是压模一次压制成形的研究，目前已完成冷压弯曲成形工艺的数值仿真工作，通过计算机数值仿真方法对板材的回弹进行模拟研究，得到回弹的经验公式。在实际操作中只需改变上下压模的形状就可以达到板材的成形控制。这种一次压模压制成形的方法难度就在于通过对回弹的研究找到板材成形形状对应的压模形状，本次研究通过大量的数值仿真模拟得到压模形状的规律且能将精度控制在一个比较理想的范围之内。在尽量简单的工艺步骤下减小误差，提高板材成形的精度，提高冷弯加工成形在双曲率板材加工中的竞争力。

当前曲板成形多采用逐次压制成形，逐步逼近板材的目标形状，需要在压制成形过程中不断进行实时检测，并调整后续的板材工艺；这主要是由于对冷弯过程中的回弹问题，没有进行深入的分析和研究。根据目标板材的弯曲形状，精确地考虑其弯曲过程中的回弹现象和回弹量，在双曲率板一次压制成形的压模中得以体现，并借助先进的有限元计算工具，可以不断完善并计算分析出精准的双曲率压模形状；再通过曲面的拟合，获得曲面函数及其双曲面的压模。图 7.25～图 7.28 分别给出不同双曲率板结构的曲面形状，通过曲面的精准计算和描述，制作双曲率板的凹凸模，可以在保证弯曲成形精度的基础上，提高弯曲的效率。

图 7.25　双曲率鞍形板上压模

图 7.26　双曲率鞍形板下压模

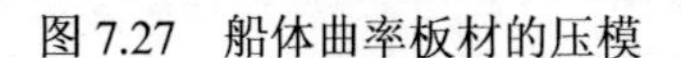
图 7.27　船体曲率板材的压模

图 7.28　不同曲率的双曲率板压模

7.3.3　冷弯成形的加工工艺流程

在 163 平台的建造过程中，对于曲板加工的统计可以看出船体曲面板材使用了 AH36、DH36 及 EH36 三种型号的板材。其中厚度在 20mm 以下的板材使用的是 AH36 钢，20mm 以上的板材采用 DH36 及 EH36 钢。

项目部达成以下共识：①船体室提供一块 25.5mm×2300mm×4000mm 材料用于加工试验，材质 EH36；②船体车间组织加工，于 3 月 1 日完成；③项目组组织品质、生管部工法室、车间联合报检；④由理化实验室完成板材取样、力学性能分析。

（1）3 月 2 日，船体车间在联合车间进行三跨组织第三次双曲板加工的试验，此次试验采用冷加工的方式；

（2）加工顺序：先加工出大 *R* 方向的单曲，然后在图 7.29 所示右侧的模具上反向压形；

（3）车间重新制作图 7.29 左侧模具，先加工出小 *R* 方向的单曲，然后在模具上反向压形。

结果不可行，如图 7.30 所示。

本次试验厂内车间与外协单位同时进行，并与 4 月初确定外协加工单位。25.5/30mm×2300mm×4000mm，材质 EH36；厂内采用冷加工的方式，模具按照样箱的尺寸设计制作；外协厂家采用水火弯板的方式，弯板温度 400℃。

（1）3 月 16 日，车间开始第四次加工试验，加工顺序是先加工小 *R* 方向的单曲，然后在如图 7.31 所示的模具上反向压形。

图 7.29 模具图

图 7.30 样板压制图

（2）3 月 18 日，车间压形加工完成，如图 7.32 所示。

图 7.31 模具图

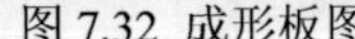

图 7.32 成形板图

（1）模具设计是完全依照样箱的尺寸，未考虑压形的反弹量，模具需要修改；

（2）板材表面损伤较大，局部深度超过 1mm。

3 月 5 日，车间组织第五次曲板加工试验，加工方式为冷加工。上下压模均设计成两种形式，如图 7.33 所示。

（a）下压模图

（b）上压模图

图 7.33 弯板压模图

加工结果：曲板成形较差，表面破坏严重，如图7.34和图7.35所示。

3 月 26 日，车间进行第六次加工试验，加工方式为冷加工，加工过程如图7.36所示。

试验结果：表面压痕较深，未考虑反弹量，反向曲率有反弹，如图7.37所示。同时，船体曲率板压制成形后形状如图7.38所示。

图7.34　成形板图

图7.35　板材表面图

图7.36　曲板成形压制图

图7.37　曲板成形图

图 7.38 船体曲率板压制成形后形状

7.4 考虑回弹的板材冷弯成形数值计算

7.4.1 单曲率压制冷弯成形研究

板材冷弯成形时，除了卷制成形，还有压制成形。下面将对单曲率压制冷弯成形的过程进行有限元分析，相关的模型和参数借用之前验证的数据。

在 ANSYS LS-DYNA 中对压模和板根据实际情况进行性能参数的设置。已知板材为 EH36 钢，厚度为 25mm。将上下压模设置为不发生变形的刚体，进行参数设置。建模参数在表 7.2 中给出。

表 7.2 建模参数

参数	压模 shell 单元	板 shell 单元
厚度/mm	50	25
密度/（kg/m^3）	7850	7850
弹性模量/Pa	2×10^{11}	2×10^{11}
泊松比	0.3	0.3
屈服应力/Pa	—	3.55×10^{8}

先考虑单曲率板的压制成形，建立单曲率压模的模型，压模在 X 和 Y 方向上的投影长度都是 2000mm，通过参数化建模，只需改变曲线的最大挠度就可以达

到变换压模曲率的目的。压模沿 X 方向弯曲，X 方向曲线长度等于需压制成形的板长，如图 7.39 所示。

当需要成形的板的最大挠度为 200m 时，中间板的大小为 2000mm×2052mm，放在上下压模之间，便于之后压模对板进行压制成形，如图 7.40 所示。

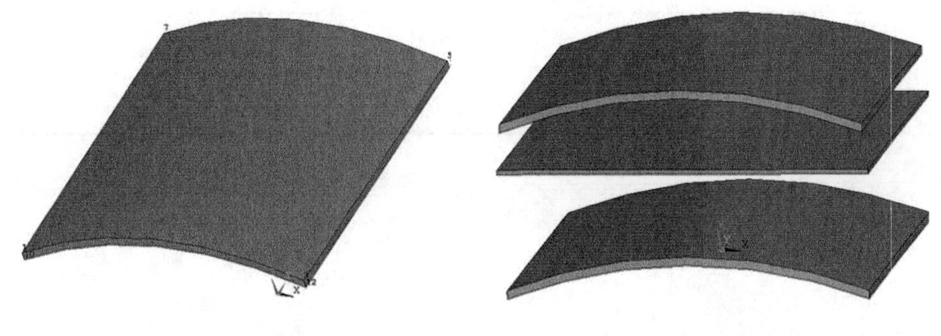

图 7.39　压模模型图　　　　图 7.40　建模示意图

对建立的模型进行属性赋值和网格划分等操作，将建模参数对应赋值在模型上，使模型具有真实情况的各种属性，以便后续操作。模型如图 7.41 所示。

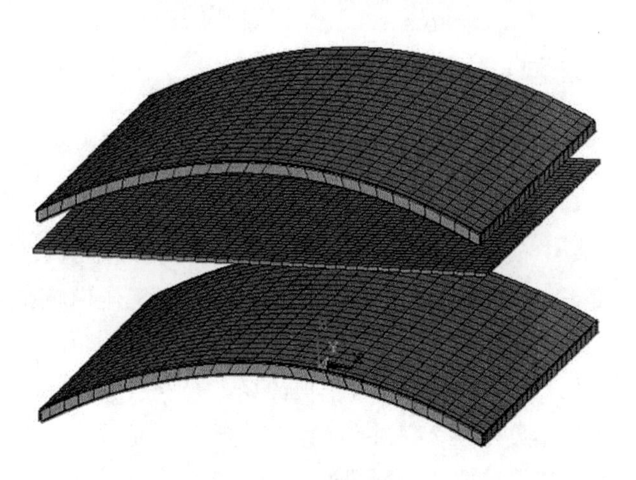

图 7.41　网格划分图

根据真实情况对压制成形的过程进行模拟，对上压模设置合理的时间-位移下压函数。约束上压模 X、Y 方向的位移和 X、Y、Z 方向的转角，对下压模施加一个全约束，而中间的板只在四周各添加一个位移约束作固定作用，如表 7.3 及图 7.42 所示。

表 7.3 约束设置

上压模		下压模		板材	
位移约束	转角约束	位移约束	转角约束	位移约束	转角约束
约束 X、Y 方向的位移	约束 X、Y、Z 方向的转角	约束 X、Y、Z 方向的位移	约束 X、Y、Z 方向的转角	四边中点各加一个位移约束	—

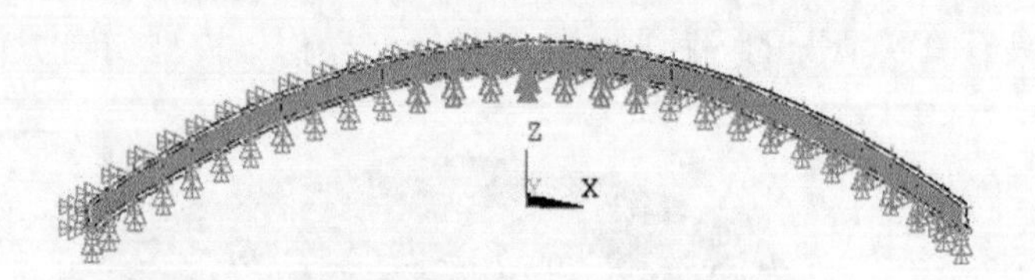

图 7.42 建模约束图

在 LS-DYNA 中模拟出压制成形的过程，设置好压模与板之间的接触，静摩擦系数设置为 0.4，动摩擦系数设置为 0.35，之后对上压模施加向下的力，使它向下压，将板压到被固定住的下压模进行成形。

然后对模型在 LS-DYNA 中进行模拟计算，得到板在压制成形中的受力情况。模型的节点数和单元数在图 7.43 中给出，节点数和单元数的多少决定了模型计算花费的时间长短，是很重要的模型数据之一。

将 LS-DYNA 计算得到的结果利用 LS-PrePost 后处理软件进行数据提取分析。本次模拟需要得到的数据是压制成形之后板的弯曲和所需成形的形状进行比较。模拟中模型是单曲率板，所以在 LS-PrePost 中沿着有曲率的方向提取板中间的一条线进行数据分析即可，如图 7.44 所示。

```
*** ANSYS GLOBAL STATUS ***

TITLE =
NUMBER OF ELEMENT TYPES =      2
     4582 ELEMENTS CURRENTLY SELECTED.  MAX ELEMENT NUMBER =       4582
     4667 NODES CURRENTLY SELECTED.     MAX NODE NUMBER =          4667
       30 KEYPOINTS CURRENTLY SELECTED. MAX KEYPOINT NUMBER =     10004
       32 LINES CURRENTLY SELECTED.     MAX LINE NUMBER =            32
       13 AREAS CURRENTLY SELECTED.     MAX AREA NUMBER =            13

Write ANSYS database as an Explicit Dynamics input file: 0205.k
```

图 7.43　模型数据图

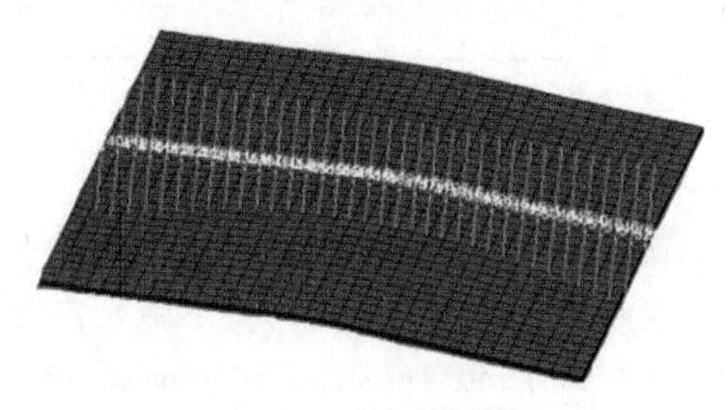

图 7.44　数据提取图

将各个点的坐标提取出在软件中拟合成一条曲线，对各个点的坐标以及曲线的曲率与需要成形的形状进行比较，得到压制成形产生的误差。以模拟成形最大挠度为 200mm 时的计算结果为例，改变压模的最大挠度，使压制成形得到的板材尽量达到需要的形状。经过多组模拟数据的比较，得到如图 7.45 的数据曲线。

仍以所需成形的最大挠度为 200mm 的圆弧板为例，根据所需成形的曲率改变上下压模的曲率，根据拟合的曲线图可看出在压模最大挠度为340mm 和350mm 时压制成形后的板和所需成形的曲率最为接近，但是还需要进一步对它们附近的几组数据进行详细的比较。

对数据进行误差分析，采用两种方法对数据进行比较。第一种方法是求一组数据各个坐标误差的方差进行比较；另一种是在软件中将压制成形得到的板材曲线进行圆的拟合，得到一个拟合的曲率再与所需的曲率进行比较，选取曲率接近的一组模拟方案。考虑实际生产中的设备精度，对压模的最大挠度进行以厘米为单位的改变，并找到误差最小的坐标结果。

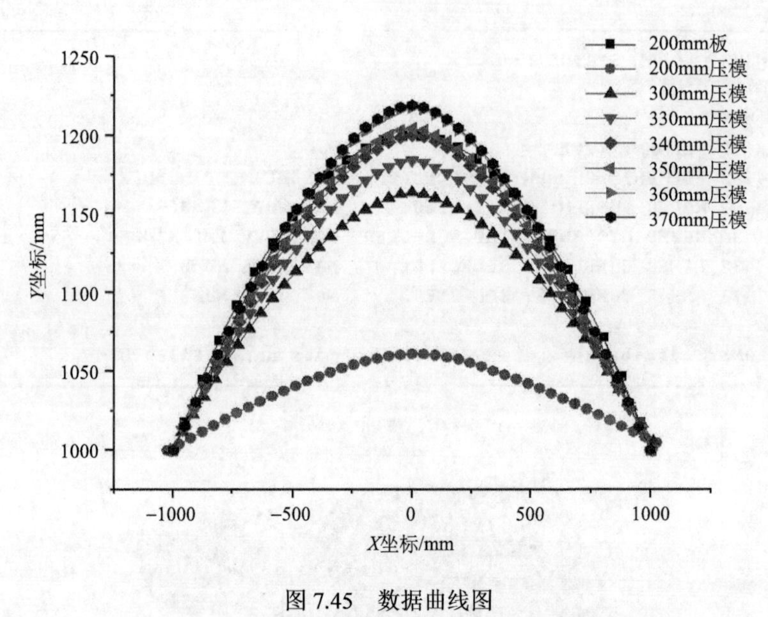

图 7.45　数据曲线图

采用第一种方法根据各个点的坐标误差，对其求方差来比较几组数据的精确度。现将得到的误差最接近的三组（最大挠度为 350mm、360mm 及 370mm）压模压制成形的坐标与需要成形的各个坐标的误差在图 7.46 中给出。

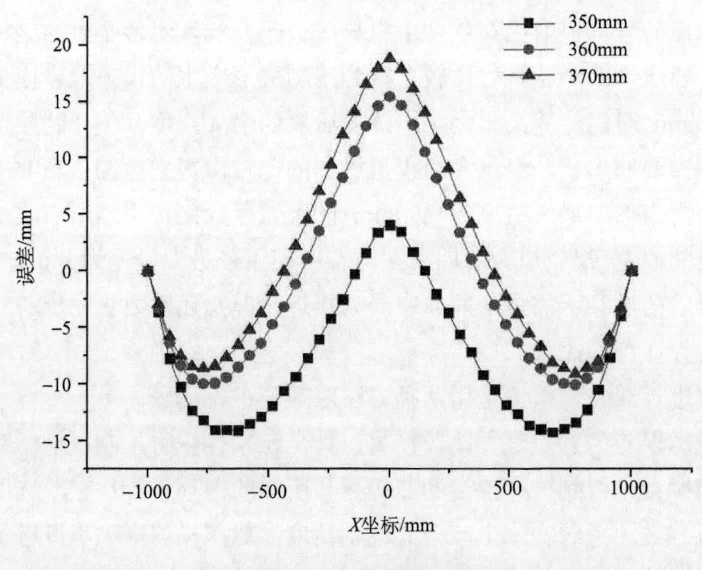

图 7.46　坐标数据图

经过方差计算，得到五组数据（下压位移为330mm、340mm、350mm、360mm和370mm）的方差分别为19048.86、6194.56、3851.03、2871.83和3473.10。由此可得采用第一种方法时，在最大挠度为360mm时误差最小。采用方差的方法将各个坐标的误差都进行考虑，方差最小的就是各个坐标相对比较靠近需要成形的坐标的一组模拟试验数据。

再采用拟合曲线的曲率进行精确度的分析，已知需要得到的板结构是由三个点作出的一条圆弧，三个点分别为（–1000,1000）、（0,1200）、（800,1000），曲率半径为2600mm。对五组数据拟合出的曲线分别进行处理，得到最接近所需成形板的曲率半径（2600mm）的五组数据的曲率半径分别为330mm（2832.53mm）、340mm（2597.14mm）、350mm（2542.11mm）、360mm（2407.78mm）和370mm（2366.64mm）。很明显可以得到在上下压模的最大挠度为340mm时，得到的曲面板的曲率半径为2597.14mm，和需要的曲率半径最为接近。采用这种方法得到的精确度主要考虑的是整个板的成形趋势，在实际生产中也是非常实用的一种误差处理方式，如图7.47所示。

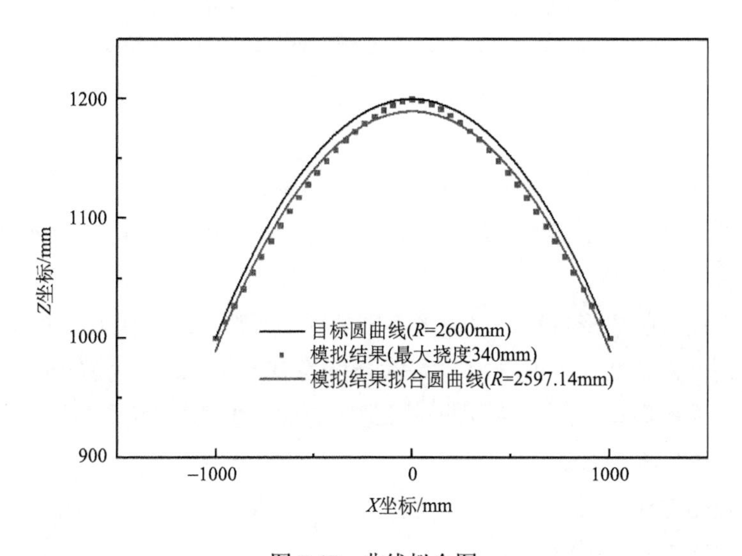

图7.47 曲线拟合图

上述两种方法都是对板材成形误差在整体方面的分析，考虑了整体误差之后再细化到板材加工成形细节误差的分析。在实际生产过程中，板材加工的工艺误差一般要小于5%。在上述五组数据中选取整体误差较小的两组进行下一步的误差分析。在图 7.47 中已经得到了各个坐标与所需成形的坐标值的误差，在其中将各个误差的数值的绝对值除以需要成形的板材的最大挠度，可以得到该位置处的坐标误差百分比，具体得到的误差百分比见图 7.48。

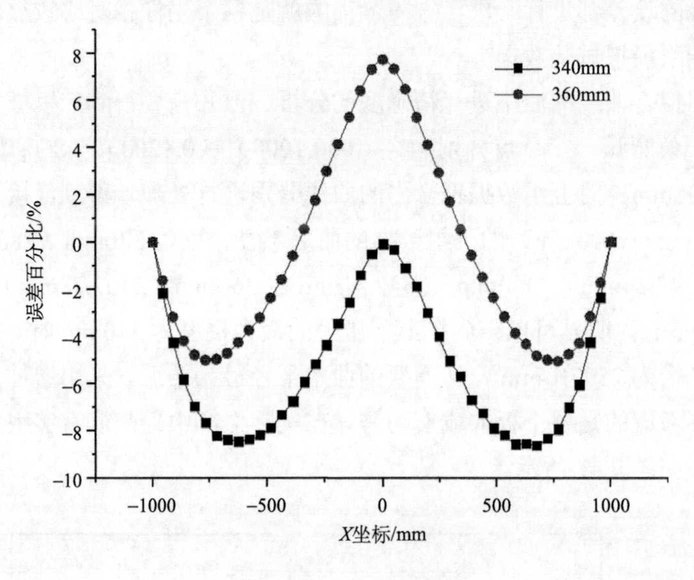

图 7.48　误差百分比图

很明显地可以看出在上下压模最大挠度为 340mm 和 360mm 时，板材的成形误差都不能满足实际工艺的误差需求。要实现加工生产，还需要对该方法进行进一步的改善。

采用上述压制成形方法，对成形不同曲率的板进行了多组数据模拟，除了列举的最大挠度为 200mm 的板，还对最大挠度为 80mm、100mm、300mm 及 500mm 的板进行了成形模拟。用上述方法对各组实验的多组数据进行误差分析得到相对精度高的上下压模设置。

经过数据对比，采用两种误差比较方法，各得到的成形误差相对小的压模数据设置，如表 7.4、表 7.5 所示。

将各组在两种误差计算方式下的最佳压模的最大挠度数据进行拟合，得到单曲率板压模一次压制成形工艺的成形规律图。通过该图可以在已知成形板的最大挠度的情况下得到所需压模的最大挠度。线性拟合如图 7.49 和图 7.50 所示。

表 7.4　有限元计算结果评估

板材挠度 80mm 曲率半径 6290mm			板材挠度 100mm 曲率半径 5050mm			板材挠度 300mm 曲率半径 1816.67mm		
压模/mm	方差	曲率半径/mm	压模/mm	方差	曲率半径/mm	压模/mm	方差	曲率半径/mm
200	8820.2	7915.51	220	6918.4	5720.4	450	6897.9	2037.29
210	2359.77	6666.66	230	1349.99	4984.77	460	2756.30	1895.27
220	4032.18	5572.76	240	463.80	4753.64	470	4743.48	1825.94
			250	1605.25	4341.25	480	7723.23	1787.94

表 7.5　压模数据设置

需成形板的最大挠度/mm	方差法压模/mm	曲率半径法压模/mm
80	210	210
100	240	230
200	360	340
300	460	470
500	—	—

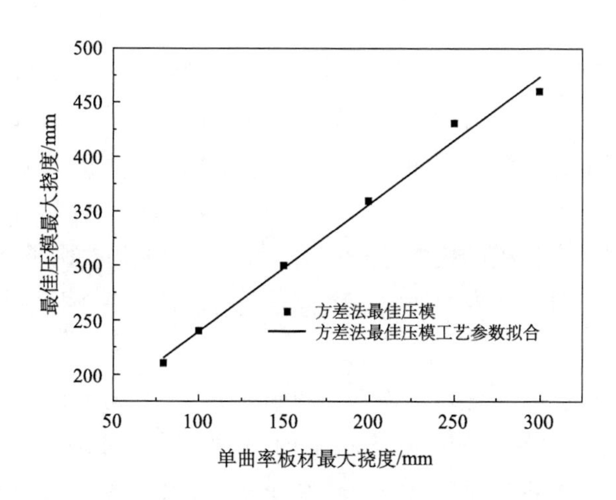

图 7.49　基于方差法的数据拟合

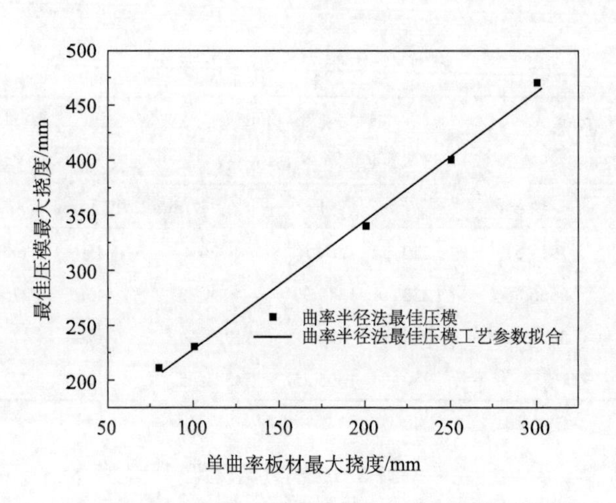

图 7.50 基于曲率半径法的数据拟合

如图 7.49 及图 7.50 所示，方差法得到的拟合线性方程为 $y=124.87013+1.13312x$，由曲率半径法得到的拟合线性方程为 $y=112.14286+1.17857x$。可以通过这两个方程得到已知所需成形板形状时的压模形状。

7.4.2 双曲率帆形板的压制成形工艺

在 7.4.1 节中研究了单曲率压模压制成形的回弹及工艺参数，对于双曲率的板材压制成形，也进行了两种不同形状双曲率板的成形研究。双曲率板材根据形状分为帆形双曲率板和鞍形双曲率板，先对帆形双曲率板的成形工艺进行有限元数值仿真。

建立帆形双曲率压模的模型，压模在 X 和 Y 方向上的投影长度都是 2000mm，通过参数化建模，只需改变曲线的最大挠度就可以达到变换压模曲率的目的，如图 7.51 所示。

当需要成形的板的最大挠度为 100mm 时，中间板的大小为 2013mm×2013mm，放在上下压模之间，便于之后压模对板进行压制成形，如图 7.52 所示。

对建立好的模型进行属性赋值和网格划分等操作，将上面给出的建模参数对应赋值在模型上，使模型具有真实情况的各种属性，以便后续的操作。得到的模型如图 7.53 所示。

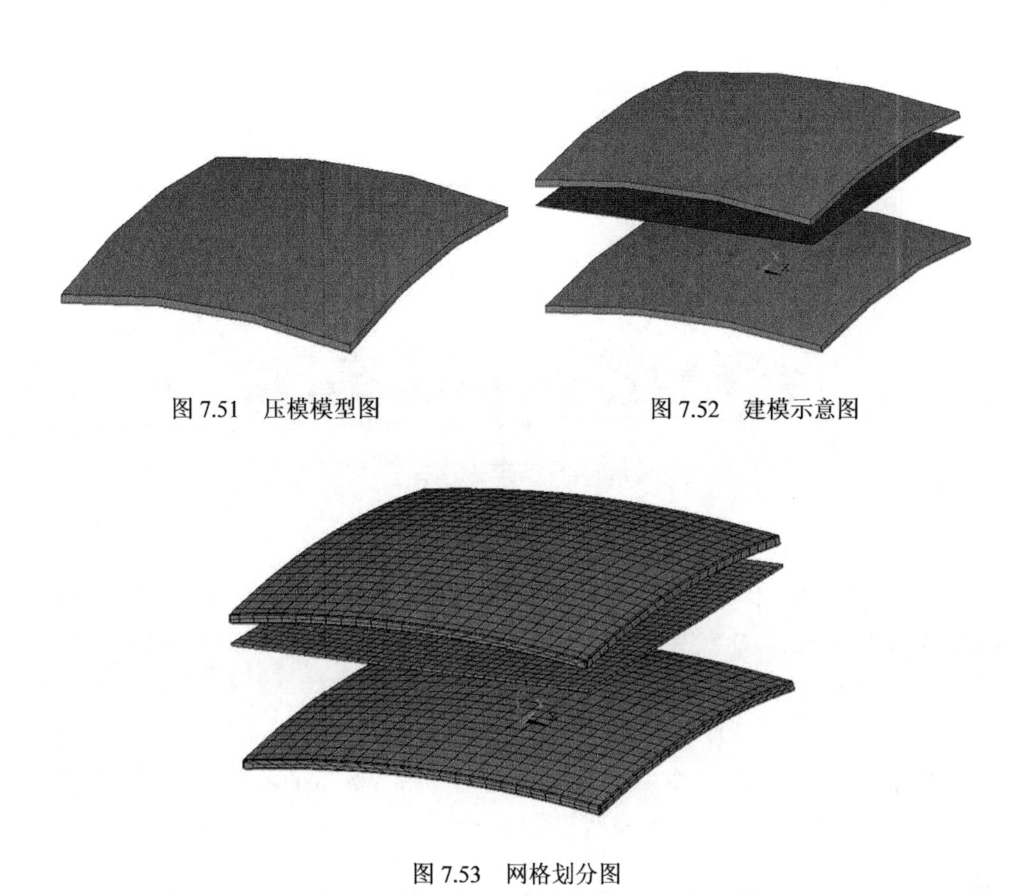

图 7.51　压模模型图

图 7.52　建模示意图

图 7.53　网格划分图

根据真实情况对压制成形的过程进行模拟，对上压模设置合理的时间-位移下压函数。约束上压模 X、Y 方向的位移和 X、Y、Z 方向的转角，对下压模施加一个全约束，而中间的板只在四边各添加一个位移约束作固定作用，如表 7.6 及图 7.54 所示。

表 7.6　约束设置

上压模		下压模		板材	
位移约束	转角约束	位移约束	转角约束	位移约束	转角约束
约束 X、Y 方向的位移	约束 X、Y、Z 方向的转角	约束 X、Y、Z 方向的位移	约束 X、Y、Z 方向的转角	四边中点各加一个位移约束	—

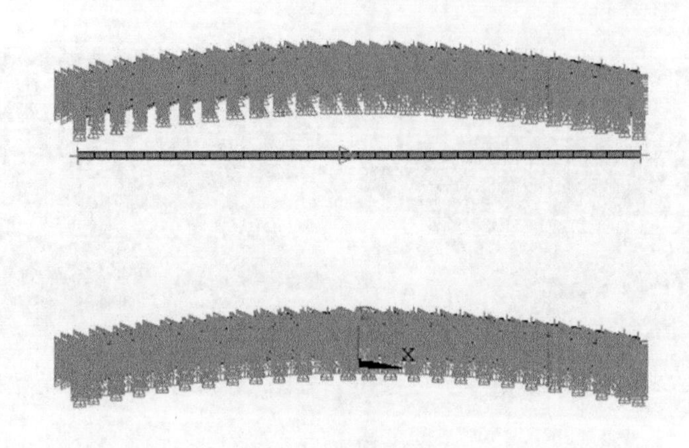

图 7.54 建模约束图

在 LS-DYNA 中模拟出压制成形的过程，设置好压模与板之间的接触，静摩擦系数设置为 0.4，动摩擦系数设置为 0.35，之后对上压模施加向下的力，使它向下压，将板压到被固定住的下压模进行成形。

然后对模型在 LS-DYNA 中进行模拟计算，得到板在压制成形中的受力情况。模型的节点数和单元数在图 7.55 中给出，节点数和单元数的多少决定了模型计算花费的时间长短，是很重要的模型数据之一。

```
*** ANSYS GLOBAL STATUS ***

TITLE =
NUMBER OF ELEMENT TYPES =      2
    3899 ELEMENTS CURRENTLY SELECTED.  MAX ELEMENT NUMBER =        3899
    3972 NODES CURRENTLY SELECTED.     MAX NODE NUMBER =           3972
      30 KEYPOINTS CURRENTLY SELECTED. MAX KEYPOINT NUMBER =      10004
      32 LINES CURRENTLY SELECTED.     MAX LINE NUMBER =             32
      13 AREAS CURRENTLY SELECTED.     MAX AREA NUMBER =             13

Write ANSYS database as an Explicit Dynamics input file: 25.k
```

图 7.55 模型数据图

将 LS-DYNA 计算结果利用 LS-PrePost 后处理软件进行数据提取分析。本次模拟需要得到的数据是压制成形之后板的弯曲和所需成形的形状进行比较。虽然模型是双曲率板，单沿一个方向的曲率是不变的，因此在 LS-PrePost 中先沿着 X 方向提取板中间的一条线进行 X 方向的成形分析，再沿 Y 方向提取板中间的一条线进行 Y 方向的成形分析即可，如图 7.56 所示。

图 7.56　数据提取图

将各个点的坐标提取出在软件中拟合成一条曲线，对各个点的坐标以及曲线的曲率与需要成形的形状进行比较，得到压制成形产生的误差。以模拟成形最大挠度为 100mm 时 X 方向成形的计算结果为例，改变压模的最大挠度，使压制成形得到的板材尽量达到需要的形状。经过多组模拟数据的比较，在 origin 中得到如图 7.57 所示的数据曲线。

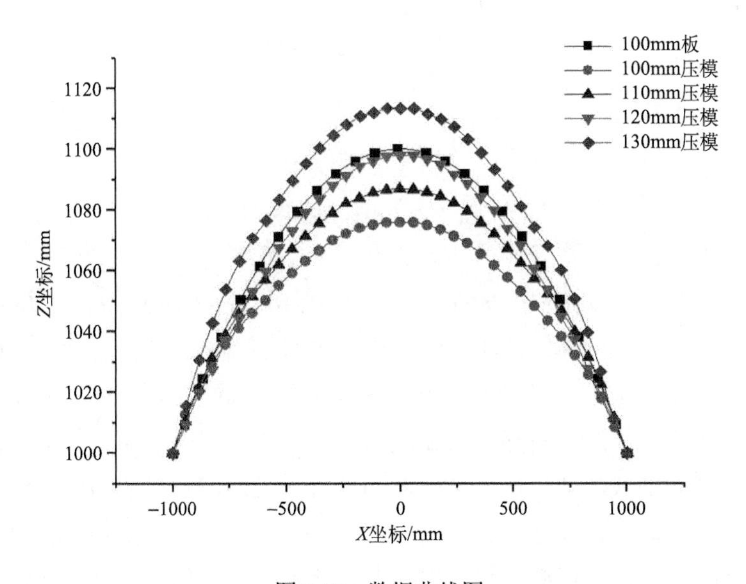

图 7.57　数据曲线图

以所需成形的最大挠度为 100mm 的圆弧板 X 方向的成形为例，根据所需成形的曲率改变上下压模的曲率，根据拟合的曲线图可以看出在压模最大挠度为 120mm 时压制成形后的板和所需成形的曲率最为接近，但是还需要进一步对它们附近的几组数据进行详细的比较。

与之前相同，分别基于误差和拟合圆曲率对数值模拟的结果进行比较。

采用第一种方法根据各个点的坐标误差，对其求方差来比较几组数据的精确度。现将得到的误差最接近的三组（最大挠度为 110mm、120mm 及 130mm）压模压制成形的坐标与需要成形的各个坐标的误差在图 7.58 中给出。

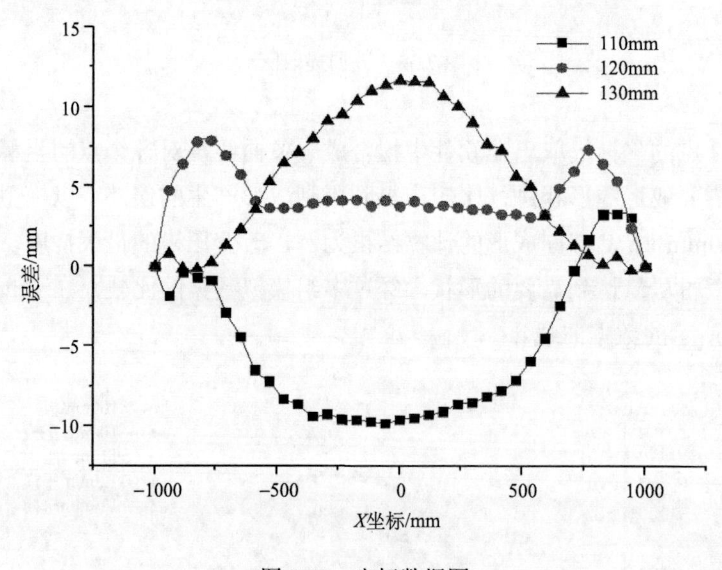

图 7.58　坐标数据图

经过方差计算，得到三组数据（下压位移为 110mm、120mm、130mm）的方差分别为 2955.01、456.44 和 4114.06。由此可得采用第一种方法时，在最大挠度为 120mm 时误差最小。采用方差的方法将各个坐标的误差都进行考虑，方差最小的就是各个坐标相对比较靠近需要成形的坐标的一组模拟实验数据。

再采用拟合曲线的曲率进行精确度的分析，已知需要得到的板结构是由三个点作出的一条圆弧，三个点分别为（−1000,1000）、（0,1100）、（800,1000），曲率半径为 5050mm。对三组数据拟合出的曲线分别进行处理，得到最接近所需成形板的曲率半径（5050mm）的三组数据的曲率半径分别为 110mm（6002.06mm）、

120mm（5088.81mm）和 130mm（4572.76mm）。很明显可以得到在上下压模的最大挠度为 120mm 时，得到的曲面板的曲率半径为 5088.81mm，和需要的曲率半径最为接近。采用该方法得到的精确度主要考虑整个板的成形趋势，在实际生产中也是实用的一种误差处理方式，如图 7.59 所示。

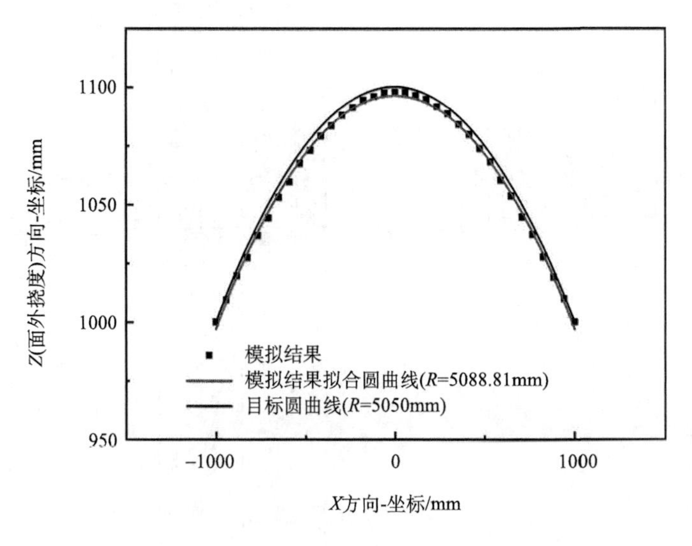

图 7.59　曲线拟合图

上述两种方法都是对板材成形误差在整体方面的分析，考虑了整体误差之后再细化到板材加工成形细节误差的分析。在实际生产过程中，板材加工的工艺误差一般要小于 5%。在上述三组数据中选取整体误差较小的两组进行下一步的误差分析。在图 7.59 中已经得到了各个坐标与所需成形的坐标值的误差，在其中将各个误差的数值的绝对值除以需要成形的板材的最大挠度，可以得到该位置处的坐标误差百分比，具体得到的误差百分比见图 7.60。

很明显地可以看出在上下压模最大挠度为 120mm 时，板材还是存在小部分成形无法满足实际工艺的误差需求。要实现加工生产，还需要对该方法进行进一步的改善。

采用上述压制成形方法，对成形不同曲率的板进行了多组数据的模拟，除了列举的最大挠度为 100mm 的板，还对最大挠度为 80mm、130mm 及 150mm 的板进行了成形模拟。用上述方法对各组实验的多组数据进行误差分析得到相对精度高的上下压模设置。

表 7.7　有限元计算结果评估

板材挠度 80mm 曲率半径 6290mm						板材挠度 100mm 曲率半径 5050mm					
X 方向			*Y* 方向			*X* 方向			*Y* 方向		
压模/mm	方差	曲率半径/mm	压模/mm	方差	曲率半径/mm	压模/mm	方差	曲率半径/mm	压模/mm	方差	曲率半径/mm
90	6650.87	8145.63	90	9241.48	8385.37	110	2955.0	6002.06	110	1584.34	5796.90
100	740.50	6756.82	100	842.61	6886.71	120	456.4	5088.81	120	743.30	5073.02
110	1361.18	5703.54	110	240.26	5872.81	130	4114.1	4572.76	130	1608.78	4475.09
120	4224.60	5072.12	120	3784.65	5119.86						
板材挠度 130mm 曲率半径 3911mm						板材挠度 150mm 曲率半径 3408mm					
X 方向			*Y* 方向			*X* 方向			*Y* 方向		
压模/mm	方差	曲率半径/mm	压模/mm	方差	曲率半径/mm	压模/mm	方差	曲率半径/mm	压模/mm	方差	曲率半径/mm
130	8704.39	4454.51	130	7094.25	4442.79	150	8722.87	3791.50	150	8226.44	3790.41
140	3179.09	4082.46	140	614.90	4005.28	160	1817.92	3531.61	160	1655.15	3427.58
150	110.50	3816.39	150	289.57	3730.9	170	1030.35	3169.12	170	822.53	3232.29
160	2284.26	3484.46	160	2243.85	3456.88	180	1582.25	3097.00	180	5149.96	2940.14

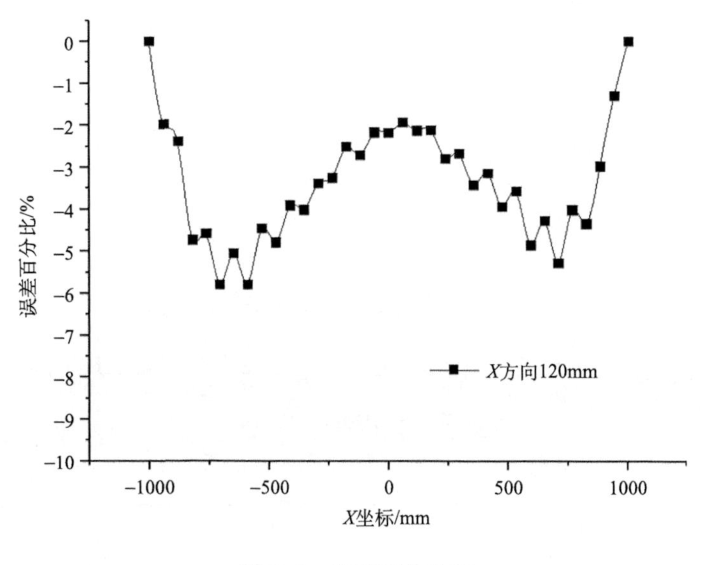

图 7.60　误差百分比图

经过数据对比，采用两种误差比较方法，各得到的成形误差相对小的压模数据设置，如表 7.7 和表 7.8 所示。

将各组在两种误差计算方式下的最佳压模的最大挠度数据进行拟合，得到帆形双曲率板压模一次压制成形工艺的成形规律图。通过该图可以在已知成形板最大挠度的情况下得到所需压模的最大挠度。线性拟合如图 7.61～图 7.64 所示。

表 7.8　压模数据设置

需成形板的最大挠度/mm		方差法压模/mm	曲率半径法压模/mm
80	*X* 方向	100	100
	Y 方向	110	110
100	*X* 方向	120	120
	Y 方向	120	120
130	*X* 方向	150	150
	Y 方向	150	140
150	*X* 方向	170	160
	Y 方向	170	160

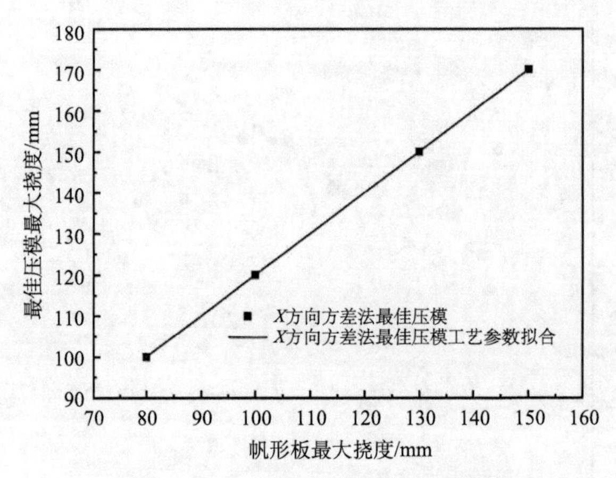

图 7.61 X 方向基于方差法的数据拟合

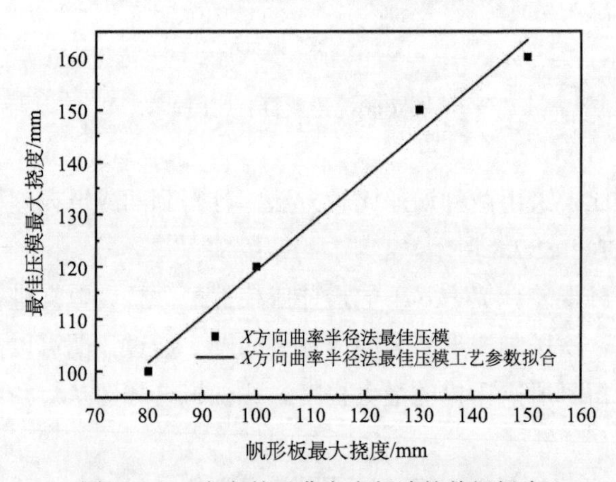

图 7.62 X 方向基于曲率半径法的数据拟合

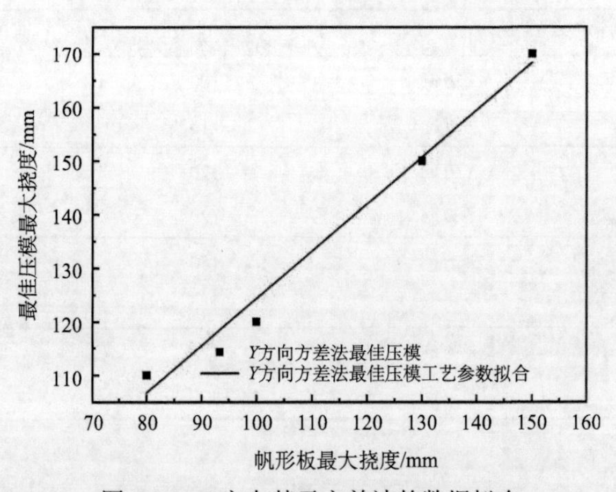

图 7.63 Y 方向基于方差法的数据拟合

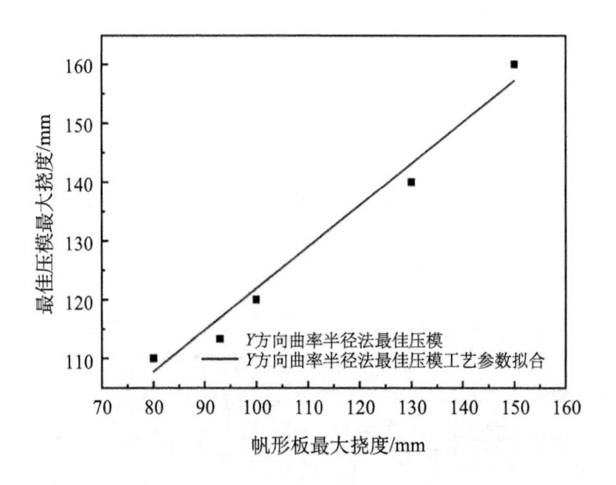

图 7.64　*Y* 方向基于曲率半径法的数据拟合

如图 7.61～图 7.64 所示，得到 *X* 方向方差法的拟合线性方程为 $y=20+x$，曲率半径法的拟合线性方程为 $y=31.37931+0.87931x$；*Y* 方向方差法的拟合线性方程为 $y=36.37931+0.87931x$，曲率半径法的拟合线性方程为 $y=51.2069+0.7069x$。可以通过这四个方程得到已知所需成形板形状时的压模形状。

7.4.3　双曲率鞍形板的压制成形工艺

除了双曲率帆形板，双曲率鞍形板也是常用的一种双曲率板形式，因此对于鞍形板的成形过程也进行了数值仿真。与对帆形板的研究方法基本相同，只改变压模的形状，如图 7.65 所示。

对于鞍形板研究的也是两向的弯曲最大挠度相同的情况。对最大挠度分别为 80mm、100mm、130mm 及 150mm 的板进行了成形模拟。经过数据对比，采用两种误差比较方法，各得到的成形误差相对小的压模数据设置，如表 7.9 和表 7.10 所示。

将各组在两种误差计算方式下的最佳压模的最大挠度数据进行拟合，得到双曲率鞍形板压模一次压制成形工艺的成形规律图。通过该图可以在已知成形板最大挠度的情况下得到所需压模的最大挠度，如图 7.66～图 7.69 所示。

表 7.9 有限元计算结果评估

板材挠度 80mm 曲率半径 6290mm						板材挠度 100mm 曲率半径 5050mm					
X方向			Y方向			X方向			Y方向		
压模/mm	方差	曲率半径/mm	压模/mm	方差	曲率半径/mm	压模/mm	方差	曲率半径/mm	压模/mm	方差	曲率半径/mm
90	2874.30	7787.08	90	3487.16	7839.36	100	4889.46	6393.07	100	7560.66	6554.44
100	320.49	6323.59	100	101.78	6529.13	110	650.75	5499.71	110	686.90	5510.79
110	2917.64	5574.86	110	5831.82	5435.52	120	1789.94	4757.77	120	1998.08	4901.94
						130	5455.10	4494.31	130	7481.68	4263.98
板材挠度 130mm 曲率半径 3911mm						板材挠度 150mm 曲率半径 3408mm					
X方向			Y方向			X方向			Y方向		
压模/mm	方差	曲率半径/mm	压模/mm	方差	曲率半径/mm	压模/mm	方差	曲率半径/mm	压模/mm	方差	曲率半径/mm
130	1563.75	4283.10	130	3010.86	4466.22	150	891.05	3556.10	150	2840.82	3824.42
140	182.45	3861.83	140	560.37	4150.45	160	89.00	3333.74	160	891.76	3571.95
150	2142.39	3568.06	150	1159.62	3830.86	170	1152.02	3151.50	170	178.71	3357.81
160	8483.26	3319.57	160	2051.12	3585.10	180	5897.75	2968.82	180	1114.99	3151.08

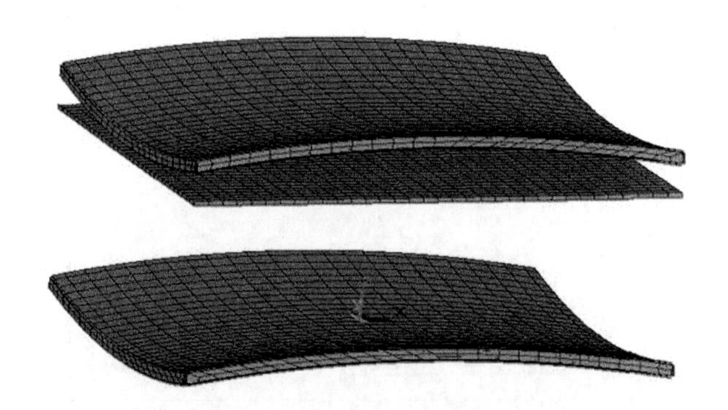

图 7.65　鞍形双曲率板成形

表 7.10　压模数据设置

需成形板的最大挠度/mm		方差法压模/mm	曲率半径法压模/mm
80	*X* 方向	100	100
	Y 方向	100	100
100	*X* 方向	110	120
	Y 方向	110	120
130	*X* 方向	140	140
	Y 方向	140	150
150	*X* 方向	160	160
	Y 方向	170	170

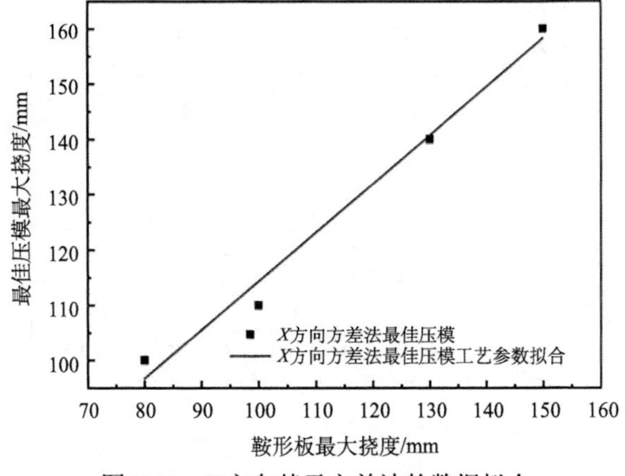

图 7.66　*X* 方向基于方差法的数据拟合

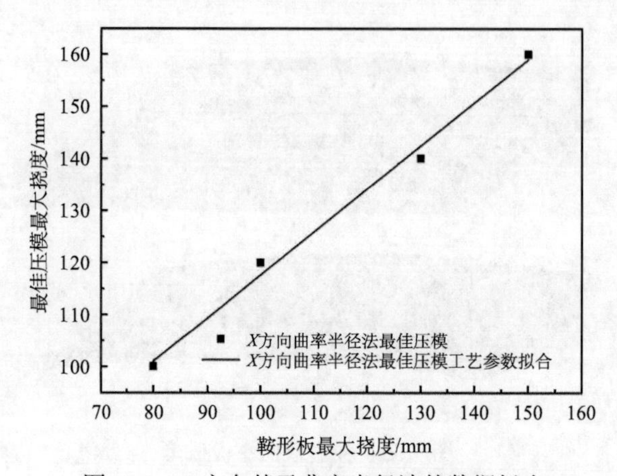

图 7.67 *X* 方向基于曲率半径法的数据拟合

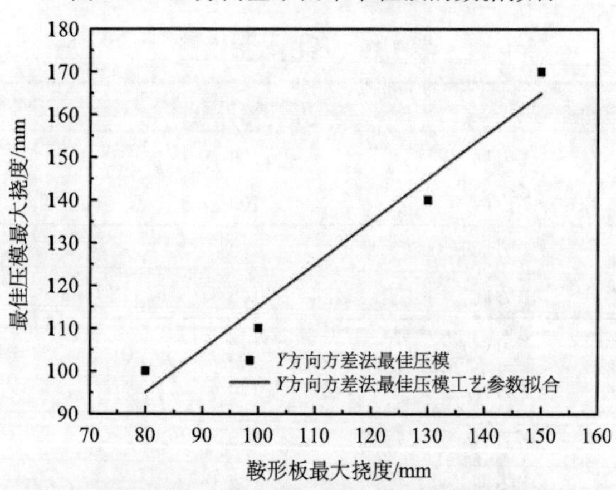

图 7.68 *Y* 方向基于方差法的数据拟合

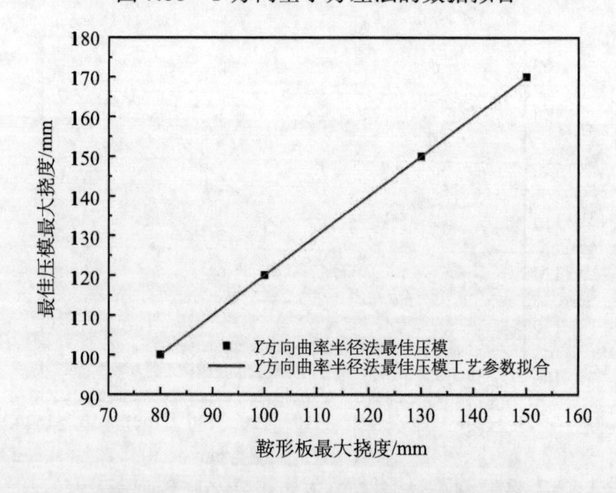

图 7.69 *Y* 方向基于曲率半径法的数据拟合

如图 7.66～图 7.69 所示，得到 X 方向方差法的拟合线性方程为 y=26.37931+0.87931x，曲率半径法的拟合线性方程为 y=34.82759+0.82759x；Y 方向方差法的拟合线性方程为 y=15+x，曲率半径法的拟合线性方程为 y=20+x。可以通过这四个方程得到已知所需成形板形状时的压模形状。

7.5　冷弯成形工艺的工程应用

在 163 平台的 B514 分段的实体 3D 模型中找到一段拥有双曲率形状的外板板材，对双曲率板的形状尺寸进行测量，得到该板为双曲率鞍形板，板长方向投影长度为 4010.73mm，板宽方向投影长度为 1825.03mm，板厚为 20mm。鞍形板长宽方向的曲率都保持不变，长方向曲率半径为 9999.16mm，宽方向曲率半径为 2277.76mm。根据 163 平台的曲板加工统计，20mm 厚的船体外板采用的材料为 EH36 钢及 DH36 钢。B514 分段 3D 模型图及双曲率鞍形板形状如图 7.70 和图 7.71 所示。

对板材形状进行简化，使其能应用于压模冷压成形及感应加热成形的仿真研究。最后得到的板材形状的长方向投影长度为 1200mm，宽方向投影长度为 800mm，厚度在之后冷热成形计算中设定。长宽方向的曲率相反，为双曲率鞍形板，长方向的曲率半径取 10 025mm，弯曲方向为正，宽方向曲率半径取 2289mm，弯曲方向为负。上述内容以及冷热成形研究所用的其他数据如表 7.11 所示。

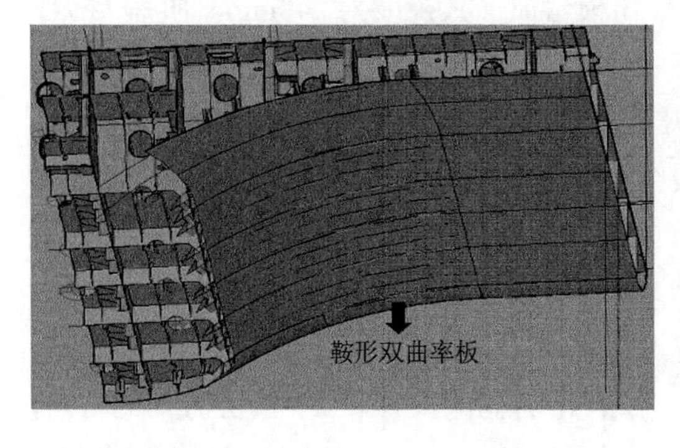

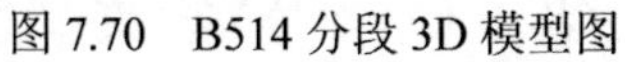
图 7.70　B514 分段 3D 模型图

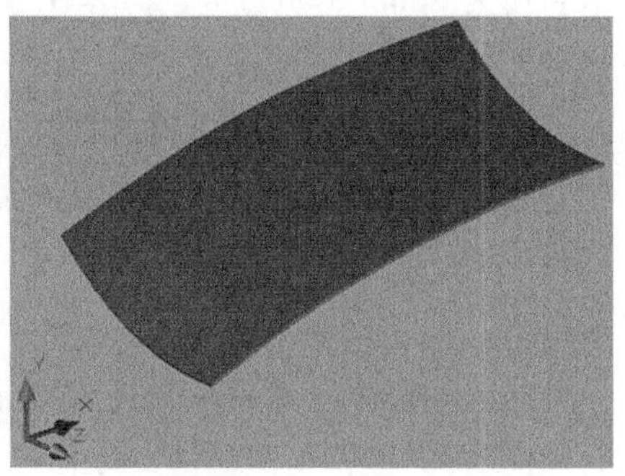

图 7.71　双曲率鞍形板形状图

表 7.11 冷热成形数据表

指标	冷弯成形	热弯成形
板材尺寸	1201mm×804mm	1200mm×800mm
厚度/mm	25	8
投影尺寸	1200mm×800mm	1200mm×800mm
材料	EH36	AH36
弹性模量	7850kg/m^3	—
泊松比	0.3	0.3
屈服应力	3.55×10^{8}Pa	—
长度方向曲率半径/mm	10 025（正）	10 025（正）
宽度方向曲率半径/mm	2289（负）	2289（负）

根据之前对双曲率鞍形板压模冷弯成形工艺的研究，得到在保持曲率不变且长宽两向投影长度为 2000mm 时，长方向（*X* 方向）的弯曲最大挠度为 50mm，宽方向（*Y* 方向）的弯曲最大挠度为 210mm。在建立数值仿真模型时只改变中间板材的尺寸，而压模的大小仍为两方向投影长度为 2000mm，将板材的弯曲最大挠度代入之前得到的压模形状经验公式。*X* 方向方差法的拟合线性方程为 y=26.37931+0.87931x，曲率半径法的拟合线性方程为 y=34.82759+0.82759x；*Y* 方向方差法的拟合线性方程为 y=15+x，曲率半径法的拟合线性方程为 y=20+x。得到长方向的方差法最佳压模弯曲最大挠度为 70mm，曲率半径法最佳压模弯曲最大挠度为 80mm；宽方向的方差法最佳压模弯曲最大挠度为 240mm，曲率半径法最佳压模弯曲最大挠度为 240mm。

建立双曲率鞍形板压模的模型，压模在 *X* 和 *Y* 方向上投影长度都是 2000mm，通过参数化建模，只需改变曲线的最大挠度就可以达到变换压模曲率的目的。中间板的大小为 1201mm×804mm，放在上下压模之间，便于之后压模对板进行压制成形，如图 7.72 所示。

进行网格划分之后根据真实情况对压制成形的过程进行模拟，对上压模设置合理的时间-位移下压函数。约束上压模 *X*、*Y* 方向的位移和 *X*、*Y*、*Z* 方向的转角，对下压模施加一个全约束，而中间的板只在四边各添加一个位移约束作固定作用，如表 7.12 所示。

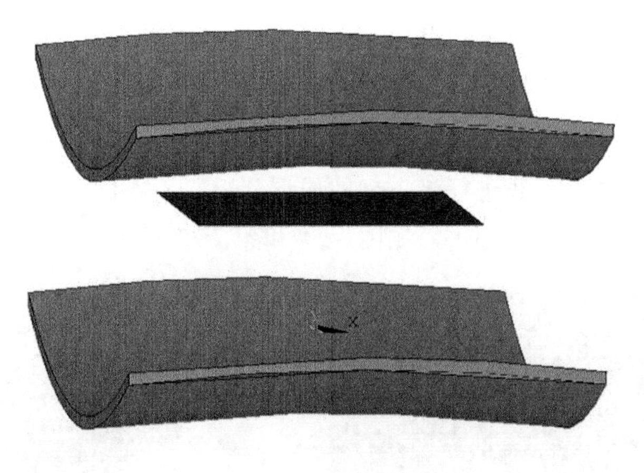

图 7.72　建模示意图

表 7.12　约束设置

上压模		下压模		板材	
位移约束	转角约束	位移约束	转角约束	位移约束	转角约束
约束 X、Y 方向的位移		约束 X、Y、Z 方向的位移		四边中点各加一个位移约束	
约束 X、Y、Z 方向的转角		约束 X、Y、Z 方向的转角		—	

在 LS-DYNA 中模拟出压制成形的过程，设置好压模与板之间的接触，静摩擦系数设置为 0.4，动摩擦系数设置为 0.35，之后对上压模施加向下的力，使它向下压，将板压到被固定住的下压模进行成形。然后对模型在 LS-DYNA 中进行模拟计算，得到板在压制成形中的受力情况。模型的节点数和单元数如图 7.73 所示，节点数和单元数的多少决定了模型计算花费的时间长短，是很重要的模型数据之一。

```
*** ANSYS GLOBAL STATUS ***

TITLE =
NUMBER OF ELEMENT TYPES =       2
     3231 ELEMENTS CURRENTLY SELECTED.  MAX ELEMENT NUMBER =        3231
     3270 NODES CURRENTLY SELECTED.     MAX NODE NUMBER =           3270
       30 KEYPOINTS CURRENTLY SELECTED. MAX KEYPOINT NUMBER =      10004
       32 LINES CURRENTLY SELECTED.     MAX LINE NUMBER =             32
       13 AREAS CURRENTLY SELECTED.     MAX AREA NUMBER =             13
```

图 7.73　模型数据图

将 LS-DYNA 计算结果利用 LS-PrePost 后处理软件进行数据提取分析。本次模拟需要得到的数据是压制成形之后板的弯曲和所需成形的形状进行比较。虽然模型是双曲率板，单沿一个方向的曲率是不变的，因此在 LS-PrePost 中先沿着 *X* 方向提取板中间的一条线进行 *X* 方向的成形分析，再沿 *Y* 方向提取板中间的一条线进行 *Y* 方向的成形分析即可，如图 7.74 和图 7.75 所示。

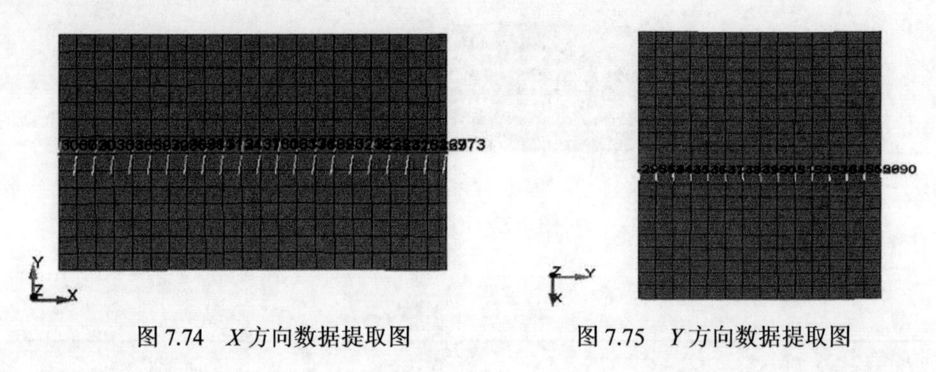

图 7.74　*X* 方向数据提取图　　　图 7.75　*Y* 方向数据提取图

将各个点的坐标提取出在软件中拟合成一条曲线，对各个点的坐标以及曲线的曲率与需要成形的形状进行比较，得到压制成形产生的误差。以 *X* 方向成形的计算结果为例，改变压模的最大挠度，使压制成形得到的板材尽量达到需要的形状。经过多组模拟数据的比较，在 origin 中得到如图 7.76 所示的数据曲线。

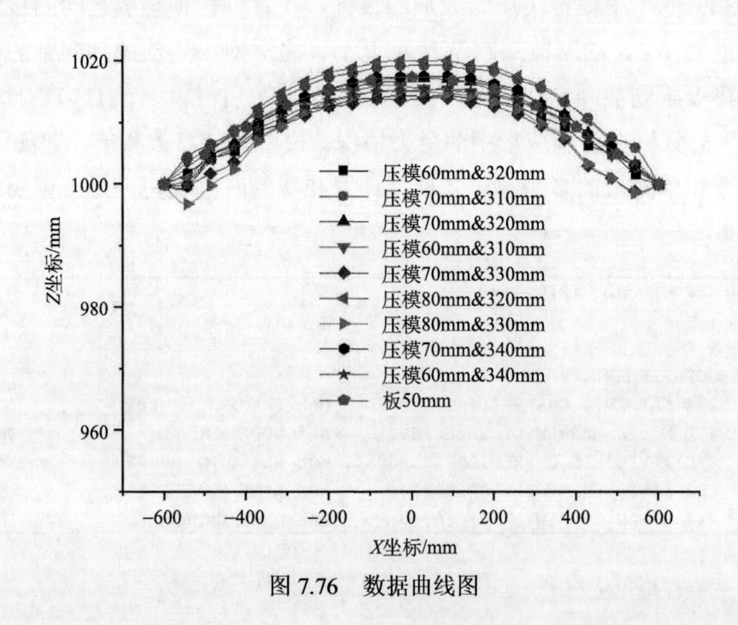

图 7.76　数据曲线图

经过多组压模形状的仿真模拟及分析计算，得到的各压模形状仿真压制之后板材两方向成形的曲率半径如表 7.13 所示。

表 7.13　曲率半径法结果

压模弯曲最大挠度/mm		长度方向曲率半径/mm	宽度方向曲率半径/mm	压模弯曲最大挠度/mm		长度方向曲率半径/mm	宽度方向曲率半径/mm
长度方向	宽度方向			长度方向	宽度方向		
60	320	11843.22	2484.83	80	320	8422.43	2431.90
70	310	9530.86	2637.36	80	330	7980.31	2339.44
70	320	9919.37	2492.62	70	340	9282.02	2258.73
60	310	11261.36	2610.62	60	340	10758.15	2218.08
70	330	9417.76	2414.27	实际板材		10025	2289

由于长宽两个方向的曲率半径不同，为便于比较各组成形结果的优劣，引入一个计算公式：$\frac{|x_1 - x_0|}{x_1} + \frac{|y_1 - y_0|}{y_1} = k$。式中，$x_1$ 为计算得到的算例长度方向的曲率半径数值；x_0 为实际板材长度方向的曲率半径数值；y_1 为计算得到的算例宽度方向的曲率半径数值；y_0 为实际板材宽度方向的曲率半径数值。通过比较 k 值的大小来对比各组数据的优劣，明显地，k 越小，压模压制成形的结果越好。通过计算得到各组数据的 k 值如表 7.14 所示。

表 7.14　曲率半径法 *k* 值表

压模弯曲最大挠度/mm		*k*	压模弯曲最大挠度/mm		*k*
长度方向	宽度方向		长度方向	宽度方向	
60	320	0.27	80	320	0.22
70	310	0.20	80	330	0.23
70	320	0.10	70	340	0.09
60	310	0.26	60	340	0.10
70	330	0.12			

可以看出成形曲率最佳的压模形状为长度方向压模最大挠度为 70mm，宽度方向压模最大挠度为 340mm，这时得到的板材成形形状和实际板材在曲率半径上

最为接近。得到板材的长度方向曲率半径为 9282.02mm，宽度方向曲率半径为 2258.73mm。

再用方差法对各组成形进行计算比较，在 origin 中选取出与实际形状较为贴近的几组数据来进行比较，这里选了压模形状为 70mm&320mm、60mm&310mm、80mm&330mm、70mm&340mm 及 60mm&340mm 5 组数据，最后得到的方差法结果如表 7.15 所示。可以看出成形曲率最佳的压模形状为长度方向压模最大挠度为 70mm，宽度方向压模最大挠度为 340mm，这时得到的板材成形用方差法计算得到的综合数据最小。

表 7.15 方差法结果

压模弯曲最大挠度/mm						
	长度方向	70	60	80	70	60
	宽度方向	320	310	330	340	340
长度方向方差值		26.34	37.41	327.38	17.30	89.30
宽度方向方差值		245.48	334.15	130.83	52.39	54.87

对曲率半径法以及方差法得到的最佳压模成形结果进行误差分析，得到的误差结果如表 7.16 所示。

表 7.16 压模（长度方向最大挠度 70mm；宽度方向最大挠度 340mm）的压制板材与目标板材的相对误差

长度方向		宽度方向	
对比点位置	相对误差/%	对比点位置	相对误差/%
–600	–0.02	–400.00	0.00
–542.48	–4.07	–343.12	4.26
–485.53	–11.52	–285.95	8.89
–428.36	–5.4	–228.94	8.46
–371.45	–5.66	–171.78	5.83
–314.18	–0.02	–114.68	3.27
–257.19	–0.21	–57.25	–1.81

续表

长度方向		宽度方向	
对比点位置	相对误差/%	对比点位置	相对误差/%
–199.89	2.29	–0.18	–5.62
–142.87	1.55	57.11	–2.16
–85.59	1.57	114.36	2.71
–28.57	1.94	171.72	4.57
28.69	–0.19	228.71	6.78
85.72	0.97	285.93	7.57
142.99	0.67	342.95	3.31
200.03	2.24	400	0.00
257.31	0.11		
314.36	0.83		
371.57	–5.19		
428.58	–6.00		
485.62	–11.61		
542.69	–10.47		
600	–0.01		

从表 7.16 可以看出，板材部分位置的误差还是大于 5%，长宽方向变形较大的位置都集中在两侧。

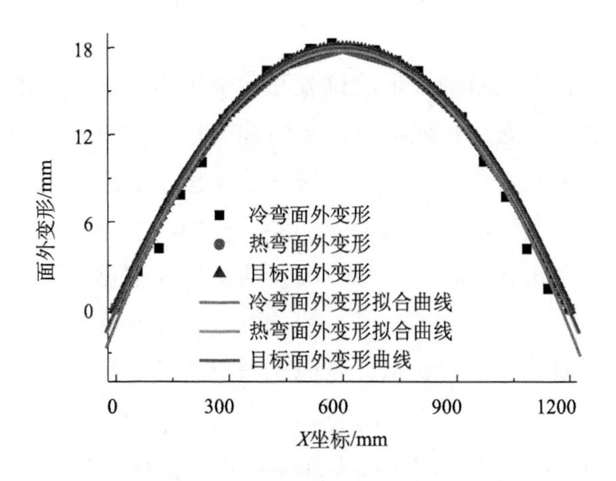

图 7.77　长度方向面外变形对比

将冷弯成形的计算面外变形与目标面外变形进行对比分析，得到结果如图 7.77 和图 7.78 所示。长度方向的目标面外变形的曲率半径为 10 025mm，冷弯计算的面外变形的拟合曲率半径为 9282.02mm，误差比为 7.41%；宽度方向的目标面外变形的曲率半径为 2289mm，冷弯计算的面外变形的拟合曲率半径为 2258.73mm，误差比为 1.32%。所以，冷弯能达到板材成形的要求。

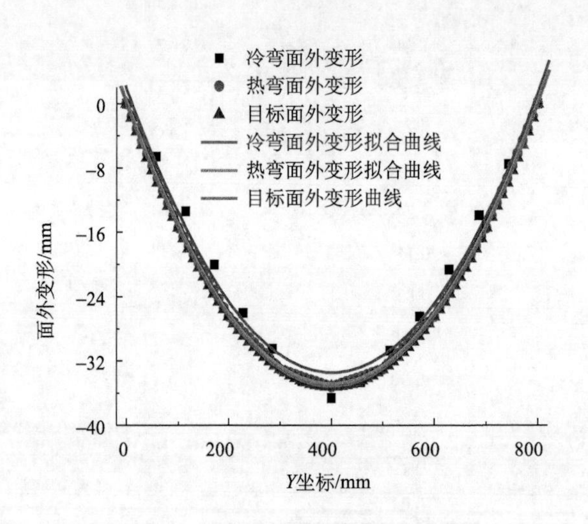

图 7.78　宽度方向面外变形对比

7.6　本 章 小 结

通过上述的板材冷弯压制成形的试验和数值模拟研究，可以得到如下结论：

（1）基于平面假设理论，取板材发生弯曲变形的微单元作理论分析，描述曲面板在冷加工成形中的力学特性。本书研究的压模压制成形是通过三点拟合圆弧来实现压模的曲率，在后期进行试验验证的过程中，主要通过改变压模的弯曲最大挠度进行试验，在建立压制冷弯成形板材曲率半径数据库的过程中，同样优先考虑这个因素。

（2）利用插值拟合、多项式拟合及傅里叶拟合的方法对双曲面板进行拟合对比，实验表明，插值拟合和多项式拟合在本次拟合中的效果是最好的，其中线性插值法又优于 Cubic 插值法。利用高斯曲率原理对双曲率板进行数学表征。

（3）基于 ANSYS LS-DYNA 对双曲率板的冷弯成形进行数值模拟及有限元求

解分析，研究了考虑回弹的双曲率压模形状以及双曲率板压模形状的工艺参数经验公式。

（4）根据板材所需成形的形状制作相同形状的样箱，在板材成形的过程中不断与样箱进行比较直到完全吻合。样箱的使用可以实现在板材成形过程中边压边测，达到对板材成形过程进行精度检测及实时控制的目的。

（5）将压模压制冷弯成形工艺与高频电磁感应加热成形两种板材成形加工方式进行了对比研究，并利用这两种冷热加工工艺对同一块双曲率板材实例完成了加工成形，进行了直观的对比研究。

（6）利用有限元数值仿真方法求解回弹问题，对双曲率板材加工工艺进行优化研究。在分别研究了双曲率鞍形板和帆形板冷弯压制的力学响应之后，提出了目标双曲率板弯曲形状与压模形状间的数学关系，可以用于指导实际生产的压模制备。

参 考 文 献

[1] Marcal P V, King L P. Elastic-plastic analysis of two-dimensional stress systems by the finite element method[J]. International Journal of Mechanical Sciences, 1967, 9(3): 143-155.

[2] Hibbitt H D, Marcal P V, Rice J R. A Finite element formulation for problems of large strain and large displacement[J]. International Journal of Solid and Structures, 1970, 6(8): 1069-1086.

[3] Lee C H, Kobayashi S. New solution to rigid plastic deformation problems using a matrix method[J]. Journal of Engineering for Industry, 1973, 95(3): 865-873.

[4] Mehta H S, Kobayashi S. Finite element analysis and experimental investigation of sheet metal stretching[J]. Journal of Applied Mechanics, 1973, 40: 874-880.

[5] Wang N M, Budiansky B. Analysis of sheet metal stamping by a finite element method[J]. Journal of Applied Mechanics, 1978, 100: 73-82.

[6] Lee S W, Yang D Y. An assessment of numerical parameters influencing springback in explicit finite element analysis of sheet metal forming process[J]. Journal of Materials Processing Technology, 1998, 80: 60-67.

[7] 汪晨，张质良. 二维板料 U 形弯曲回弹的数值模拟研究[J]. 金属成形工艺，1999，17(4): 33-35.

[8] 刘艳，谢值州，肖华，等. 影响板料成形回弹数值模拟精度的因素分析[J]. 锻压装备与制造技术, 2006, 41(5): 55-58.

[9] 田继红，刘岩. U 形板条弯曲回弹模拟中网格尺寸效应的研究[J]. 锻压技术，2005，30(z1): 182-185.

[10] 刘迪辉. 单元尺寸对回弹仿真的影响机理研究[J]. 塑性工程学报, 2007, 14(2):94-96.

[11] 许江平，柳玉起，杜亭，等. 一种新的实体单元在板料成形中的应用[J]. 塑性工程学报，

2009, 16(2): 48-52.
[12] 张彬, 李东升, 周贤宾. 基于人工神经网络的拉形回弹预测技术研究[J]. 塑性工程学报, 2003, 10(2): 28-31.
[13] 蔡中义, 李明哲, 陈建军. 板材多点成形隐式算法数值模拟专用软件及关键技术[J]. 哈尔滨工业大学学报, 2000, 32(4): 82-88.
[14] 陈炜, 王晓路, 高霖. 板料多步冲压回弹的数值模拟研究[J]. 塑性工程学报, 2005, 12(5): 8-11, 16.
[15] 石丽霞. 船板球形件多点成形回弹研究[D]. 秦皇岛: 燕山大学, 2017.
[16] 王呈方, 胡勇, 李继先, 等. 三维曲面船体外板成形加工的新方法[J]. 武汉理工大学学报(交通科学与工程版), 2010, 34(3): 431-434.

第8章 平台用钢焊接残余应力评估及CTOD测试研究

起重拆解平台作为一种特殊的海洋平台结构，其重要的承载和施工部件均采用大厚板进行焊接而成，从而形成应力集中区域；为了满足厚板焊接结构在板厚方向的抗拉性能，避免使用过程中产生的层状撕裂，常使用抗层状撕裂钢（Z向钢）。焊接时，Z向钢厚板常采用多层多道焊，其热循环过程繁多，焊后残余应力复杂，不易测量；这将严重影响结构的抗断裂性能，因此需要精确地获取全域的应力分布及其数值。同时Z向钢在焊接过程中，引弧区域的热裂纹、焊趾处的应力集中或焊后的氢致冷裂纹、熔合线附近的夹杂及未熔合等缺陷，都有可能诱发层状撕裂，进而破坏结构。深入开展拆解平台焊接区域的断裂韧度测试，作为弹塑性断裂力学中的重要材料参数，可用于判断微小缺陷存在时，外部载荷是否使已有缺陷扩展，产生裂纹；可按照ASTM相关标准进行测试实验，将更为准确地评估结构的安全性和可靠性，确保厚板焊接结构的抗断裂性能，提高建造结构品质。

基于弹塑性断裂力学相关理论和CTOD，利用焊接残余应力轮廓法测量和数值模拟迭代子结构法（iterative substructure method，ISM）分析相结合的方法，针对厚板多层多道焊的焊道密集、焊接时间长、残余应力复杂等特点，较为精确地获得板厚方向的焊接残余应力，并且深入分析氢致冷裂纹的产生机理及非金属夹杂裂纹源的扩展规律，通过一系列完整的CTOD实验，获得不同缺陷和残余应力存在时，外部载荷作用下的CTOD，评价结构断裂性能和使用寿命。

8.1 厚板残余应力的轮廓法评估

由焊接引起的焊接残余应力一直是焊接工程研究领域的重点问题。焊接接头中的残余应力可以通过诸多实验方法测量获得，焊接残余应力的测量方法可分为两大类：破坏性方法，包括钻孔法、盲孔法、深孔法、轮廓法、环芯法、裂纹柔度法、分割法等；非破坏性方法，包括X射线衍射法、中子衍射法、同位X射线法、超声波等。其中，轮廓法可以给出焊缝某一截面上的应力云图分布，从而进一步为焊接接头断裂裂纹的敏感位置提供理论依据，已成为目前测量厚板接头焊接残余应力的重要手段。针对海洋平台厚板焊接接头的焊接残余应力评估，本书将采用该方法进行测定。

平台或者船舶结构在服役过程中，焊接残余应力与其他载荷引起的应力相叠加，使结构产生二次变形和残余应力的重新分布，不仅降低结构的刚度和稳定性，还会严重影响结构的疲劳强度、抗断能力、抗应力腐蚀开裂能力。因此，精确获得厚板接头残余应力分布具有重要意义。在诸多实验测量方法中，轮廓法因其可提供焊缝截面应力云图分布受到科研工作者的关注[1]。国内外诸多学者采用轮廓法评估高强钢[2]、铝合金[3]、钛合金[4]等焊缝接头的残余应力分布，例如，刘川等[5]采用两次切割轮廓法测量了55mm厚对接焊接头内部纵向和横向残余应力分布，同时开展热-弹-塑性有限元法进行接头的应力预测，测量结果与模拟结果符合较好。

8.1.1 测量原理

针对厚板的残余应力测量，传统的小孔法（盲孔法、深孔法等）及先进的X射线衍射法（XRD），都无法获得内部的焊接残余应力，因此采用轮廓法进行测量。

根据Bueckner叠加原理，对于待测构件任意平面的应力，将其完整切开成为两半，因切割面近表面应力释放导致轮廓发生变形，若施加的外力将变形后的切割面恢复到切割前的平面状态，那么所得的应力状态即等效为切割前该平面的原始残余应力。对于图8.1对接接头而言，若要获取图8.1中对接接头$x=0$平面处的残余应力$\sigma_{(0,y,z)}^{A}$，垂直焊缝将对接接头切为两半，切割面轮廓因应力释放发生变形，此时$\sigma_{(0,y,z)}^{B}=0$，通过测量获取切割面轮廓变形值，那么最后使变形面恢复到原始平面的外力 $\sigma^{C}_{(0,y,z)}$ 即原始残余应力，即 $\sigma^{A}_{(0,y,z)} = \sigma^{B}_{(0,y,z)} + \sigma^{C}_{(0,y,z)}$。接头任意平面的应力可用式（8.1）表示：

$$\sigma^{A}_{(x,y,z)} = \sigma^{B}_{(x,y,z)} + \sigma^{C}_{(x,y,z)} \tag{8.1}$$

此外在切割过程中，假设切割面的变形轮廓是由残余应力弹性释放造成的，而且切割对焊接接头内部的残余应力影响很小，往往忽略不计。因此可以利用切割面上的变形轮廓获得原始内部应力值及应力分布。

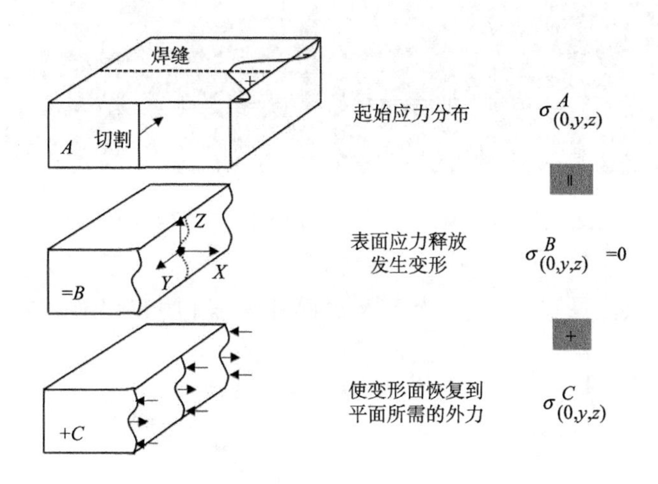

图 8.1　轮廓法原理图

轮廓法测量焊缝接头残余应力分为如下几个步骤：①试样切割，较好的切割质量是随后几个步骤的重要保证，切割过程中根据实验对象选择合适的切割参数、装夹模式；②切割面轮廓测量，可选择光学轮廓扫描仪进行非接触式的测量或者三坐标测量仪进行接触式的数据采集，三坐标测量的数据点分布更为规则，便于后期的数据处理，为大多科研工作者选用；③数据处理，由于试样表面污染以及测量过程中带来的误差，容易产生数据噪声，因此需消除数据噪声，避免应力计算时产生局部突变；④以处理后的面外变形为位移边界条件，进行模型的逆有限元分析，得到切割面的二维应力云图。

8.1.2　20mm 厚板材对接接头残余应力测量

实验采用的焊缝接头尺寸为 200mm×100mm×20mm，接头尺寸较小。实验中切割速度为 0.2mm/min，焊缝接头装夹及切割如图 8.2 所示，接头一端无约束。本书采用的切割设备为日本 Sodick AQ400Ls 慢走丝线切割机床。

采用三坐标测量仪获取轮廓面外变形数据，测量如图 8.3 所示。

图 8.2 试样装夹图

图 8.3 三坐标测量仪测量轮廓面外变形

用程序读取测量点的坐标，得到轮廓面外变形如图 8.4 所示。

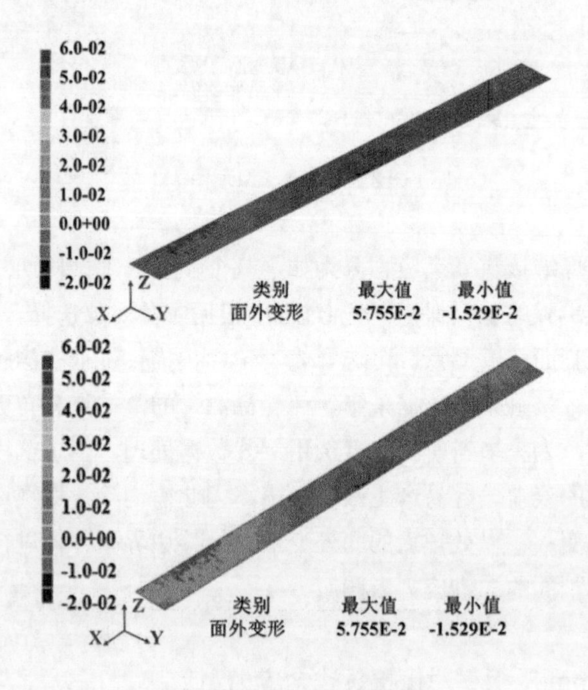

图 8.4 轮廓面外变形

基于逆有限元技术，以轮廓面外变形作为有限元模型的位移边界条件，同时约束刚体的移动，计算得到焊缝切割面处的应力云图分布如图 8.5 所示。从图 8.5 中可以看出，拉应力主要分布于焊缝区，应力极值在上表面处 3～5mm。远离焊缝处逐渐转变为压应力，接头两端由于切割入丝和出丝的影响出现应力突变，这是线切割本身的特点。

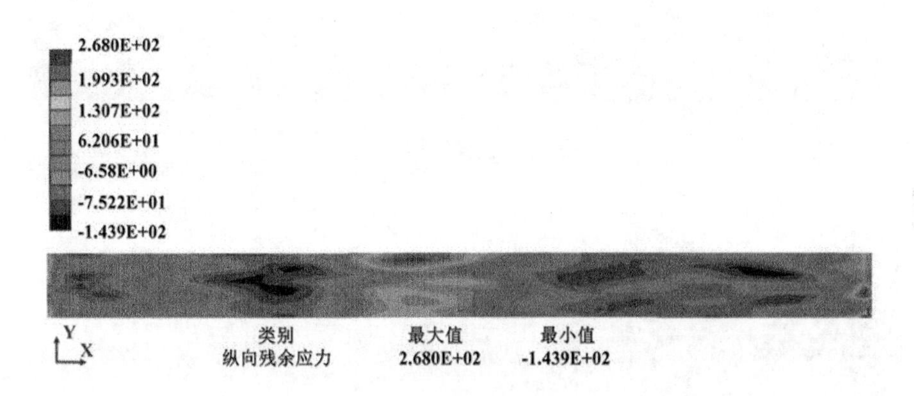

图 8.5　焊缝接头中部轮廓法测量纵向残余应力云图

8.1.3　30mm 厚板材对接接头残余应力测量

试样切割质量决定着最终的应力分布云图。为提高切割面光洁度，本书通过去除表面余高实现贴面切割加工；然后将待测接头对称装夹到慢走丝线切割机床中，水平校准后通入去离子水充满切割空间；设定切割工艺参数，实验中切割速度为 0.2mm/min，试样线切割装夹如图 8.6 所示。本书采用的切割设备为日本 Sodick AQ400Ls 慢走丝线切割机床。

轮廓测量及数据处理。切割面轮廓面外变形所采用的测量设备为 Hexagon 三坐标测量仪，设备测量精度可达 1μm。测量过程中采用线扫描点接触测量，以保证每个测量点的精度；之后借助 MATLAB 进行数据处理，因试样表面并非理想的光洁度，测量得到的异常值易造成计算过程中应力局部突变。通过两个表面的变形数据平均以消除轮廓切应力的影响，获得纵向残余应力释放引起的变形量。采用 sgolay 方法去除数据噪声，实现测量数据光滑处理。该方法在数据光滑滤波的同时也对数据进行拟合，处理后的轮廓数据如图 8.7 所示。

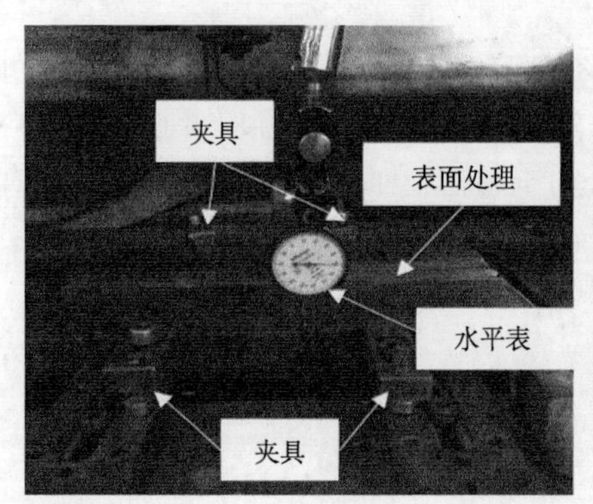

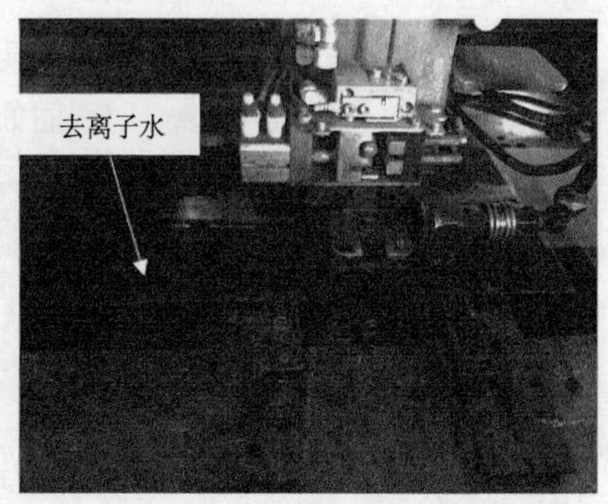

图 8.6　试样线切割装夹

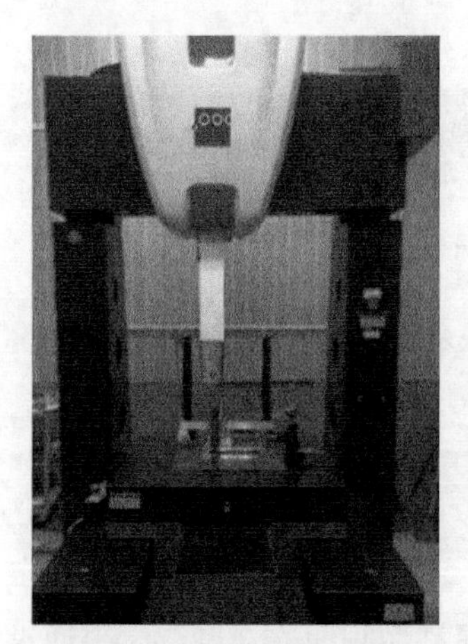

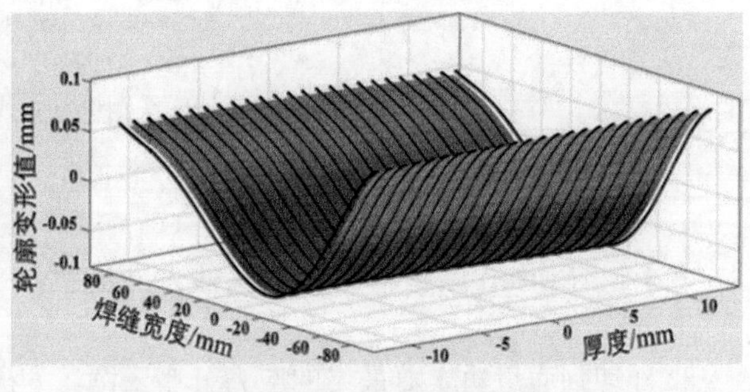

图 8.7　三坐标测量仪及测量变形数据处理

将拟合所得的轮廓数据作为一半接头 ABAQUS 有限元模型的位移条件，通过边界条件约束刚体移动，同时施加反向的轮廓变形即可求解切割面应力分布。图 8.8 为轮廓法应力重构分析有限元模型，切割面轮廓变形被放大 185.3 倍，为了保证有限元求解的精度和速度，靠近轮廓面的网格较密，而远离轮廓面的网格较稀疏。此外，图 8.8 中的 3 个红色箭头表示约束条件，以防止刚体移动。采用 ABAQUS 线性静力学分析，且只考虑材料的弹性行为，弹性模量取 210GPa，泊松比取 0.3。

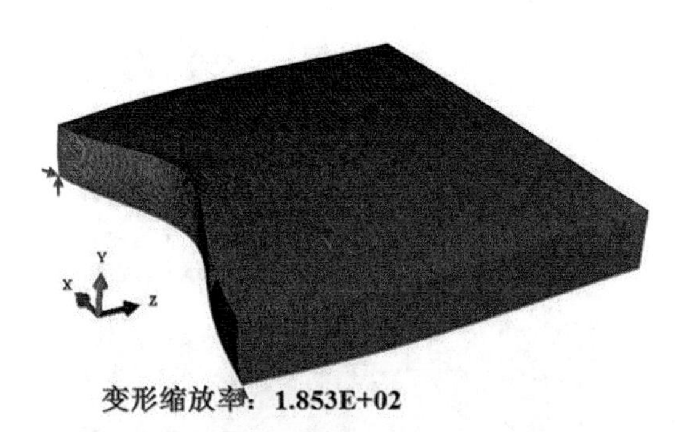

图 8.8　轮廓法应力重构分析有限元模型

图 8.9 为焊缝接头中部平面轮廓法测量纵向残余应力云图。从云图上可以看出，近焊缝处纵向残余应力为拉应力，并向母材处逐渐减小最终转变为压应力。这是因为在焊缝冷却阶段，当焊缝区温度迅速下降时，焊缝金属收缩受焊缝邻域母材的约束，导致焊缝区域产生残余拉应力。为了平衡对接焊接头的拉伸残余应力，母材产生了压缩残余应力。实验测量拉应力极值为 265.445MPa。从图 8.9 中可以看出，边缘压应力突变，压应力最大值为 382.395MPa。这是线切割过程中的边缘效应造成的。

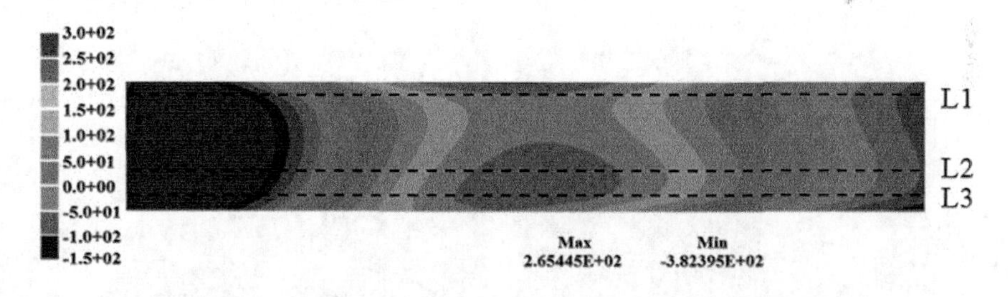

图 8.9　焊缝接头中部平面轮廓法测量纵向残余应力云图

8.1.4　75mm 厚高强钢残余应力测量

图 8.10 为高强钢厚板对接焊焊缝，接头尺寸为 300mm×295mm×75mm，试样表面光洁度较差，氧化严重，选取焊缝 1/2 处作为切割位置。

图 8.10 高强钢厚板对接焊焊缝

采用日本 Sodick AQ400Ls 慢走丝线切割机床分割焊缝，如图 8.11 所示，切割参数如图 8.12 和表 8.1 所示。

图 8.11 Sodick AQ400Ls 慢走丝线切割机床

图 8.12 设定线切割参数

表 8.1 切割工艺参数（切割速度、电流、电压）

序号	切割速度/（mm/min）	切割电流/A	切割电压/V
1	1.09	10.6	30
2	1.04	10.7	29
3[a]	0.846	8.6	31

续表

序号	切割速度/（mm/min）	切割电流/A	切割电压/V
4	0.78	8.4	32
5	0.81	8.5	33
6	0.82	8.5	32
7	0.83	8.4	34
8	0.80	8.4	32
9	0.85	8.8	28
10[b]	0.95	9.7	36
11	0.85	8.6	31
12	0.81	8.6	29
13	0.82	8.6	30
14	0.80	8.7	32
15	0.77	8.6	34
16	0.78	8.5	33
17	0.83	8.7	32
18	0.85	8.7	33
19	0.82	8.6	32
20	0.87	8.5	30
21	0.80	8.6	30
22	0.78	8.6	32
23	0.80	8.6	30
24	0.80	8.5	30
25	0.77	8.4	31
26	0.80	8.5	30
27	0.81	8.6	31
28	0.78	8.6	30
29	0.80	8.5	32
30	0.75	8.6	30
31	0.76	8.5	31

注：a, b 为切割过程中断丝，实验时每隔 10min 采集一次。

焊缝金属导致起弧及熄弧处不平，无法用胎架，用角磨机轻微打磨，如图 8.13 所示。

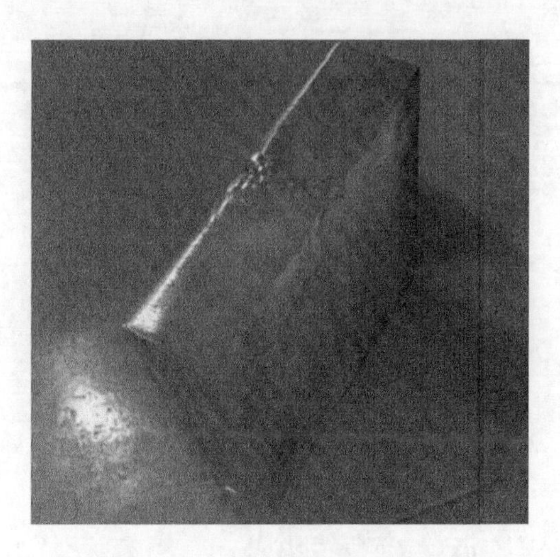

图 8.13 角磨机打磨焊缝端部

胎架一方面可以托起试样，且起到固定作用。4 个夹具虽无法做到对称，但 B 与 C 为对称夹紧，C 夹具因为机床工作空间限制无法与 A 对称。试样装夹情况如图 8.14 所示。装夹后用扫表扫平直线和面，保证呈直角或平面。

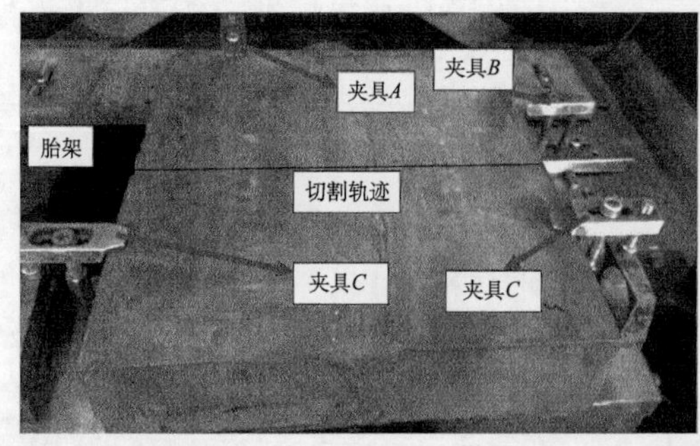

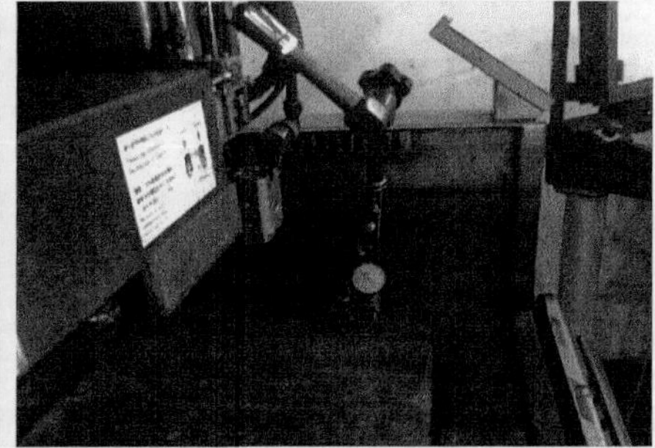

图 8.14 试样装夹

矫正后根据设定的参数，去离子水充满工作空间，整个切割过程均在去离子水中完成，断丝或者死机时，去离子水抽干，排除故障后重新起弧切割。切割完成后，标记切割轨迹。然后用水枪和清洁液冲洗掉表面炭黑，喷涂防锈剂。整个切割过程发生两次断丝，断丝引起的过烧现象在试样表面很明显，如图 8.15 所示。

图 8.15　焊缝横断面

图 8.16 为三坐标测量仪，设备测量精度为 1.7μm，满足精度要求。测量点间距为 0.5mm×0.5mm。

图 8.16　三坐标测量仪

为便于记录数据以及做数据处理，将试样分为 *A* 与 *B*，图 8.17 左侧为 *A*，右侧为 *B*。测量范围均为距离近表面 3mm 以内的矩形框。为了便于后期做数据平均，测量 *B* 时未按照理论测量点，给后期处理数据增加了较大工作量。

图 8.18 为焊缝横断面变形云图。由图中可以看出，由于拉应力释放导致焊缝处变形为负，且在焊缝根部变形很小而在填充以及盖面焊处变形较大。远离焊缝的母材处由于压应力释放引起的变形较小。

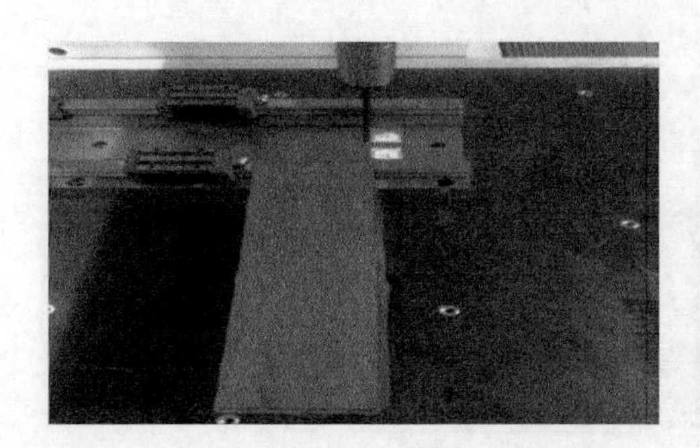

图 8.17　三坐标测量

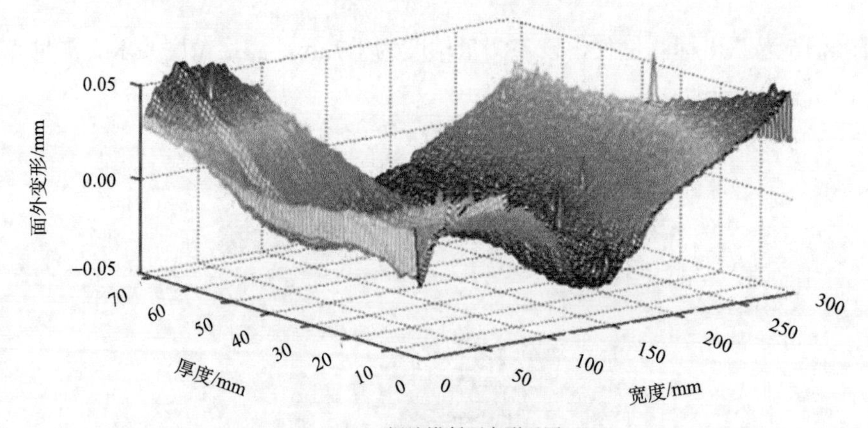

(a) A焊缝横断面变形云图

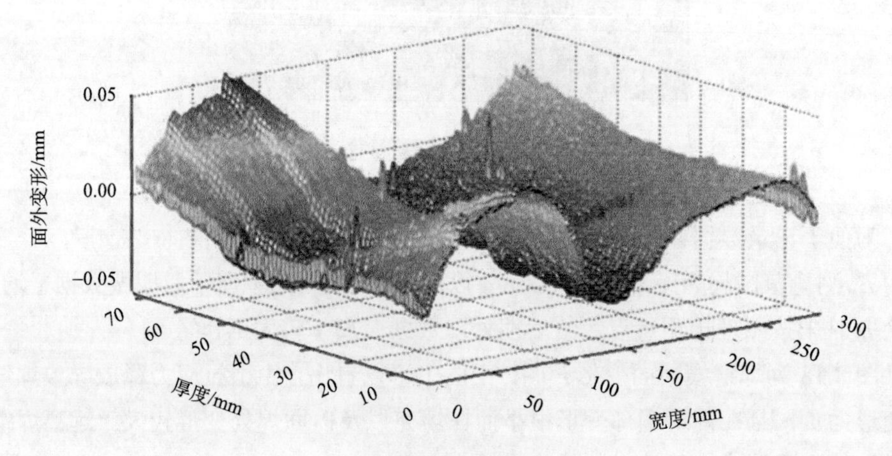

(b) B焊缝横断面变形云图

图 8.18　焊缝横断面变形云图

此外，可能由于接头中正面与反面焊道数量不同，残余应力分布不均匀，焊道较多的一侧残余应力较大。

数据处理流程为光滑去除噪声，数据对齐，求平均，拟合。不同于常见的样条曲线、多项式及傅里叶曲线拟合，本书采用 sgolay 方法对数据进行处理，该方法对数据减噪的同时，也对测量数据进行拟合。图 8.19 为去除数据噪声，拟合后的轮廓变形云图，可以发现，由于拉应力释放，焊缝区收缩。

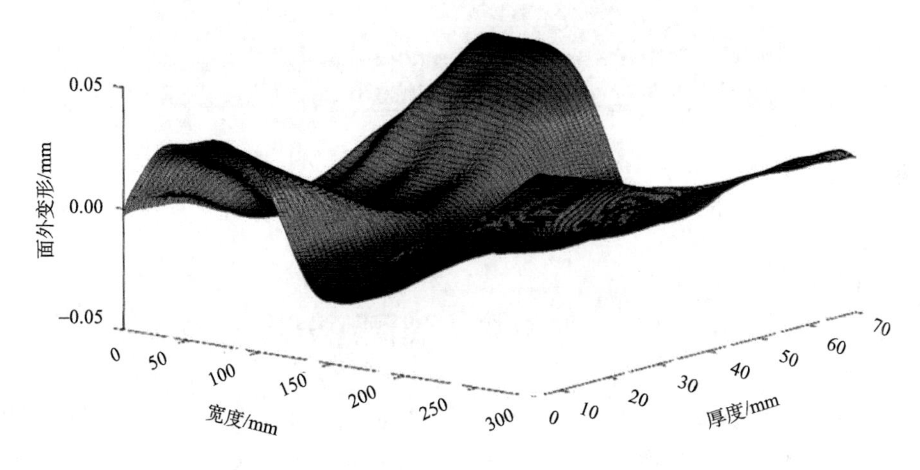

图 8.19　去除数据噪声，拟合后的轮廓变形云图

图 8.20 为通过逆有限元分析技术求解的纵向残余应力云图，计算过程中，以逆向的轮廓变形数据为输入，采用弹性模量为 210GPa，泊松比为 0.3。从图 8.20 中可以看出，焊缝处为拉应力，应力极值为 422MPa。板厚中部远离焊缝处仍为拉应力，而近表面母材处呈现为压应力。一般而言，焊接时的母材对焊缝金属的约束作用，导致焊缝处产生拉应力，而压应力为平衡应力。此外，由于线切割的局部效应导致边缘应力突变，断丝处的应力明显改变。不难看出，此次测量的应力极值明显小于高强钢的屈服应力（690MPa），分析认为：①试样装夹约束较小，切割过程中的应力释放导致切割轨迹改变；②切割速度较大，线切割产生的热量影响了测量精度；③高强钢焊接时焊缝及热影响区由于固态相变产生的贝氏体和马氏体导致体积增大，接头中的残余应力较小。

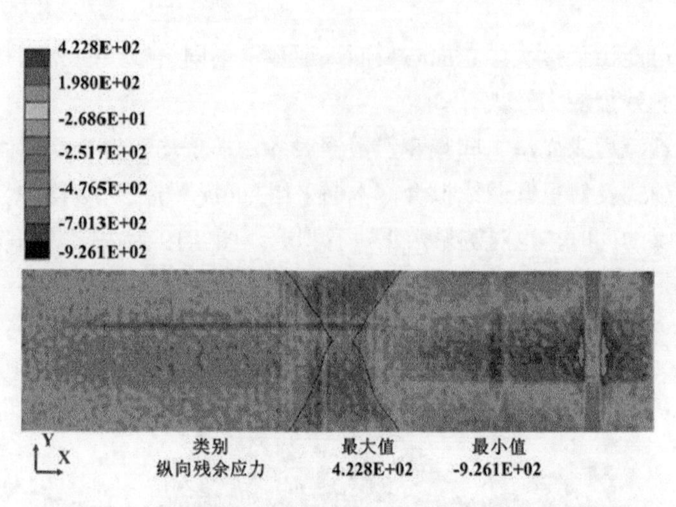

图 8.20 逆有限元分析技术求解的纵向残余应力云图分布

8.2 厚板接头裂纹源分析

高强钢厚板具有良好的力学性能，广泛地应用于船舶及海洋平台。然而在使用阶段，厚板钢及其焊缝金属大大小小的问题层出不穷，因此有必要对厚板钢及其焊缝的断裂韧性进行相关的研究[6-8]。目前，国际上已有诸多金属及焊缝金属断裂韧性实验标准，如国标[9]、英标、欧标及国际标准[10]等。

厚板接头裂纹的产生，主要取决于加工工艺及其过程参数，特别是焊接缺陷。接头裂纹源的研究，必须最大程度反映材料的真实断裂韧性。对于厚板焊缝接头，根据焊缝尺寸分为纵向缺口（沿着焊缝方向）、横向缺口（垂直焊缝方向）、厚度方向缺口，试样选择如图 8.21 所示，根据各方向焊缝承受载荷能力，缺口方向选择性能薄弱的横向。为了分析焊接缺陷及厚板接头裂纹源的产生和影响，必须按照标准，严格加工试样，试样尺寸如图 8.22 所示。厚板焊接后尽管焊接变形量满足生成要求，但对于 CTOD 实验，仍需要按照规范进行取样，避免 CTOD 试样变形，焊缝试样允许的偏差如图 8.23 所示。

焊缝接头中的残余应力由于加工缺口分布状态发生改变，因此在预制疲劳裂纹前需考虑是否优化接头内部的残余应力分布。同时，测量裂纹长度、评估裂纹长度的有效性并观察断口形状，对于热影响区断裂韧性实验应先通过宏观金相切片评估其缺口的有效性，之后再评估裂纹长度及观察断口形状。

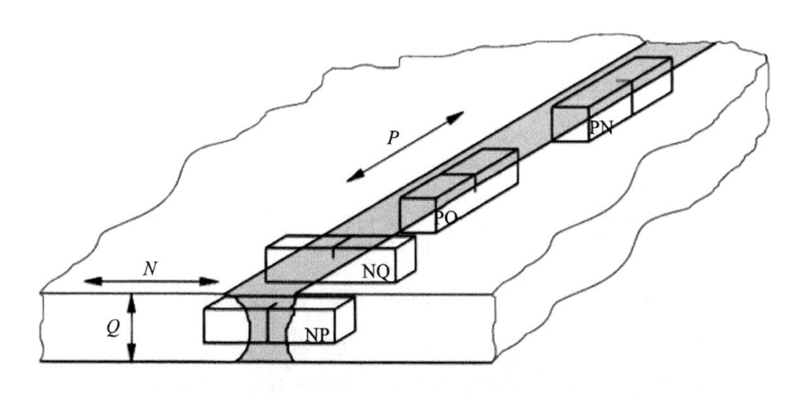

图 8.21　焊缝裂纹源及断裂韧性裂纹面方向（缺口）

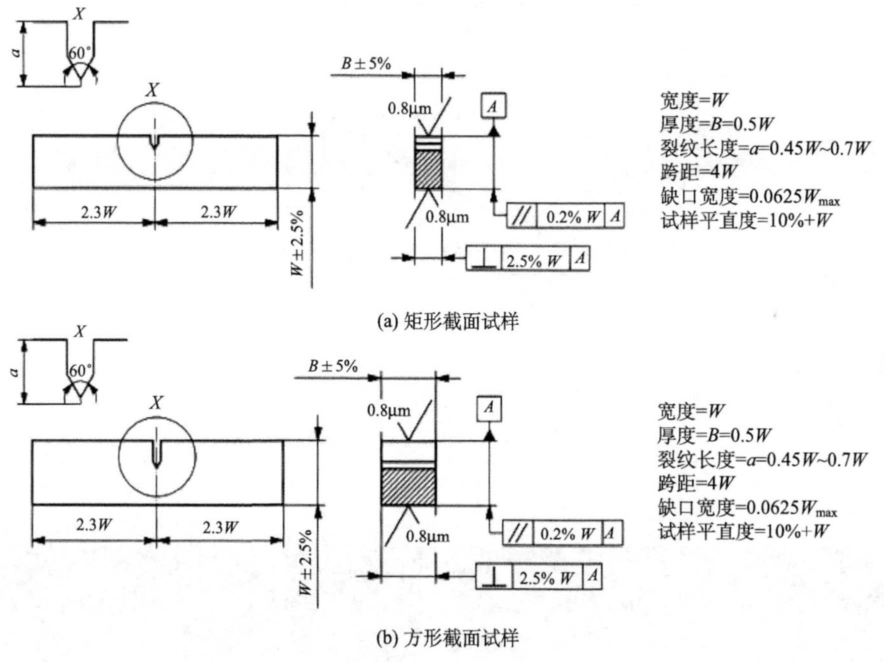

图 8.22　焊缝缺陷作为裂纹源分析的试样

针对半潜式起重拆解平台特殊结构复杂、材料特殊及焊接要求高等特点，通过焊前预热（图 8.24）、层间温度控制（图 8.25），以及焊后消氢（图 8.26）等工艺避免焊接裂纹的产生。同时，采用引弧/熄弧板、回烧和电弧摆动等技术，再辅以合理的焊接工艺，确保厚板曲面焊缝的品质，避免焊接缺陷的产生，保障焊接过程的稳定。

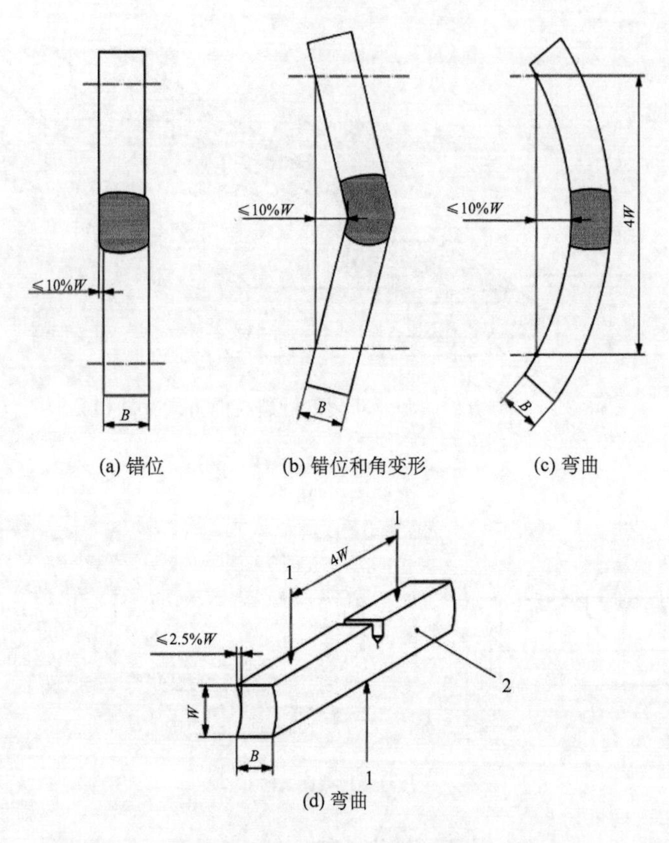

图 8.23 焊缝在外部载荷作用下的断裂力学性能分析

1.施力点；2.弯曲面；4W＝跨距

图 8.24 焊接接头的焊前预热

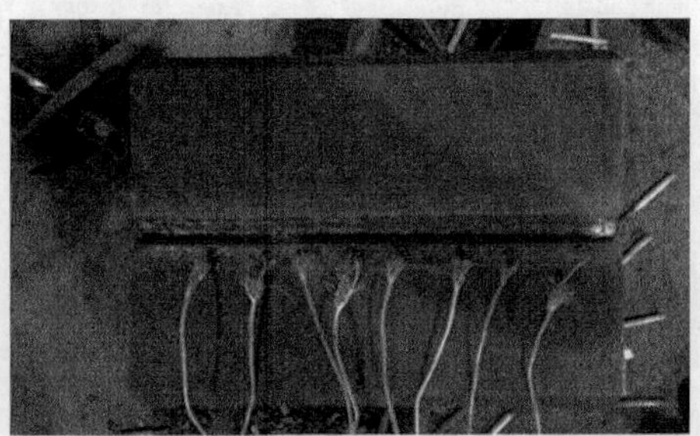

图 8.25 层间温度控制

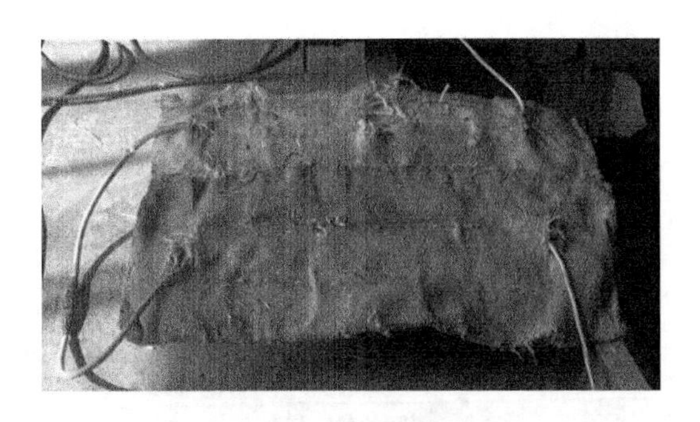

图 8.26　焊后消氢工艺

8.3　平台用钢及其焊接接头的 CTOD 评估

CTOD 是指含裂纹体在张开型荷载作用下原始裂纹尖端处两表面张开的相对距离，其值的大小能够反映裂纹尖端材料的抗开裂能力，值越大，材料抗开裂能力越强，韧性越好。可以用在材料线弹性、弹塑性阶段到大范围屈服乃至完全屈服阶段的断裂韧性评定，可以用来评定 KIC 实验难以界定的韧性较好的材料；然后 CTOD 实验采用全厚度开缺口试样，考虑了厚度对材料韧性的影响，相比传统的 Charpy 冲击实验采用小厚度标准试样，更能够模拟实际结构中材料受力状态，实验结果更加科学安全；其次，不同于传统的只反映材料某一片区域整体韧性程度的实验，CTOD 实验可以对厚钢板、焊接接头等定位、定点测试，将预制裂纹准确定位在诸如焊缝中心、熔合线、热影响区等目标区域，测得断裂韧性值，对物理化学性能及力学性能不均匀的材料尤为适用，可以确定材料韧性薄弱位置，更利于结构工程的安全设计；最后 CTOD 实验采用预制疲劳裂纹模拟实际构件中的裂纹，保持裂纹尖端的应力应变状态，能够保证韧性测试结果的可靠与准确。

同时，海洋船舶结构、大跨度钢结构桥梁、超高层钢结构等的快速发展都对钢板的性能提出越来越高的要求，钢板强度不断提高，厚度不断增大，使用环境更加宽泛、恶劣，对厚钢板的韧性提出了更高的要求。厚度的增大使传统采用小试样的 Charpy 冲击实验局限性更加明显，采用传统的实验结果进行结构设计也趋于危险，推广使用基于全厚度的 CTOD 实验显得越发重要。

图 8.27 给出了详细的焊缝 CTOD 实验流程，根据每个步骤的特点可分为三个模块：制备焊缝 CTOD 试样、预制疲劳裂纹、加载获得 F-V 曲线并评估实验结果。

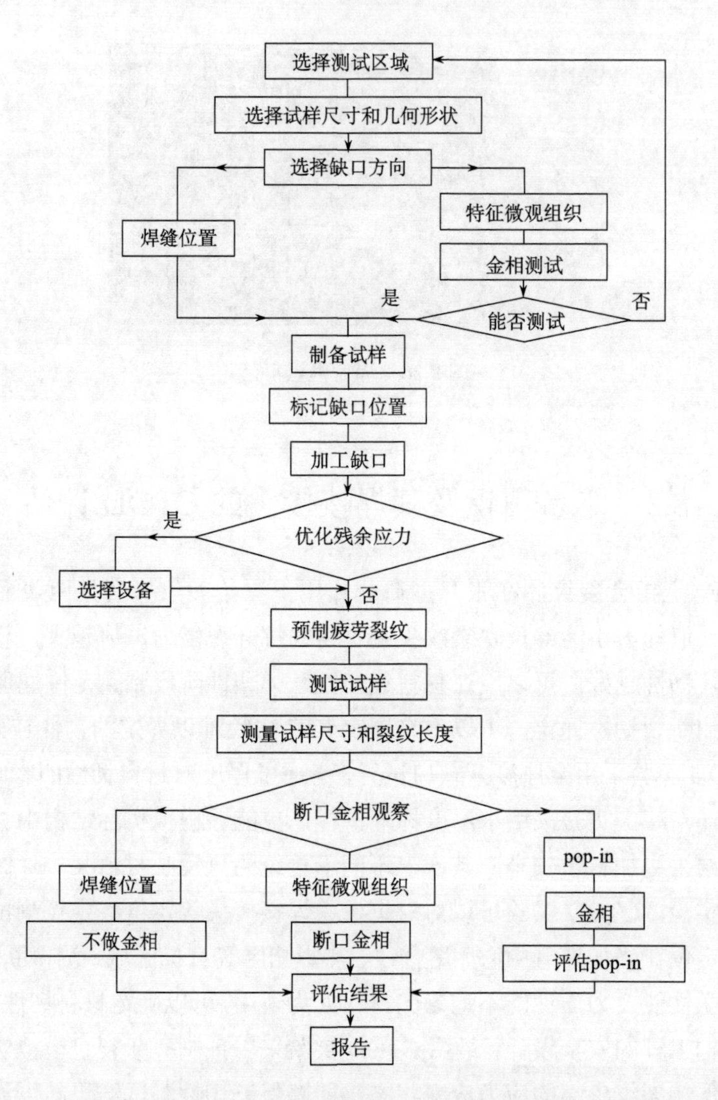

图 8.27　焊缝 CTOD 断裂韧性实验流程图

目前 CTOD 标准如下：英国 BS 7448 系列、国际标准 ISO 12135、国际标准采用的英国标准 BS EN ISO 15653、美国 ASTM 系列、API 系列、挪威船级社规范 DNVGL-OS-C401 和 DNV-OS-F101 等，以及加拿大标准协会等关于海洋结构物系列建造规范中，中国船级社也出国标 GB/T 21143—2007 等将 CTOD 实验纳入船舶材料认证实验中。

8.3.1　厚板钢 CTOD 测试

30mm 厚板钢，试样方向为 *X-Y*，单轴拉伸测得屈服强度为 380MPa，抗拉强度 550MPa。测量板材尺寸及变形量，然后从板材上取试样，CTOD 试样尺寸如图 8.28 所示。

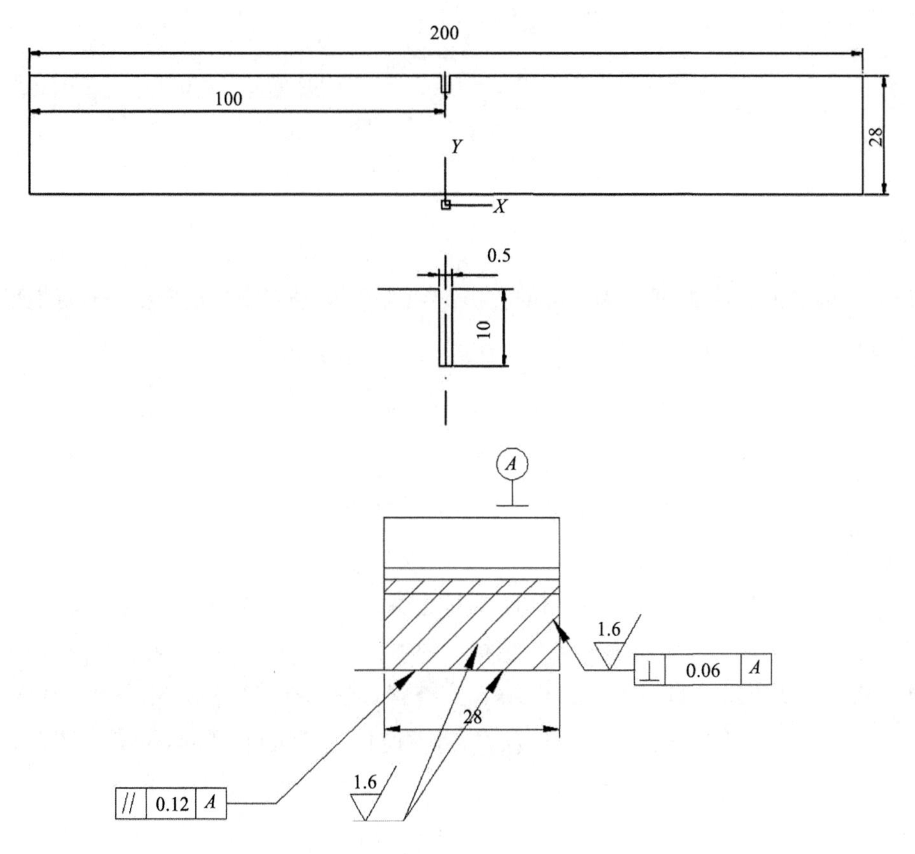

图 8.28　CTOD 三点弯曲试样加工图（单位：mm）

具体要求：试样厚度 *B* 与试样宽度 *W* 基本相等。

加工流程：①根据焊缝接头变形情况，为保证试样平直度，确定加工试样尺寸为 200mm×28mm×28mm；②加工缺口宽度不超过 0.5mm，加工深度为 9.82mm；③试样个数为 2。

预制疲劳裂纹是金属材料 CTOD 断裂韧性实验中最为关键的一步，起到决定性作用。本章详细介绍了预制疲劳裂纹流程，主要包括实验环境、确定疲劳裂纹参数、预制疲劳裂纹实验。

本书 CTOD 实验即预制裂纹以及主体实验温度均在室温下进行。因此，预制疲劳裂纹前首先需测量室温条件下待测材料的屈服强度。

对于三点弯曲试样，在最后的 1.3mm 或 50%的预裂纹扩展量时的最大疲劳预制裂纹力应该取式（8.2）和式（8.3）的低值。

$$F_f = 0.8 \times \frac{B \times (W - a_0)^2}{S} \times R_{P0.2} \tag{8.2}$$

$$F_f = \delta \times E \times \frac{(W \times B \times B_N)^{0.5}}{g_1 \dfrac{a_0}{W}} \times \frac{W}{S} \tag{8.3}$$

$$S = 4W\ , \quad B = W = 28$$

式中，$R_{P0.2}$ 为屈服强度，为 380MPa；δ＝$1.6\times10^{-4}\text{m}^{1/2}$；$B_N$=$B$=28mm；跨距为 $S = 4W = 112$；E 为 210GPa；$\dfrac{a_0}{W}$ 取 0.5；$g_1\dfrac{a_0}{W}$ 为 2.66。

由式（8.2）得，$F_f = 14.896\text{kN}$；由式（8.3）得，$F_f = 14.796\text{kN}$。

预制载荷应选择公式较小值，实验中为避免较大的载荷使得缺口突然撕裂，施加载荷值介于 0.7～0.8F_f。因此，实验时给的最大载荷为 11.097kN，由应力比（0.1）得到最小载荷为 1.1097kN。

实验前，在不同位置测量试样厚度和宽度 3 次，取平均值。脱脂棉擦拭压头和支撑辊，除锈去油污以避免试样倾斜，导致受力不均匀，两侧裂纹扩展量不一致。此外，要求压头直径不小于 0.5W，支撑辊直径选择范围为 0.5W～W（本实验中 W 为 28mm）。采用单点弯曲试样及设备进行材料 CTOD 的测试，如图 8.29 所示。

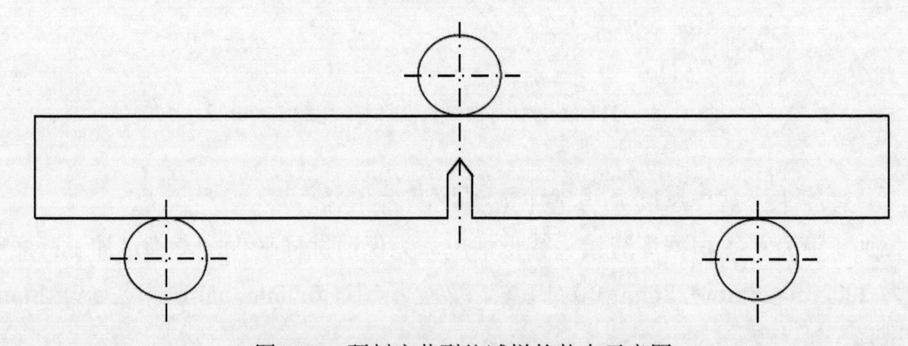

图 8.29 预制疲劳裂纹试样的装夹示意图

预制疲劳裂纹之后，加工侧槽，以安装夹式引伸计；或者不加工侧槽，但需采用 502 胶水粘贴方式，总之需测量引伸计装夹之后的高度，以确保断裂韧度值的精确，如图 8.30 所示。实验中刀口厚度为 2mm。

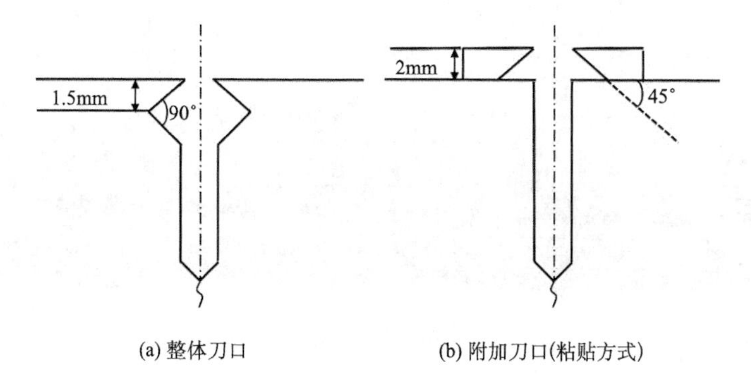

图 8.30　加工侧槽尺寸图或者螺钉（胶）固定引伸计

疲劳设备为岛津电液伺服热疲劳试验机，如图 8.31 所示；最大载荷 100kN，最大频率 20Hz。用于预制疲劳裂纹及二次疲劳裂纹。用于三点弯曲实验的夹具尺寸如下：支撑辊宽度 40mm，最大跨距 262mm。试样装夹如图 8.32 所示。疲劳裂纹扩展量接近 4mm 时，停止疲劳设备。记录循环次数为 166 813 次。

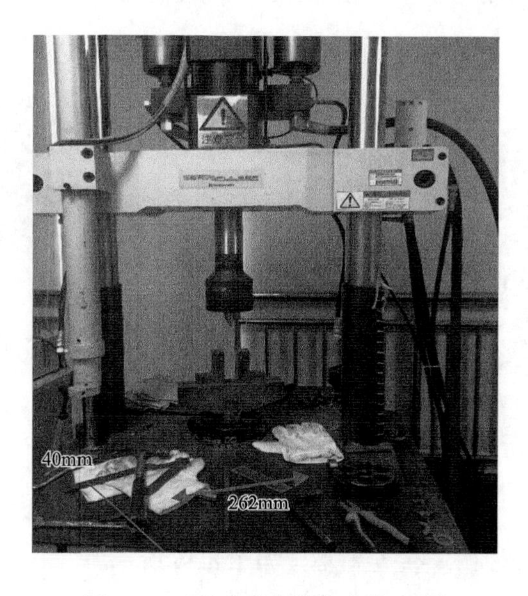

图 8.31　岛津电液伺服热疲劳试验机

图 8.32 预制疲劳裂纹试样装夹

预制疲劳裂纹后，目测以及游标卡尺测量试样两侧疲劳裂纹扩展量，以评估预制疲劳裂纹是否合理，如图 8.33 所示；预制疲劳裂纹为 6mm。进一步地，砂纸打磨缺口表面，脱脂棉去除表面油污。分界卡片（刀片）、标样板块（5mm）全部打磨，去除表面铁锈，然后用 502 胶水将刀口装在试样表面，安装夹式引伸计，如图 8.34 所示。三点弯曲实验在电子万能试验机下进行，选择满足标准的支撑辊和压头。设置加载速度为 0.12mm/min，试验机记录载荷-缺口张开位移曲线，如图 8.35 所示。

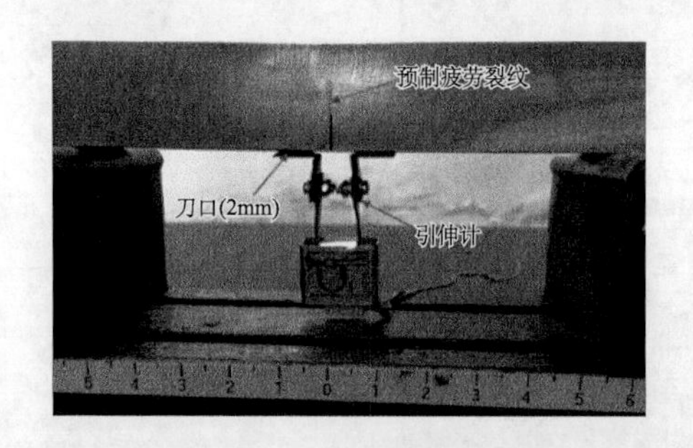

图 8.33 预制疲劳裂纹评估

图 8.34 三点弯曲实验装夹

断裂力学实验之后，增大加载速度至 5mm/min 以上，压断试样。该过程对试样装夹要求较低，无须试样完全对称，如图 8.36 所示。

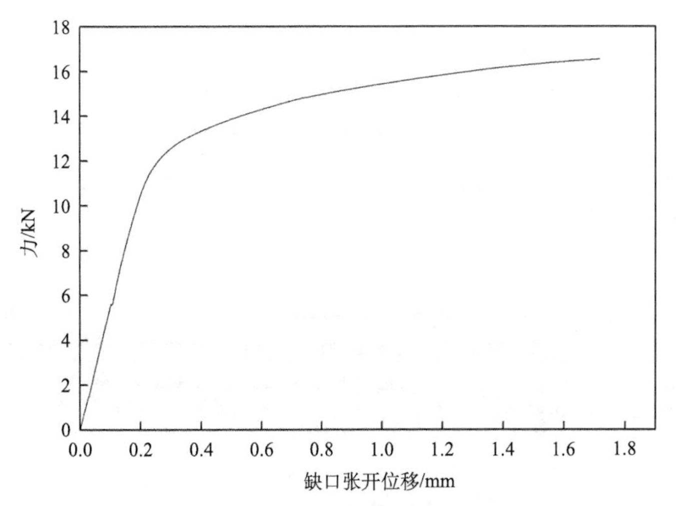

图 8.35　载荷-缺口张开位移曲线

图 8.36　试样压断

试样压断后，断口宏观形貌如图 8.37 所示。从图中可以看出，试样明显分为四个区域，按照实验流程分别为机加工缺口区—预制疲劳裂纹区—裂纹扩展区—最终断裂区。

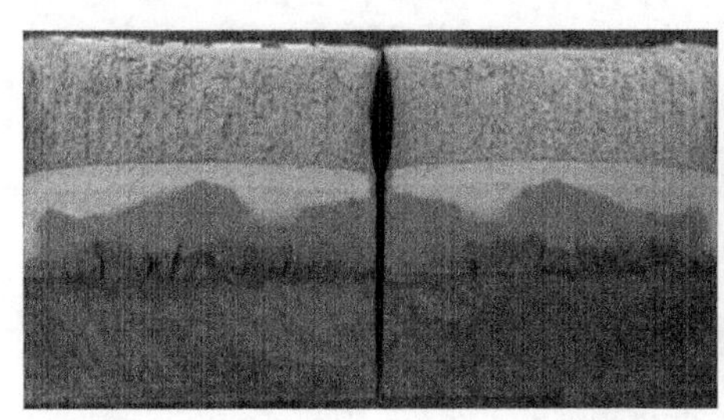
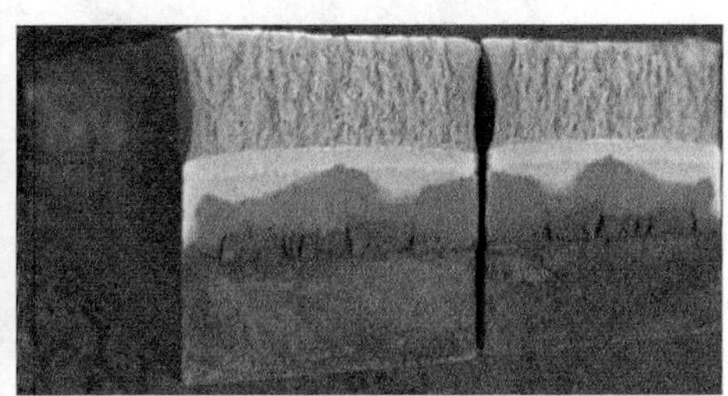

图 8.37　断口宏观形貌

测量初始裂纹长度 a_0，应该测量到疲劳裂纹的尖端，测量仪器的准确度应不低于+0.1%或 0.025mm，取其大者，图 8.38 左图中红线表示初始疲劳裂纹前沿。按照标准中规定的九点测量位置，初始裂纹长度值是通过先对距离表面 0.01B 位置（对于开侧槽试样，从侧槽根部算）取平均值，再和内部等间距的七点测量长度取平均值得到的，测量初始裂纹长度如表 8.2 所示。

表 8.2 初始裂纹长度 （单位：mm）

a_1	a_2	a_3	a_4	a_5	a_6	a_7	a_8	a_9
16.61	16.86	16.95	17	16.99	16.81	16.68	16.54	16.19

初始裂纹长度计算公式为

$$a_0 = \frac{1}{8}\left(\frac{a_1 + a_9}{2} + \sum_{i=2}^{8} a_i\right) \tag{8.4}$$

将表 8.2 中数据代入求解得到 $a_0 = 16.778\,75\text{mm}$。

图 8.38 左图中黑线代表最终疲劳裂纹前沿，测量最终裂纹长度如表 8.3 所示。

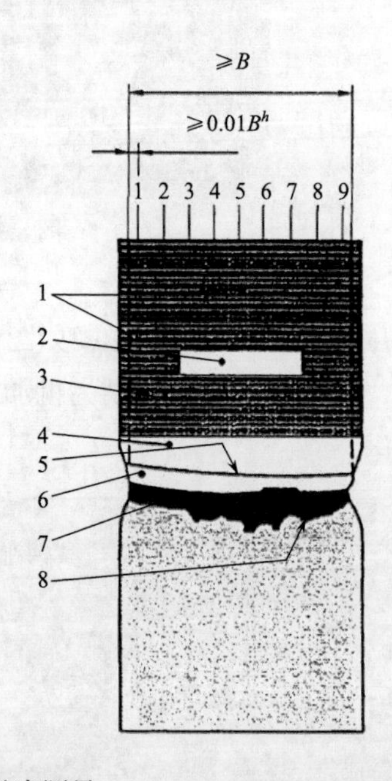

图 8.38 裂纹长度测量

表 8.3　最终裂纹长度　（单位：mm）

a_1	a_2	a_3	a_4	a_5	a_6	a_7	a_8	a_9
18.04	18.5	18.75	18.75	18.88	18.82	18.65	18.45	17.81

最终裂纹长度计算公式为

$$a=\frac{1}{8}\left(\frac{a_1+a_9}{2}+\sum_{j=2}^{j=8}a_j\right) \tag{8.5}$$

将表 8.3 中数据代入求解得到 $a=18.590625$。

裂纹扩展量 Δa 为 1.811 875。

8.3.2　断裂韧度 δ_c 的计算

1. F_c 和 V_c、F_u 和 V_u 或 F_{uc} 和 V_{uc} 的测定

常见的 F-V 记录曲线类型如图 8.39（1）～（5）所示。图 8.39 中（1）（2）（4）的情况下，取断裂点的值为 F_c、F_u 或 F_{uc}；图 8.39 中（3）（5）的情况下，且 $P=\frac{\Delta F}{F}$，则取断裂点之前的第一个 pop-in 值为 F_c、F_u 或 F_{uc}。

当 pop-in 发生在断裂之前，并且 $P<\frac{\Delta F}{F}$，取断裂点的值为 F_c、F_u 或 F_{uc}。

其中，

$$P=1-\frac{Q_1}{F}\left(\frac{F_n-y_n}{Q_n+x_n}\right),\qquad \frac{\Delta F}{F}=0.05$$

式中，P 为裂纹尺寸的增加和所有 pop-in 包括第 n 级 pop-in 柔度叠加的因子；Q_1 为 pop-in 1 处的弹性位移；F_n 为第 n 级 pop-in 处的力；Q_n 为第 n 级 pop-in 处的弹性位移量；y_n 为第 n 级 pop-in 处的力下降量；x_n 为第 n 级 pop-in 处的位移增量；n 为被考虑的最后一个 pop-in 的系列号。

当 F 和 V 对应于稳定裂纹扩展前的裂纹失稳时，且 $\Delta a<0.2+\frac{\delta}{1.87}\frac{R_{P0.2}}{R_m}$，应将其记录为 F_c 和 V_c。

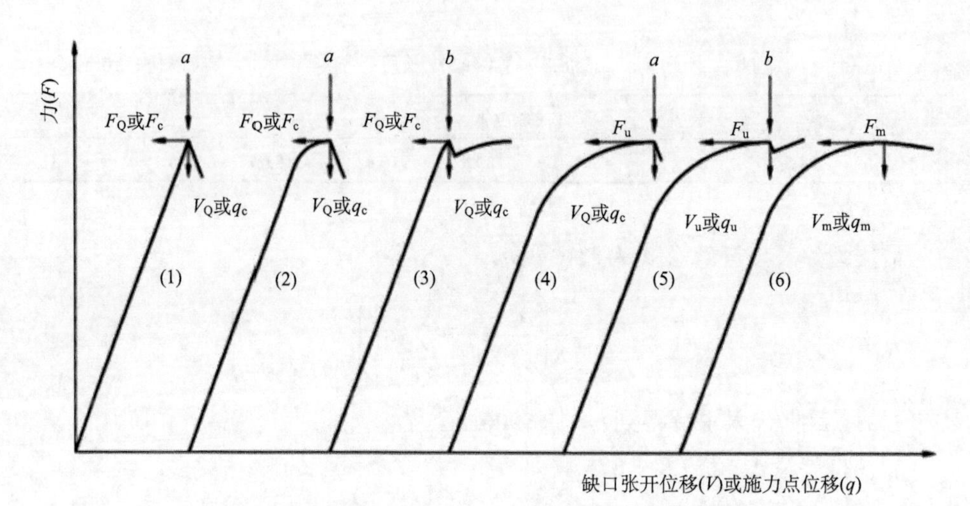

图 8.39　断裂实验中力与位移记录曲线的特征类型

当 F 和 V 对应于稳定裂纹扩展后的裂纹失稳时，且 $\Delta a = 0.2 + \dfrac{\delta}{1.87}\dfrac{R_{P0.2}}{R_{\mathrm{m}}}$，应将其记录为 F_{u} 和 V_{u}。

当不可能测定失稳之前的稳定裂纹扩展量 Δa 时，F 和 V 应记录为 F_{uc} 和 V_{uc}。

2. F_{m} 和 V_{m} 的测定

当实验记录在断裂之前没有 pop-in 而出现最大力平台，F_{m} 和 V_{m} 的值应通过实验记录的首个最大力点来计算，如图 8.39 中（6）所示。本次断裂实验中的力-位移曲线图 8.40 与图 8.39 中的（6）相似。由图 8.40 可知，$F_{\mathrm{m}} = 16.52692$ 和 $V_{\mathrm{m}} = 1.71837$。则计算得 $V_{\mathrm{P}} = 1.36736$。

$$\delta_{\mathrm{c}} = \left[\frac{S}{W}\frac{F_{\mathrm{m}}}{(BBW)^{0.5}} \times g_1 \frac{a_0}{W}\right]^2 \frac{1-v^2}{2R_{P0.2}E} + \frac{0.4(W-a_0)V_{\mathrm{P}}}{0.6a_0 + 0.4W + z} \tag{8.6}$$

$\dfrac{a_0}{W} = 0.60$，$g_1\dfrac{a_0}{W} = 3.77$，$F_{\mathrm{m}} = 16.52692$，$B = W = 28$，$S = 112$，$R_{P0.2}$=380MPa，$E$=210GPa。将上述参数代入式（8.6）得断裂韧度值 $\delta_{\mathrm{c}} = 0.279\,557\,35\ \mathrm{mm}$。

上述过程计算的断裂韧度 δ_{c} 值是尺寸敏感的，与试样厚度直接相关。厚度应以 mm 为单位，在断裂韧度符号的右下标括号中注明。本次计算中厚度为 28mm，即 $\delta_{\mathrm{c}(28)} = 0.2799\mathrm{mm}$。

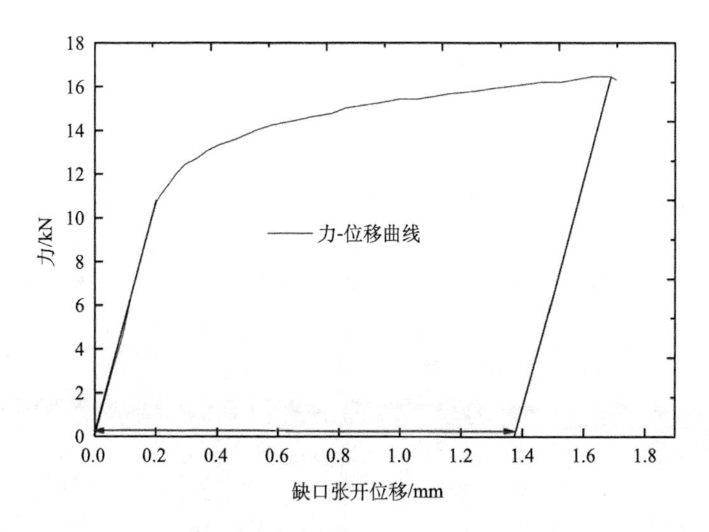

图 8.40　测量的力与位移曲线

另外，每个试样的 δ_{max} 值按以下三个公式计算，取其中的最小值：

$$\delta_{max} = B/30 \tag{8.7}$$

$$\delta_{max} = a_0/30 \tag{8.8}$$

$$\delta_{max} = (W - a_0)/30 \tag{8.9}$$

实验中，$W = B = 28\text{mm}$，$a_0 = 16.77875\text{mm}$，代入式（8.7）～式（8.9）求解并比较，得到实验中采用的 30mm 厚板钢 CTOD 最大断裂韧性值为 0.37404。

计算得到的 δ_c 必须满足下述条件，才可判定为有效值。

（1）小于或等于 δ_{max}；

（2）测量的任意两点裂纹扩展量之间的差（不包括近试样表面的两点）不超过 $0.05W$；

（3）全部 9 个测量点中最大和最小的裂纹扩展量之差不超过 $0.1W$；

（4）机械加工切口前沿预制疲劳裂纹部分的长度不小于 $0.025W$ 或 1.3mm；

（5）疲劳裂纹与对称面的偏离角度 $\theta<10°$；

（6）疲劳裂纹前沿应在同一平面内且无分叉。

经验证，本次实验得到的 30mm 厚板钢断裂韧性值判定为有效值。

8.3.3 厚板钢 *R* 及 *JR* 曲线测试

实验对象分别为厚板钢母材及焊缝接头，如图 8.41 所示，实验尺寸如下：宽度、厚度均为 28mm，长度为 200mm，机加工缺口深度为 10mm。实验前，将垂直裂纹扩展面的一侧打磨至镜面，便于观察疲劳裂纹扩展。试样均需先进行预制裂纹实验。

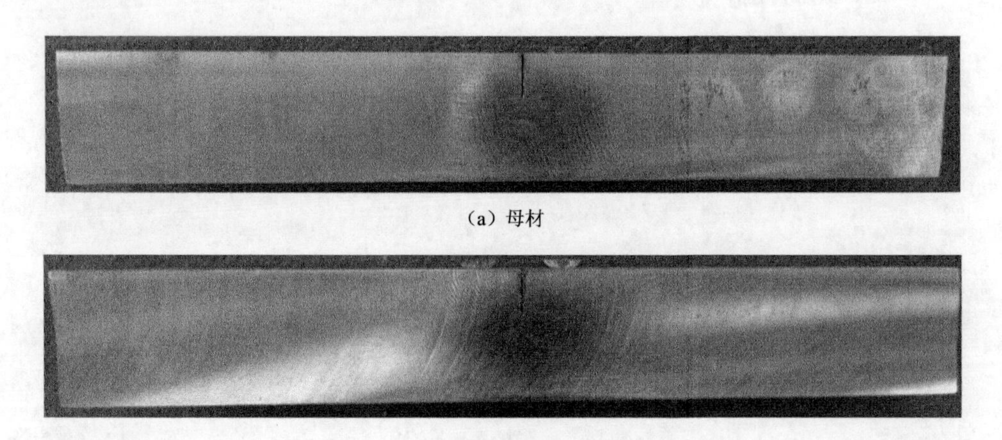

（a）母材

（b）焊缝

图 8.41 *R* 曲线及 *JR* 曲线测试试样

实验基于单试样法卸载柔度技术，实验过程中以特定的时间间隔对试样进行卸载和加载，通过分析弹性柔度，估算每次卸载时的裂纹长度，由此得到每一次卸载时的 CTOD 值或 *J* 积分值，最终得到 CTOD 或 *J* 积分与缺口张开位移曲线关系，即 *R* 曲线与 *JR* 曲线。用于母材和焊缝试样的 *P-V* 曲线分别如表 8.4 及表 8.5 所示。

表 8.4 母材实验设计的 ***P-V*** 曲线

卸载/加载次数	步骤	控制模式	参数	跳转选项	判断值/kN	跳转到
	1	等速位移	1mm/min	变形达到 0.15mm		跳转到 2
1	2	变形保持	0.15mm	保持时间 30s		跳转到 3
	3	等速位移	–1mm/min	力峰值下降	1.64	跳转到 4

续表

卸载/加载次数	步骤	控制模式	参数	跳转选项	判断值/kN	跳转到
2	4	等速位移	3mm/min	变形达到0.3mm		跳转到5
	5	变形保持	0.3mm	保持时间30s		跳转到6
	6	等速位移	–1mm/min	力峰值下降	2.52	跳转到7
3	7	等速位移	3mm/min	变形达到0.45mm		跳转到8
	8	变形保持	0.45mm	保持时间30s		跳转到9
	9	等速位移	–1mm/min	力峰值下降	2.74	跳转到10
4	10	等速位移	3mm/min	变形达到0.6mm		跳转到11
	11	变形保持	0.6mm	保持时间30s		跳转到12
	12	等速位移	–1mm/min	力峰值下降	2.84	跳转到13
5	13	等速位移	3mm/min	变形达到0.75mm		跳转到14
	14	变形保持	0.75mm	保持时间30s		跳转到15
	15	等速位移	–1mm/min	力峰值下降	2.96	跳转到16
6	16	等速位移	3mm/min	变形达到0.9mm		跳转到17
	17	变形保持	0.9mm	保持时间30s		跳转到18
	18	等速位移	–1mm/min	力峰值下降	3.04	跳转到19
7	19	等速位移	3mm/min	变形达到1.05mm		跳转到20
	20	变形保持	1.05mm	保持时间30s		跳转到21
	21	等速位移	–1mm/min	力峰值下降	3.1	跳转到22
8	22	等速位移	3mm/min	变形达到1.2mm		跳转到23
	23	变形保持	1.2mm	保持时间30s		跳转到24
	24	等速位移	–1mm/min	力峰值下降	3.16	跳转到25
9	25	等速位移	3mm/min	变形达到1.35mm		跳转到26
	26	变形保持	1.35mm	保持时间30s		跳转到27
	27	等速位移	–1mm/min	力峰值下降	3.21	跳转到28
10	28	等速位移	3mm/min	变形达到1.5mm		跳转到29
	29	变形保持	1.5mm	保持时间30s		跳转到30
	30	等速位移	–1mm/min	力峰值下降	3.24	跳转到31
11	31	等速位移	3mm/min	变形达到1.65mm		跳转到32
	32	变形保持	1.65mm	保持时间30s		跳转到33
	33	等速位移	–1mm/min	力峰值下降	3.3	跳转到34

续表

卸载/加载次数	步骤	控制模式	参数	跳转选项	判断值/kN	跳转到
12	34	等速位移	3mm/min	变形达到 1.8mm		跳转到 35
	35	变形保持	1.8mm	保持时间 30s		跳转到 36
	36	等速位移	–1mm/min	力峰值下降	3.34	跳转到 37
13	37	等速位移	3mm/min	变形达到 1.95mm		跳转到 38
	38	变形保持	1.95mm	保持时间 30s		跳转到 39
	39	等速位移	–1mm/min	力峰值下降	3.38	跳转到 40
14	40	等速位移	3mm/min	变形达到 2.1mm		跳转到 41
	41	变形保持	2.1mm	保持时间 30s		跳转到 42
	42	等速位移	–1mm/min	力峰值下降	3.42	跳转到 43
15	43	等速位移	3mm/min	变形达到 2.25mm		跳转到 44
	44	变形保持	2.25mm	保持时间 30s		跳转到 45
	45	等速位移	–1mm/min	力峰值下降	3.47	跳转到 46
16	46	等速位移	3mm/min	变形达到 2.4mm		跳转到 47
	47	变形保持	2.4mm	保持时间 30s		跳转到 48
	48	等速位移	–1mm/min	力峰值下降	3.5	跳转到 49
17	49	等速位移	3mm/min	变形达到 2.55mm		跳转到 50
	50	变形保持	2.55mm	保持时间 30s		跳转到 51
	51	等速位移	–1mm/min	力峰值下降	3.52	跳转到 52
18	52	等速位移	3mm/min	变形达到 2.7mm		跳转到 53
	53	变形保持	2.7mm	保持时间 30s		跳转到 54
	54	等速位移	–1mm/min	力峰值下降	3.54	跳转到 55
19	55	等速位移	3mm/min	变形达到 2.85mm		跳转到 56
	56	变形保持	2.85mm	保持时间 30s		跳转到 57
	57	等速位移	–1mm/min	力峰值下降	3.57	跳转到 58
20	58	等速位移	3mm/min	变形达到 3.0mm		跳转到 59
	59	变形保持	3.0mm	保持时间 30s		跳转到 60
	60	等速位移	–1mm/min	力峰值下降	0	

表 8.5　焊缝实验设计的 *P-V* 曲线

卸载/加载次数	步骤	控制模式	参数	跳转选项	判断值/kN	跳转到
1	1	等速位移	1mm/min	变形达到 0.15mm		跳转到 2
	2	变形保持	0.15mm	保持时间 30s		跳转到 3
	3	等速位移	–1mm/min	力峰值下降	3.4	跳转到 4
2	4	等速位移	3mm/min	变形达到 0.3mm		跳转到 5
	5	变形保持	0.3mm	保持时间 30s		跳转到 6
	6	等速位移	–1mm/min	力峰值下降	5.9	跳转到 7
3	7	等速位移	3mm/min	变形达到 0.45mm		跳转到 8
	8	变形保持	0.45mm	保持时间 30s		跳转到 9
	9	等速位移	–1mm/min	力峰值下降	6.0	跳转到 10
4	10	等速位移	3mm/min	变形达到 0.6mm		跳转到 11
	11	变形保持	0.6mm	保持时间 30s		跳转到 12
	12	等速位移	–1mm/min	力峰值下降	6.1	跳转到 13
5	13	等速位移	3mm/min	变形达到 0.75mm		跳转到 14
	14	变形保持	0.75mm	保持时间 30s		跳转到 15
	15	等速位移	–1mm/min	力峰值下降	6.2	跳转到 16
6	16	等速位移	3mm/min	变形达到 0.9mm		跳转到 17
	17	变形保持	0.9mm	保持时间 30s		跳转到 18
	18	等速位移	–1mm/min	力峰值下降	6.26	跳转到 19
7	19	等速位移	3mm/min	变形达到 1.05mm		跳转到 20
	20	变形保持	1.05mm	保持时间 30s		跳转到 21
	21	等速位移	–1mm/min	力峰值下降	6.3	跳转到 22
8	22	等速位移	3mm/min	变形达到 1.2mm		跳转到 23
	23	变形保持	1.2mm	保持时间 30s		跳转到 24
	24	等速位移	–1mm/min	力峰值下降	6.38	跳转到 25
9	25	等速位移	3mm/min	变形达到 1.35mm		跳转到 26
	26	变形保持	1.35mm	保持时间 30s		跳转到 27
	27	等速位移	–1mm/min	力峰值下降	6.4	跳转到 28
10	28	等速位移	3mm/min	变形达到 1.5mm		跳转到 29
	29	变形保持	1.5mm	保持时间 30s		跳转到 30
	30	等速位移	–1mm/min	力峰值下降	6.44	跳转到 31

续表

卸载/加载次数	步骤	控制模式	参数	跳转选项	判断值/kN	跳转到
11	31	等速位移	3mm/min	变形达到 1.65mm		跳转到 32
	32	变形保持	1.65mm	保持时间 30s		跳转到 33
	33	等速位移	–1mm/min	力峰值下降	6.46	跳转到 34
12	34	等速位移	3mm/min	变形达到 1.8mm		跳转到 35
	35	变形保持	1.8mm	保持时间 30s		跳转到 36
	36	等速位移	–1mm/min	力峰值下降	6.6	跳转到 37
13	37	等速位移	3mm/min	变形达到 1.95mm		跳转到 38
	38	变形保持	1.95mm	保持时间 30s		跳转到 39
	39	等速位移	–1mm/min	力峰值下降	6.62	跳转到 40
14	40	等速位移	3mm/min	变形达到 2.1mm		跳转到 41
	41	变形保持	2.1mm	保持时间 30s		跳转到 42
	42	等速位移	–1mm/min	力峰值下降	6.64	跳转到 43
15	43	等速位移	3mm/min	变形达到 2.25mm		跳转到 44
	44	变形保持	2.25mm	保持时间 30s		跳转到 45
	45	等速位移	–1mm/min	力峰值下降	6.66	跳转到 46
16	46	等速位移	3mm/min	变形达到 2.4mm		跳转到 47
	47	变形保持	2.4mm	保持时间 30s		跳转到 48
	48	等速位移	–1mm/min	力峰值下降	6.68	跳转到 49
17	49	等速位移	3mm/min	变形达到 2.55mm		跳转到 50
	50	变形保持	2.55mm	保持时间 30s		跳转到 51
	51	等速位移	–1mm/min	力峰值下降	6.7	跳转到 52
18	52	等速位移	3mm/min	变形达到 2.7mm		跳转到 53
	53	变形保持	2.7mm	保持时间 30s		跳转到 54
	54	等速位移	–1mm/min	力峰值下降	6.72	跳转到 55
19	55	等速位移	3mm/min	变形达到 2.85mm		跳转到 56
	56	变形保持	2.85mm	保持时间 30s		跳转到 57
	57	等速位移	–1mm/min	力峰值下降	6.74	跳转到 58
20	58	等速位移	3mm/min	变形达到 3.0mm		跳转到 59
	59	变形保持	3.0mm	保持时间 30s		跳转到 60
	60	等速位移	–1mm/min	力峰值下降	0	

8.3.4　实验结果及评估

图 8.42 和图 8.43 为单试样法采集到的母材和焊缝的 *P-V* 曲线。可以发现，母材试样在塑性变形阶段增大到最大载荷然后降低，因此可以得到准确的断裂韧

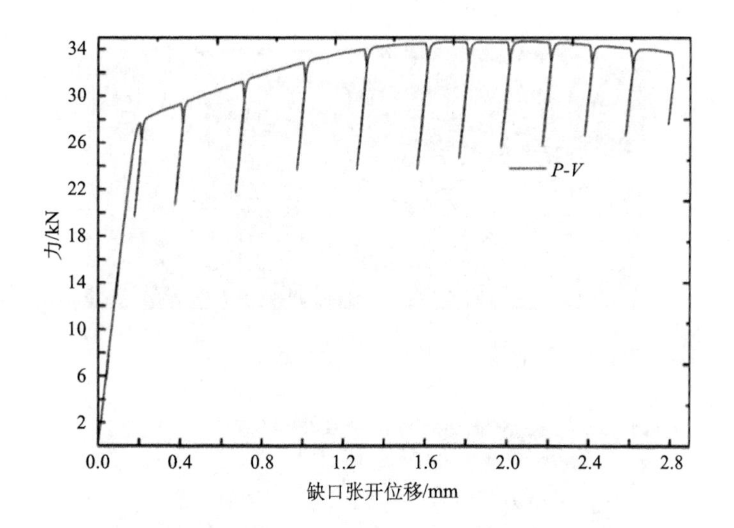

图 8.42　母材试样实际 *P-V* 曲线

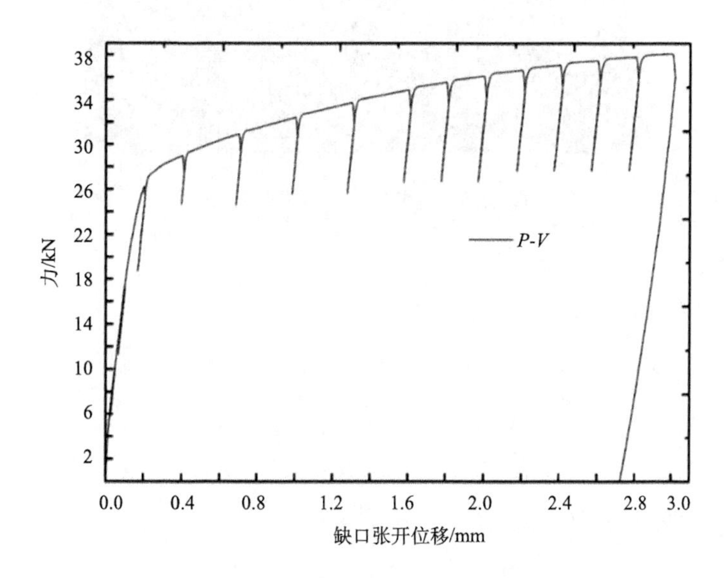

图 8.43　焊缝试样实际 *P-V* 曲线

度；而焊缝试样塑性屈服未达到最大值，由于引伸计量程为3mm，因此最后载荷完全卸载至0。在压缩断裂时，发现最大载荷仅为39kN，与曲线中的最大载荷极其接近。

图 8.44 和图 8.45 分别为母材及焊缝试样的宏观断口形貌，经测量，母材和焊缝的初始裂纹长度分别为13.473mm、14.485mm。

图 8.44　母材试样宏观断口形貌

图 8.45　焊缝试样宏观断口形貌

1. *R* 曲线确定

1）弹性柔度

$$C_{\mathrm{k}}=\frac{V_{\mathrm{M1}}}{F}=\frac{S(1-v^2)}{EBW}\times g_3\frac{a}{W} \tag{8.10}$$

式中，V_{M1}为缺口张开位移。

2）裂纹长度计算

根据试样表面测量的缺口张开位移通过下列各式计算试样的柔度 C 对应的裂纹长度：

$$\frac{a_i}{W} = 0.99748 - 3.9504v + 2.9821v^2 - 3.21408v^3 + 51.5156v^4 - 113.031v^5 \tag{8.11}$$

$$v = \frac{1}{\left(\frac{4WBEC\gamma}{S}\right)^{\frac{1}{2}} + 1} \tag{8.12}$$

$$\gamma = \frac{g_3 \frac{a_0}{W}}{g_3 \frac{a_{0.\text{est}}}{W}} \tag{8.13}$$

$$g_3 \frac{a}{W} = 6\frac{a}{W}\left[0.76 - 2.28\frac{a}{W} + 3.87\left(\frac{a}{W}\right)^2 - 2.04\left(\frac{a}{W}\right)^3 + 0.66\bigg/\left(1-\frac{a}{W}\right)^2\right] \tag{8.14}$$

$a_0 = 14\text{mm}$，$\frac{a_0}{W} = 0.5$，$g_1\frac{a_0}{W} = 2.66$，$B = W = 28$，$S = 112$，$z = 2\text{mm}$，$E = 210\text{GPa}$，$v = 0.3$

$$\delta = \left[\frac{S}{W}\frac{F}{(BBW)^{0.5}} \times g_1\frac{a_0}{W}\right]^2 \frac{(1-v^2)}{2R_{P0.2}E} + \frac{0.6\Delta a + 0.4(W-a_0)V_{\text{P}}}{0.6(a_0+\Delta a) + 0.4W + z} \tag{8.15}$$

$$\delta_{\text{e}} = \left[\frac{S}{W}\frac{F}{(BBW)^{0.5}} \times g_1\frac{a_0}{W}\right]^2 \frac{(1-v^2)}{2R_{P0.2}E} \tag{8.16}$$

$$\delta_{\text{p}} = \frac{0.6\Delta a + 0.4(W-a_0)V_{\text{P}}}{0.6(a_0+\Delta a) + 0.4W + z} \tag{8.17}$$

$$\Delta a = a_i - a_0 \tag{8.18}$$

最后，母材及焊缝 R 曲线分别如图 8.46 和图 8.47 所示。

2. *JR* 曲线确定

J 积分计算公式

$$J = \left[\frac{FS}{(BB)^{0.5}W^{1.5}} \times g_1\frac{a_0}{W}\right]^2 \frac{1-v^2}{E} + \frac{2U_{\text{P}}}{B(W-a_0)} \tag{8.19}$$

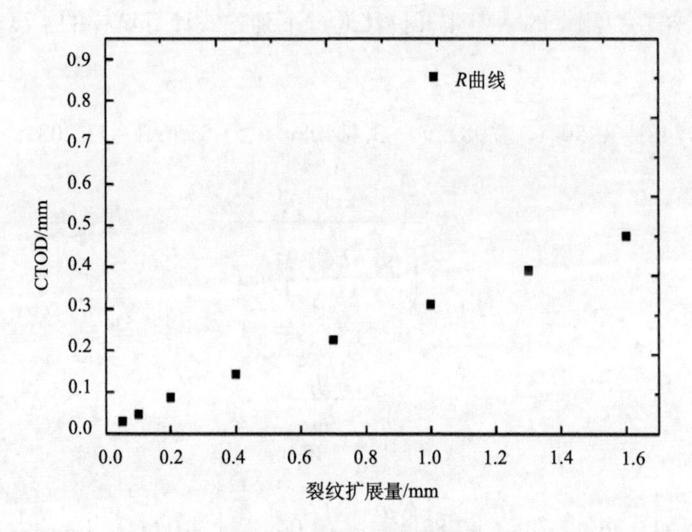

图 8.46 母材试样 R 曲线

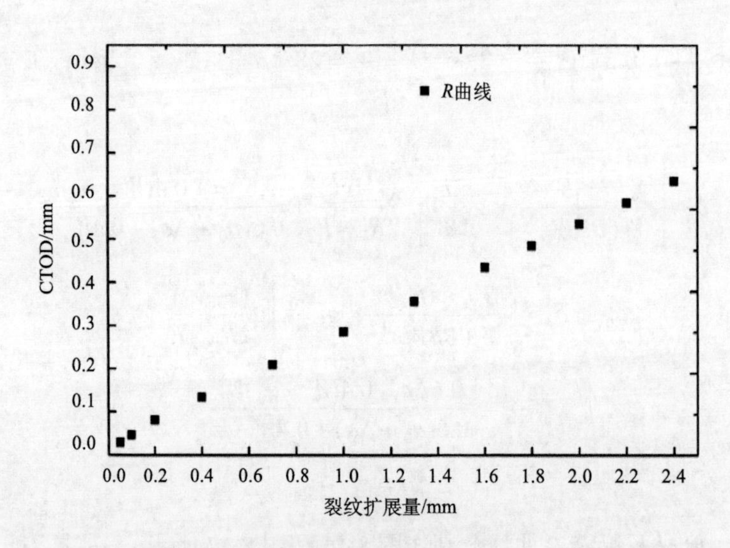

图 8.47 焊缝试样 R 曲线

最后，母材及焊缝 JR 曲线分别如图 8.48 和图 8.49 所示。

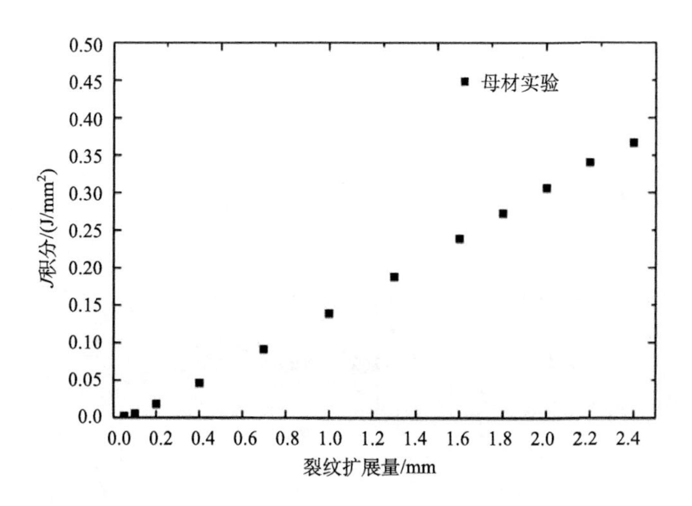

图 8.48　母材 *JR* 曲线

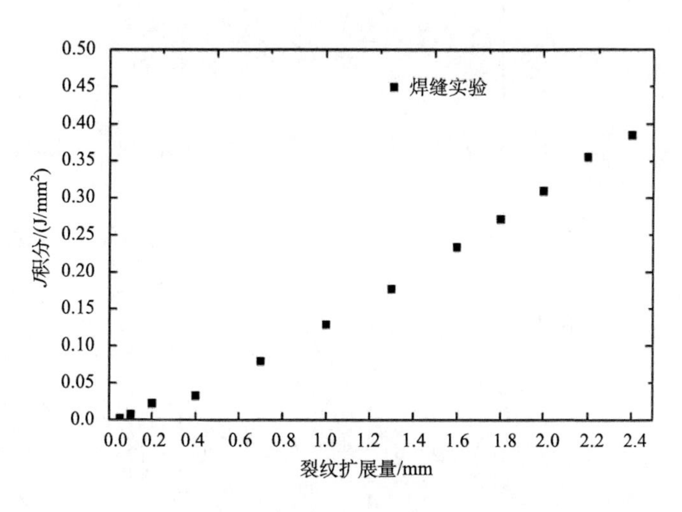

图 8.49　焊缝 *JR* 曲线

8.4　焊接残余应力对断裂韧性的影响

裂纹尖端附近存在三轴应力状态，受周围材料的限制。因此，平面应变状态条件下，除裂纹末端外，裂纹尖端的应力场强度因子与裂纹尖端 J 积分满足一定的关系。此外，由于平板自由表面的作用，其应力三轴性在自由表面附近较低，在自由表面处存在平面应力状态。

$$J=\frac{K^2}{E} \tag{8.20}$$

权重函数法是计算应力强度因子（SIF）的常用方法。通过对任意应力场和适当的权函数进行积分得到应力强度因子，而权函数仅与几何有关，且计算简单。计算中使用的表面裂纹几何形状如图 8.50 所示，其中 a 为裂纹长度，c 为裂纹半宽度，t 为板厚。计算 SIF 的具体表达式为

$$K=\int_0^E \sigma(z)\times m(z,a)\mathrm{d}z \tag{8.21}$$

$$m(z,a)=\frac{2}{\sqrt{\pi z}}\left[1+M_1\times\left(\frac{z}{a}\right)^{\frac{1}{2}}+M_2\times\frac{z}{a}+M_3\times\left(\frac{z}{a}\right)^{\frac{3}{2}}\right] \tag{8.22}$$

$$F_0=\left[C_0+C_1\times\left(\frac{a}{t}\right)^2+C_2\times\left(\frac{a}{t}\right)^4\right]\times\sqrt{\frac{a}{c}}$$

$$M_1=\frac{3\pi}{\sqrt{Q}}(-3F_0+5F_1)-8,\qquad C_0=1.2972-0.1548\frac{a}{c}-0.0185\left(\frac{a}{c}\right)^2$$

$$M_2=\frac{15\pi}{\sqrt{Q}}(2F_0-3F_1)+15,\qquad C_1=1.5083-1.3219\frac{a}{c}+0.5128\left(\frac{a}{c}\right)^2$$

$$M_3=\frac{3\pi}{\sqrt{Q}}(-7F_0+10F_1)-8,\qquad C_2=-1.101+\frac{0.879}{0.157+\frac{a}{c}}$$

$$F_1=\left[D_0+D_1\times\left(\frac{a}{t}\right)^2+D_2\times\left(\frac{a}{t}\right)^4\right]\times\sqrt{\frac{a}{c}}$$

$$D_0=1.2687-1.0642\times\frac{a}{c}+1.4646\times\left(\frac{a}{c}\right)^2-0.7250\times\left(\frac{a}{c}\right)^3$$

$$D_1=1.1207-1.2289\times\frac{a}{c}+0.5876\times\left(\frac{a}{c}\right)^2$$

$$D_2=-0.19-0.608\times\frac{a}{c}+\frac{0.199}{0.035+\frac{a}{c}}$$

式中，K 为应力强度因子；E 为弹性模量；$\sigma(z)$ 表示裂纹面上的残余应力分布；$m(z,a)$ 表示相应的权函数；M_1、M_2、M_3 均表示边界修正因子。

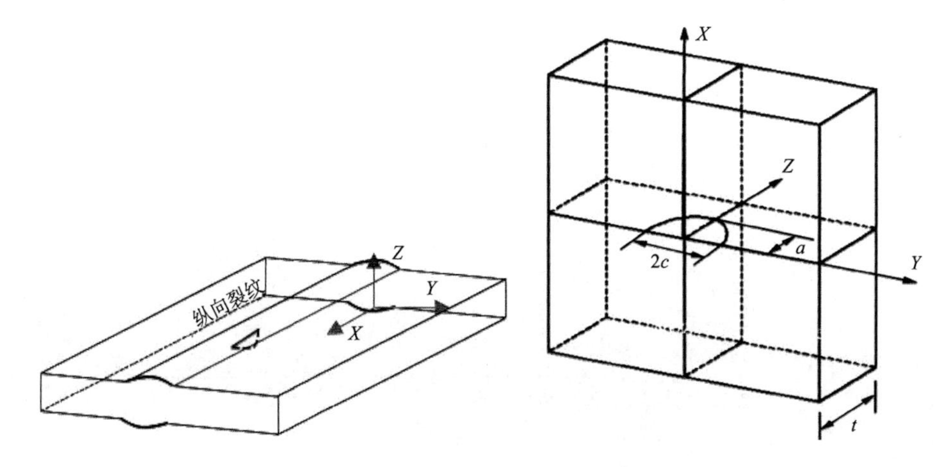

图 8.50　表面裂纹的几何和坐标系统

8.4.1　焊接残余应力分布及表达式

此外，计算中用到的裂纹参数如下：

$$\frac{a}{c}=0.2,\ 0.4,\ 0.6,\ 0.8,\qquad \frac{a}{t}=0.2,\ 0.4,\ 0.6,\ 0.8$$

裂纹面厚度方向的纵向和横向残余应力分布如图 8.51 和图 8.52 所示，经拟合所得表达式如下：

$$\begin{aligned}\sigma_x = \sigma_s\big[&a_0 + a_1\cos(wz_t) + b_1\sin(wz_t) + a_2\cos(2wz_t) + b_2\sin(2wz_t)\\&+ a_3\cos(3wz_t) + b_3\sin(3wz_t) + a_4\cos(4wz_t) + b_4\sin(4wz_t) + a_5\cos(5wz_t)\\&+ b_5\sin(5wz_t) + a_6\cos(6wz_t) + b_6\sin(6wz_t) + a_7\cos(7wz_t) + b_7\sin(7wz_t)\big]\end{aligned}$$

式中，$\sigma_s = 235$；$a_0 = 178.6/\sigma_s$；$a_1 = 144.24/\sigma_s$；$b_1 = 65.23/\sigma_s$；$a_2 = -8.631/\sigma_s$；$b_2 = -21.18/\sigma_s$；$a_3 = -1.464/\sigma_s$；$b_3 = 2.192/\sigma_s$；$a_4 = 2.78/\sigma_s$；$b_4 = 8.637/\sigma_s$；$a_5 = 3.473/\sigma_s$；$b_5 = -6.276/\sigma_s$；$a_6 = -3.364/\sigma_s$；$b_6 = -1.617/\sigma_s$；$a_7 = -0.429/\sigma_s$；$b_7 = 2.753/\sigma_s$；$w = 5.732$。

$$\begin{aligned}\sigma_y = \sigma_s\big[&c_0 + c_1\cos(vz/t) + d_1\sin(vz/t) + c_2\cos(2vz/t) + d_2\sin(2vz/t)\\&+ c_3\cos(3vz/t) + d_3\sin(3vz/t) + c_4\cos(4vz/t) + d_4\sin(4vz/t)\big]\end{aligned}$$

式中，$\sigma_s = 235$; $c_1 = 27.56/235$; $d_1 = 36.48/235$; $c_2 = -47.04/235$; $d_2 = -68.03/235$; $c_3 = -40.32/235$; $d_3 = -5.937/235$; $c_4 = -6.624/235$; $d_4 = 22.67/235$; $v = 5.69$。

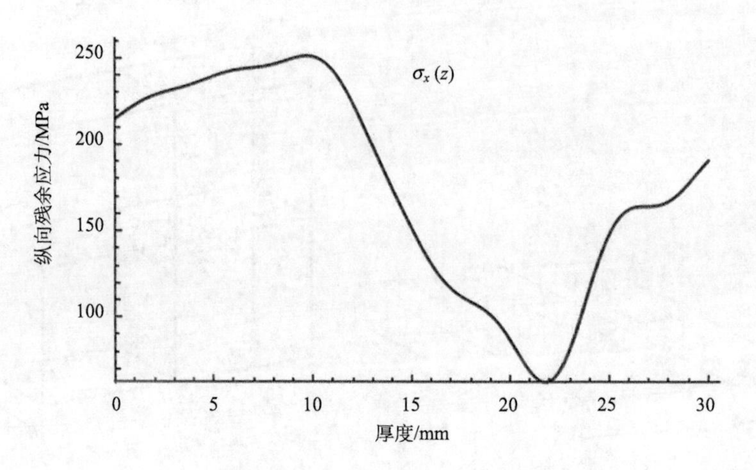

图 8.51 裂纹面厚度方向纵向残余应力分布

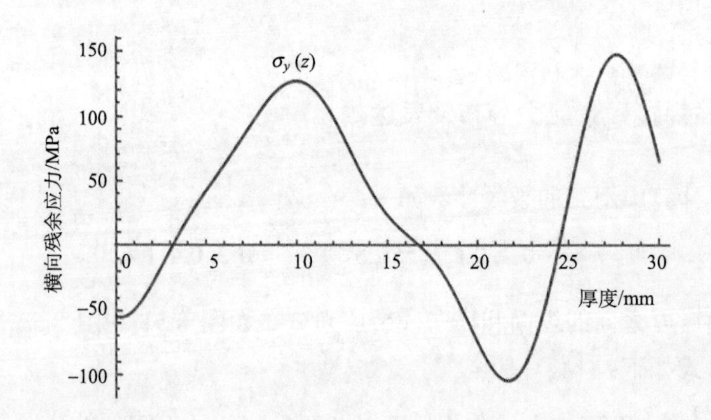

图 8.52 裂纹面厚度方向横向残余应力分布

8.4.2 计算结果

首先，对于母材试样，只考虑外力的作用，计算实验测量结果对比如图 8.53 所示；通过 RMSE 分析可知：a/t=0.2，a/c=0.8；a/t=0.2，a/c=0.6；a/t=0.4，a/c=0.4 可得到较好的吻合结果。

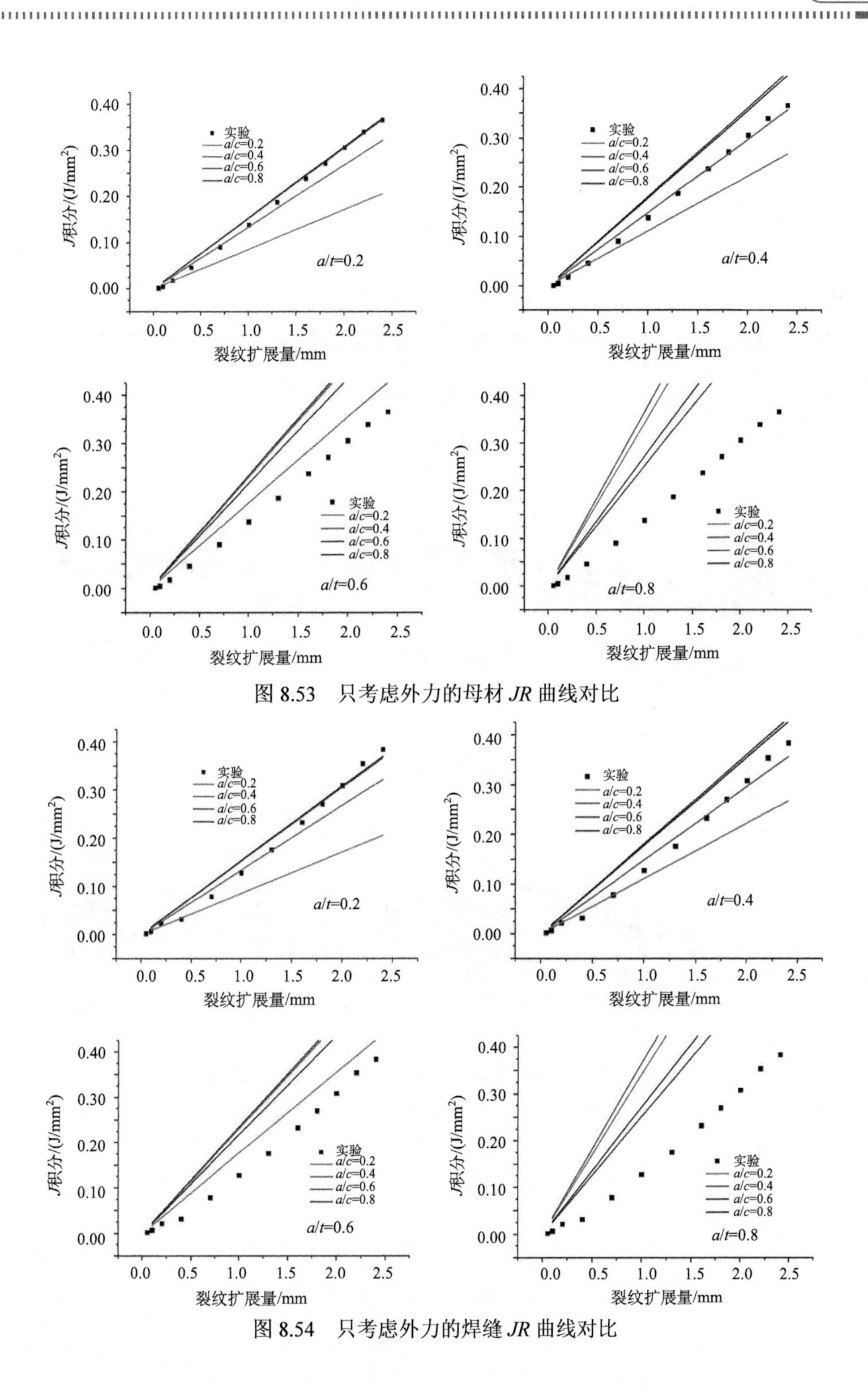

图 8.53　只考虑外力的母材 JR 曲线对比

图 8.54　只考虑外力的焊缝 JR 曲线对比

对于焊缝试样，先只考虑外力的作用，计算实验测量结果对比如图 8.54 所示，不难看出母材的最佳裂纹参数同样适用于焊缝。

焊接产生的残余应力与外加载荷的叠加导致焊缝结果破坏，基于试样缺口方向分析，纵向残余应力平行于裂纹面，而横向残余应力垂直于裂纹面，与理想化的裂纹扩展矢量方向基本一致，对于焊缝试样只考虑横向残余应力的影响。从图 8.53 和图 8.54 中可以看出，适用于母材 *JR* 曲线的裂纹尺寸与焊缝 *JR* 测量值误差很大，从裂纹形状上来看，此时的裂纹深度较大，计算实验测量结果对比如图 8.55 所示。

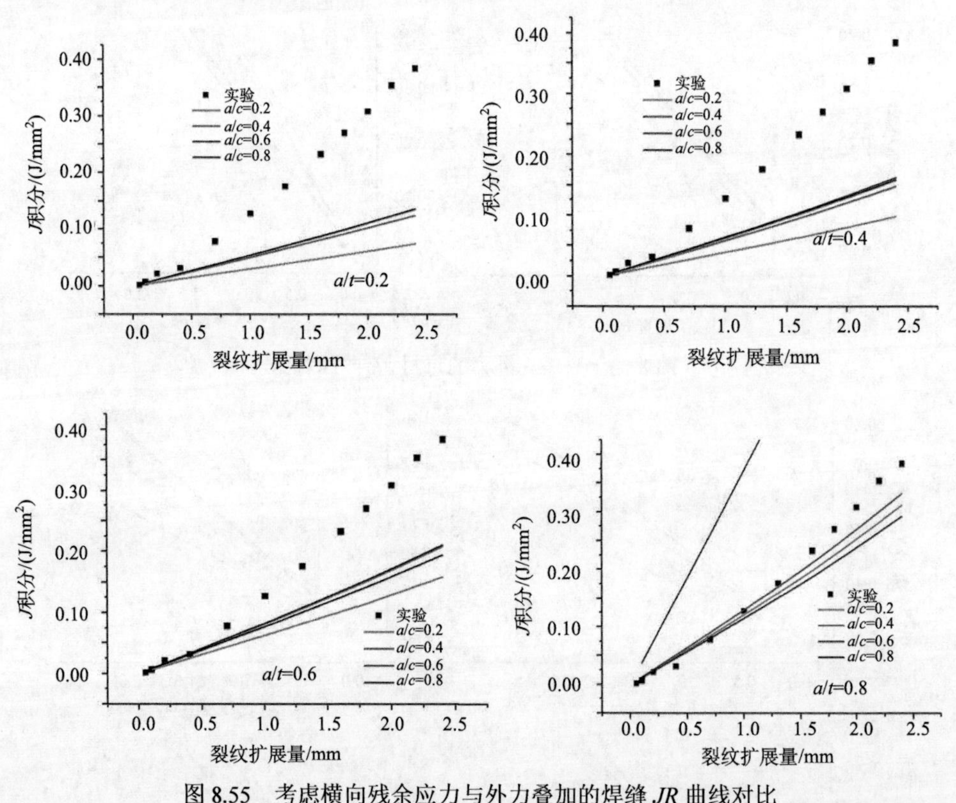

图 8.55 考虑横向残余应力与外力叠加的焊缝 *JR* 曲线对比

8.5 本 章 小 结

起重拆解平台特殊结构厚板因多层多道焊导致接头焊接残余应力复杂，不易测量；此外厚板接头焊接冷裂纹及氢致冷裂纹是导致焊接结构破坏的主要因素。

通过轮廓法测量了厚板接头残余应力分布，并基于弹塑性断裂理论和 CTOD 提出了厚板接头裂纹尖端理论模型，同时进行冷裂纹及氢致冷裂纹的裂纹源分析；基于权函数法研究考虑外载荷和残余应力对接头断裂性能的影响机理。

（1）介绍基于叠加原理的残余应力轮廓法实验原理，测量了两种不同厚度起重拆解平台接头焊接残余应力并评估测量结果。实验表明，轮廓法可给出厚板接头纵向残余应力分布云图，应力分布及极值皆可靠。

（2）基于弹塑性断裂理论及 CTOD，开展裂纹源尖端理论模型研究，分析了厚板接头冷裂纹及氢致裂纹产生机理并提出相应的工艺控制方法。

（3）基于 CTOD 实验分别测量了厚板钢母材及焊缝的裂纹尖端张开位移及断裂曲线（*JR*），经判定测量值皆有效。

（4）基于权函数法得到了厚板接头在外载荷、残余应力和二者共同作用下的 *JR* 计算曲线，与实验结果相比吻合较好，从而揭示了残余应力及外载荷对厚板接头的断裂机理。

参 考 文 献

[1] Prime M B. Cross-sectional mapping of residual stresses by measuring the surface contour after a cut[J]. Journal of Engineering Materials and Technology, 2001, 123: 162-168.

[2] Woo W, An G B, Kingston E J, et al. Through-thickness distributions of residual stresses in two extreme heat-input thick welds: A neutron diffraction, contour method and deep hole drilling study[J]. Acta Materialia, 2013, 61(10): 3564-3574.

[3] Zhang Z, Li L, Yang Y, et al. Machining distortion minimization for the manufacturing of aeronautical structure[J]. The International Journal of Advanced Manufacturing Technology, 2014, 73: 1765-1773.

[4] Zhang Z, Yang Y, Li L, et al. Assessment of residual stress of 7050-T7452 aluminum alloy forging using the contour method[J]. Materials Science and Engineering: A, 2015, 644: 61-68.

[5] 刘川, 沈嘉斌, 陈东俊, 等. 大厚板内部焊接残余应力分布实验研究[J]. 船舶力学, 2020, 24(4): 484-491.

[6] 古妮娜. 高强钢断裂韧性与裂纹扩展机制研究[J]. 四川水泥, 2019, (10): 306.

[7] 张楠, 田志凌, 张熹, 等. Q690CFD 高强钢焊接热影响区的断裂韧性[J]. 焊接学报, 2018, 39(1): 26-31, 36.

[8] 谢延敏, 尹仕任, 罗征志, 等. 韧性断裂准则在高强钢板料成形中的应用[J]. 工程设计学报, 2008, 15(4): 283-289.

[9] 中华人民共和国国家质量监督检验检疫总局，中国国家标准化管理委员会. 金属材料 准静态断裂韧度的统一试验方法: GB/T 21143—2014[S]. 北京：中国标准出版社，2015.

[10] Dansk Standardiseringsrad. Metallic materials: Method of test for the determination of quasistatic fracture toughness of welds: BS-EN ISO 15653—2018[S]. Denmark: Dansk Standardiseringsrad, 2018.